新世纪高职高专
多媒体系列规划教材

U0685422

静态网站建设

JINGTAI WANGZHAN JIANSHE

（第三版）

新世纪高职高专教材编审委员会 组编

主编 董 欣 付 冬 马希敏

副主编 白 萍 孙 越

主审 李英俊

大连理工大学出版社
DALIAN UNIVERSITY OF TECHNOLOGY PRESS

图书在版编目（CIP）数据

静态网站建设/董欣，付冬，马希敏主编. —3版. —大连：
大连理工大学出版社，2011.8
新世纪高职高专多媒体系列规划教材
ISBN 978-7-5611-2464-2

Ⅰ. ①静… Ⅱ. ①董… ②付… ③马… Ⅲ. ①网站—
建设—高等职业教育—教材 Ⅳ. ①TP393.092

中国版本图书馆 CIP 数据核字（2011）第 158185 号

大连理工大学出版社出版
地址：大连市软件园路 80 号　邮政编码：116023
发行：0411-84708842　邮购：0411-84703636　传真：0411-84701466
E-mail：dutp@dutp.cn　URL：http://www.dutp.cn
大连美跃彩色印刷有限公司印刷　　大连理工大学出版社发行

幅面尺寸：185mm×260mm　　印张：15　　字数：347 千字
印数：17001～19000
2004 年 1 月第 1 版　　　　　　2011 年 8 月第 3 版
2011 年 8 月第 8 次印刷

责任编辑：马　双　　　　　　责任校对：王　磊

封面设计：张　莹

ISBN 978-7-5611-2464-2　　　　定　价：29.80 元

总 序

我们已经进入了一个新的充满机遇与挑战的时代,我们已经跨入了21世纪的门槛。

20世纪与21世纪之交的中国,高等教育体制正经历着一场缓慢而深刻的革命,我们正在对传统的普通高等教育的培养目标与社会发展的现实需要不相适应的现状作历史性的反思与变革的尝试。

20世纪最后的几年里,高等职业教育的迅速崛起,是影响高等教育体制变革的一件大事。在短短的几年时间里,普通中专教育、普通高专教育全面转轨,以高等职业教育为主导的各种形式的培养应用型人才的教育发展到与普通高等教育等量齐观的地步,其来势之迅猛,发人深思。

无论是正在缓慢变革着的普通高等教育,还是迅速推进着的培养应用型人才的高职教育,都向我们提出了一个同样的严肃问题:中国的高等教育为谁服务,是为教育发展自身,还是为包括教育在内的大千社会?答案肯定而且唯一,那就是教育也置身其中的现实社会。

由此又引发出高等教育的目的问题。既然教育必须服务于社会,它就必须按照不同领域的社会需要来完成自己的教育过程。换言之,教育资源必须按照社会划分的各个专业(行业)领域(岗位群)的需要实施配置,这就是我们长期以来明乎其理而疏于力行的学以致用问题,这就是我们长期以来未能给予足够关注的教育目的问题。

如所周知,整个社会由其发展所需要的不同部门构成,包括公共管理部门如国家机构、基础建设部门如教育研究机构和各种实业部门如工业部门、商业部门,等等。每一个部门又可作更为具体的划分,直至同它所需要的各种专门人才相对应。教育如果不能按照实际需要完成各种专门人才培养的目标,就不能很好地完成社会分工所赋予它的使命,而教育作为社会分工的一种独立存在就应受到质疑(在市场经济条件下尤其如此)。可以断言,按照社会的各种不同需要培养各种直接有用人才,是教育体制变革的终极目的。

随着教育体制变革的进一步深入,高等院校的设置是否会同社会对人才类型的不同需要一一对应,我们姑且不论。但高等教育走应用型人才培养的道路和走研究型(也是一种特殊应用)人才培养的道路,学生们根据自己的偏好各取所需,始终是一个理性运行的社会状态下高等教育正常发展的途径。

高等职业教育的崛起,既是高等教育体制变革的结果,也是高等教育体制变革的一个阶段性表征。它的进一步发展,必将极大地推进中国教育体制变革的进程。作为一种应用型人才培养的教育,它从专科层次起步,进而应用本科教育、应用硕士教育、应用博士教育……当应用型人才培养的渠道贯通之时,也许就是我们迎接中国教育体制变革的成功之日。从这一意义上说,高等职业教育的崛起,正是在为必然会取得最后成功的教育体制变革奠基。

高等职业教育还刚刚开始自己发展道路的探索过程,它要全面达到应用型人才培养的正常理性发展状态,直至可以和现存的(同时也正处在变革分化过程中的)研究型人才培养的教育并驾齐驱,还需假以时日;还需要政府教育主管部门的大力推进,需要人才需求市场的进一步完善发育,尤其需要高职高专教学单位及其直接相关部门肯于做长期的坚忍不拔的努力。新世纪高职高专教材编审委员会就是由全国100余所高职高专院校和出版单位组成的旨在以推动高职高专教材建设来推进高等职业教育这一变革过程的联盟共同体。

在宏观层面上,这个联盟始终会以推动高职高专教材的特色建设为己任,始终会从高职高专教学单位实际教学需要出发,以其对高职教育发展的前瞻性的总体把握,以其纵览全国高职高专教材市场需求的广阔视野,以其创新的理念与创新的运作模式,通过不断深化的教材建设过程,总结高职高专教学成果,探索高职高专教材建设规律。

在微观层面上,我们将充分依托众多高职高专院校联盟的互补优势和丰裕的人才资源优势,从每一个专业领域、每一种教材入手,突破传统的片面追求理论体系严整性的意识限制,努力凸现高职教育职业能力培养的本质特征,在不断构建特色教材建设体系的过程中,逐步形成自己的品牌优势。

新世纪高职高专教材编审委员会在推进高职高专教材建设事业的过程中,始终得到了各级教育主管部门以及各相关院校相关部门的热忱支持和积极参与,对此我们谨致深深谢意;也希望一切关注、参与高职教育发展的同道朋友,在共同推动高职教育发展、进而推动高等教育体制变革的进程中,和我们携手并肩,共同担负起这一具有开拓性挑战意义的历史重任。

新世纪高职高专教材编审委员会

2001 年 8 月 18 日

前　言

　　《静态网站建设》(第三版)是新世纪高职高专教材编审委员会组编的多媒体系列规划教材之一。

　　本教材自出版以来,在各个领域中被广泛应用,受到了诸多高职院校的好评。《静态网站建设》(第三版)在整体结构上仍保持原教材的风格,但对教材的内容进行了全面的升级和编排。同时,对上一版本在使用中发现的不足之处进行了修改,以期达到内容最新、可操作性更强、更加实用的效果。

　　本教材全面介绍了 Macromedia 公司最新推出的新一代"网页三剑客",即简体中文版 Dreamweaver 8、Fireworks 8、Flash 8 的使用方法及操作技巧。按照由浅入深、循序渐进的方式组织编排全书内容,从简单的网页设计制作,到网站建设中所需要的网站建设与管理技术、图像处理技术、动画制作技术等都进行了理论联系实际的介绍。在各章后都附有相应的习题,使读者能够在理论讲解和实际训练中快速入门,进而掌握全部的知识内容。

　　根据各院校的需求,本教材的各章内容均以案例教学的方式进行介绍,在制作实际案例的过程中讲解实用的操作方法和技巧,使读者在完成各案例制作的同时能够进行相关知识的学习。相信经过本次修订后的最新版本教材,将会被更多的高职院校师生所接受。

　　本教材分为三部分,共 10 章,具体内容有:网站建设基础知识和 HTML 语言、Dreamweaver 8 入门、基本网页制作、Dreamweaver 8 使用进阶、Fireworks 8 基本操作、Fireworks 8 使用进阶、Fireworks 8 综合应用、Flash 8 基本操作、Flash 8 基本动画制作、Flash 8 使用进阶。

新世纪

本教材由董欣、付冬、马希敏任主编，白萍、孙越任副主编，王晶辉任参编。各章编写分工如下：第1、2章由付冬编写，第3、4章由白萍编写，第5、6、7、8章由董欣编写，第9章由王晶辉编写，第10章由孙越编写。李英俊老师审阅了全部书稿并提出了很多宝贵意见，在此表示衷心的感谢。

所有意见和建议请发往：dutpgz@163.com

欢迎访问我们的网站：http://www.dutpgz.cn

联系电话：0411-84707492 84706104

编　者

2011 年 8 月

目录

第一部分　Dreamweaver 8

第二部分　Fireworks 8

第三部分　Flash 8

第一部分　Dreamweaver 8

　　Dreamweaver 8 是一个可视化的网页设计和网站管理工具，支持最新的 Web 技术，包含 HTML 检查、HTML 格式控制、HTML 格式化选项、HomeSite/BBEdit 捆绑、可视化网页设计、图像编辑、全局查找替换、全 FTP 功能、处理 Flash 和 Shockwave 等多媒体格式和动态 HTML、基于团队的 Web 创作，在编辑上可以选择可视化方式或者源码编辑方式。

第 1 章

网站建设基础知识和HTML语言

通过对本章的学习,应了解什么是网页以及网站的建设流程。应掌握网站建设的基础知识和基本 HTML 标记的使用,并能够运用 HTML 标记制作简单的静态网页。

1. 网站建设基础知识
2. HTML 语言基础

1.1　网站建设基础知识

网站是提供各种信息和服务的平台,在网上看到的一个个网页页面的集合就是网站。网页的学名为 HTML 文件,是一种可以在 www(万维网)上传输,能够被浏览器识别翻译成页面显示出来的文件。网页是网站的基本构成元素。

1.1.1　网页基础知识

1. Web 站点的主要组成部分

网站是由很多网页链接在一起组成的。要建立一个站点并保证该站点能够被访问,该站点必须具备以下组成部分:

(1)网站地址:一个连接到 Web 上的服务器能够通过它的 IP 地址被访问到,域名是记住站点的一种方式。所申请注册的域名和获得的网站 IP 地址是一一对应的。

(2)硬件:站点建立在计算机上并连入互联网。可以自己建立站点的硬件系统,也可以使用 ISP(Internet 服务商)提供的系统。

(3)软件:每个 Web 站点的软件都要具有接受访问请求并能做出响应的功能,能够把站点中的信息正确地发送到指定的位置,提供相应的服务。

(4)内容:互联网上的每个 Web 站点都有它自己的内容:发布信息、销售产品、远程教育、提供公众服务、网上娱乐等等。没有内容的站点没有任何意义。

(5)HTML:HTML 是一种用于制作网页的语言,可以将图形、文本通过浏览器显示在屏幕上,并通过超链接实现网页之间的互相访问。

2.如何设计站点

在开始创建站点之前应该考虑以下问题：

(1)给谁看。确定网站的访问对象群就是确立站点的主题，建立一个以站点为基础的在线群体。要确定为什么人提供什么样的内容，就要分析他们的需求特点，了解访问者喜欢什么，理解他们的爱好和兴趣。

(2)用什么吸引访问者。通过网页设计体现网站的整体风格，柔和的色调、精彩的图片、易于访问的导航设计，不断充实、不断丰富的内容，方便的交流和反馈功能可以建立起良好的沟通，以便能更好地通过对站点内容的编辑来满足客户的需要，这样才能吸引更多的访问者。

(3)提供什么内容。站在一个访问者的角度，分析在站点中期望看到的是什么，哪些内容是喜欢看的，有哪些令人惊喜的功能。为访问者提供有价值的内容，使访问者乐于停留。紧跟时代的站点更具吸引力，能够吸引访问者的再次访问。

(4)如何达到站点的设计目标。对自己的网站设计的终极目标及指导方针进行确定，解决为谁设计、吸引谁、交流什么等问题。不要面面俱到，删除与主题无关的内容，精心分析客户的反馈意见，不断完善设计。

一些成功的站点都是以课题或业余爱好形式开始的，认真地考虑并回答这些问题，可以把站点设计考虑成一个商业计划，制定详细的设计方案，这将有助于创建一个成功的站点。在建立站点的过程中总会有含糊不清的地方，但应该不去管那些含糊不清的地方而继续前进。

3.建站工具及特点

设计和编辑网页的工具很多，包括最简单的纯文本编辑软件(如记事本、EditPlus)、网页制作软件 FrontPage 2007、网页图像制作软件 Photoshop 和 Fireworks、网页动画制作软件 Flash。

当今流行的网页制作与站点管理工具如 Macromedia 公司的网页制作"三剑客"，Macromedia 公司"梦之队"(DreamTeam)产品由 Dreamweaver 8 (网页编辑与管理)、Fireworks 8(用于处理网页中的图像)和 Flash 8(用于设计制作动画)组成，它们合称为网页制作"三剑客"，为网页制作和创建高水准的交互式网站提供了完全的解决方案。其中 Macromedia 公司的 Dreamweaver 8 是比较著名的。

(1)使用记事本设计网页

HTML 文件是普通的 ASCII 文件，对编辑器的要求不高，只要有一个文本编辑器就可以编写网页文件。

使用记事本编辑 HTML 文件同样可以设计出非常精美的网页，但一个基本要求就是要非常熟悉 HTML 语言，必须熟记所有的 HTML 标记及其属性才能完成网页的制作工作，而且书写起来比较繁琐，容易出错。不过，使用记事本编写网页源文件可以使你更好地了解和掌握 HTML 语言的精髓。在本章中讲解 HTML 采用的就是用记事本写 HTML 代码的方法。

使用记事本编写的网页文件在保存时应该注意：

① 文件的扩展名要用".htm"或".html"。

② 不要在文件名中使用空格或特殊字符。

③ 很多 ISP 提供虚拟空间的服务器使用的是 UNIX 系统，在 UNIX 系统中会区分文件名中的字母大小写，要保持网页文件命名时大小写的风格一致(尽量使用小

写字母）。

（2）FrontPage 2007

FrontPage 2007 是 Microsoft 公司出品的具有网页编辑与网站管理功能的网页制作工具。使用 FrontPage 2007，即使不懂得 HTML 语言也能设计出精美的网页。

FrontPage 2007 还具有方便的网页及站点管理功能，可以直接用拖拽的方法建立网页之间的链接关系，在报表视图中可以分析站点中所有的信息资源。

（3）Dreamweaver 8

Dreamweaver 8 是一款功能强大的可视化的网页编辑与管理软件。Dreamweaver 8 最主要的优势是利用其可视化编辑功能，可以快速地创建页面而无需编写任何代码，可以轻松地创建跨平台和跨浏览器的页面，也可以直接创建具有动态效果的网页。

Dreamweaver 8 的三种视图方式比 FrontPage 2007 更方便用户学习和掌握 HTML 语言，可以在"代码视图和设计视图"模式下，一边在"设计视图窗口"中用所见即所得（WYSIWYG）的方式制作网页，一边观察"代码视图"窗口中的 HTML 标记的变化，更容易理解和掌握 HTML 语言。

Dreamweaver 8 包含了许多新增的功能，改善了软件的易用性，并使设计者无论处于设计环境还是编码环境都可以方便地制作页面。支持包括对高级 CSS 使用、XML 和 RSS 源以及辅助功能的要求，支持学习和利用新的技术，其中包括 PHP5、Flash 视频、ColdFusion MX7 和 Macromedia Web Publishing System。

1.1.2 建站流程及分析

1. 网站建设的三个阶段

（1）网站的定位：对自己的网站设计的最终目标及指导方针。确立网站的主题，解决为谁设计、吸引谁、交流什么等问题。

（2）制作网页：通过网页设计体现网站整体协调一致的风格。网站的色彩基调、配色方案，页面色彩的格调、页面构图及图片、动画的处理等都要反复研究。方便的导航设计使用户易于访问站点中的资源，同时还要为网页提供内容的要求。

（3）网站发布与维护：完成对网站所有文件的测试并上传到服务器，同时进行网站的推广和宣传，建立信息的收集反馈系统，及时更新网页。

2. 网站设计步骤

（1）设定网站主题并搜集资料

分析网站的访问对象是什么样的群体，确定网站要为访问者提供什么样的服务。围绕网站设计要达到的目标，进一步决定网站展示的内容和网站要实现的功能。围绕主题尽量搜集丰富的访问者感兴趣的资料，精心选择要展示的内容，剔除与主题无关的内容，并将资料进行分类来设计不同的栏目。

（2）建立站点的目录结构

网站的目录结构用于分类保存网站中的不同资源，精心设计的网站目录结构有利于网站内容的扩充和移植需要。很多初学者往往不注意建立站点的目录结构，所有的文件都保存在一个目录中，这给今后的网站维护和扩充带来了很大困难。将站点中的所有内容都保存在 Myweb 目录中，对各类文件都建立相应的子目录，例如：

①Myweb：文件夹中保存站点中的所有内容。要特别注意的是，一定要将站点的首

页文件(index. html)保存在该目录下。在其下建立各个子目录分类保存其他网页文件和站点中使用的其他类型文件。

②files:保存除站点首页(index. html)之外的其他网页文件。

③images:保存站点中所有图片文件。

④sounds:保存站点中所用到的声音文件。

⑤download:保存站点中可供用户下载的文件。

⑥flash:保存站点中用到的 Flash 动画文件。

以上目录名只是一种建议。可根据站点的实际需要建立相应的目录,并以自己的喜好和习惯命名目录。每个目录还可以有自己的子目录,但目录的深度最好不要超过三层,这样便于管理和维护。需要注意的是:所建立的目录名不要使用中文和英文大写字母,尽量使用意义明确的目录名。

(3)建立网页的链接关系

网页的链接结构有三种:树状结构、线性结构和非线性结构。要实现网页的链接结构层次清晰、访问方便快捷,就要设计网站中网页间的链接关系。明确了网站的内容,将分类后的资料组织在不同的栏目里,分别写出各个网页的标题,确立网页之间的链接关系,通过导航栏使访问者方便快捷地访问浏览网站的不同资源。用最少的点击打开任何一个网页,为访问者提供最便捷的访问。

(4)页面设计与网页制作

①网站图标:网站的图标是一个网站的标志,个性化的图标将成为网站形象的一部分。制作 Logo 要符合网站的主题、风格和内容。互联网上最普遍的 Logo 规格是 88×31(像素)、120×60(像素)、120×90(像素)。

②网页标题:正确地确定各个网页的标题能够表示网页的主要内容,使访问者清楚所在网页的主题,使网页更具专业性。初学者常常忽略网页标题的设置,不仅不利于访问者的访问,也影响网站的推广,因为有些搜索引擎要查找网页标题中的关键字。

③导航栏设计:导航栏的设计要清晰化,要能体现出网站的主要功能。使用图片作为导航栏要在图片中包含文本说明。

④各页风格:作为网站的组成部分的网页,在配色上要协调,各网页的设计风格要保持一致,体现出网站的整体性、协调性和一致性。

⑤页面规划:每个网页的页面排版布局应精心设计,反复推敲文字、图形与空间的关系,使访问者有一个流畅的视觉体验,保证页面元素规划的协调。

⑥便捷的链接:充分考虑访问者浏览的方便和快捷,人性化的设计能够使用户简单、快捷、方便地到达目的地(两三下点击就到)。

⑦合理使用框架:框架可以使不同的网页显示在同一屏幕上,可以更好地为用户访问网站中的资源提供方便。

⑧巧用背景色:网页中纯白的背景和黑色的字体会使网页显得呆板,也容易造成视觉疲劳。巧妙地使用背景颜色和背景图片可以使网页更加赏心悦目、乐于浏览,也会成为网站特色的一部分。

⑨合适的图片:一个网页要用图片来点缀,图片的大小、数量要与网页的整体风格保持协调一致。精美、恰当的图片能够起到修饰和美化网页的作用,但切忌在网页中使用太多的图片,那样会影响网页的下载速度。

⑩网页空白:页面空白的设计也是必不可少的,它可以给访问者的视觉以缓冲,使访

问者轻松惬意地浏览网页的内容。一个没有页面空白的页面设计是一个失败的设计。

（5）网站测试

已经建好的一个设计精美的网站在发布之前还要进行严格的测试。

测试的项目有：

① 网站的兼容性测试：检查网站的浏览器兼容性，使多数主流浏览器都能正确显示网页的内容。

② 链接有效性测试：检查网站中所有的超链接是否有效，保证没有死链接。

③ 网站下载速度测试：检查网站的下载速度，测试在不同的网络环境下网页的打开时间。用户很难有耐心等待一个长时间打不开的网页。特别忌讳的是网站的首页打开时间过长（首页的打开时间应不超过 15 秒），那样会"吓跑"很多访问者。

④ HTML 语法测试：检查网页的 HTML 语法书写是否正确。

⑤ 网页可读性测试：检查网页头部的＜META＞标记的内容是否完全，是否能够为搜索引擎提供正确、完整的信息。

测试的方法有：

①用站点管理器检查：检查是否有无用的文件，确认没有断链的文件并将无用的文件移动到其他文件夹或删除。

②用实时浏览器检查：打开浏览器直接从首页开始浏览；检查超链接的正确性；检查页面的内容、布局、大小等的正确性。

③使用多种不同的浏览器来测试：因为浏览者在网上冲浪时使用的浏览器是多种多样的。不同的浏览器所支持的 HTML 标准各不相同，或因版本不同而有所差异。

如果在测试过程中发现了错误，就要及时修改，在准确无误后，方可正式在 Internet 上发布。

（6）网站发布

可以把一个制作完成的网站发布到自己的服务器系统上，也可以使用上传工具（CuteFTP 等）把网站发布到 ISP 提供的虚拟主机上（ISP 会提供上传服务器的地址、用户名和密码）。

在网上有很多国内或国外网站提供免费的主页空间和域名，上传后就可以使用浏览器访问自己的网站了。也可以在域名注册及管理机构（CNNIC 或 InterNIC）注册，或通过其他代理公司进行注册。申请一个属于自己的永久域名并对应自己网站的 IP 地址。域名和 IP 地址都是网站在 Internet 上的标识。

（7）推广宣传与后期维护

网站上传之后，要及时更新网站内容，以便为浏览者提供更丰富、更及时的信息。网页的更新速度是衡量一个网站的主要标准。同时，为了增加网站的访问量，要采用各种方法加以推广。

网站推广的基本方法：

①搜索引擎注册

据调查显示，网民在找新网站时，主要是通过搜索引擎来实现的，因此在著名的搜索引擎进行注册是非常必要的，如 Yahoo、Sohu、Baidu 等。

②建立链接

与不同站点建立友情链接，可以缩短网页间距离，提高站点的访问量。

③利用公告栏和新闻组

每天访问公告栏 BBS 或新闻组的人很多,可以在公告栏和新闻组有策略地发布站点新闻。

④发布网络广告

利用网络广告推销网站是一种行之有效的方法。

⑤发送电子邮件

由于电子邮件的发送费用非常低,许多网站都利用电子邮件来扩大网站的知名度。

⑥提供免费服务

提供免费资源,如可以在网上开展有奖竞赛、提供免费公共服务信息和电影等,这些会增加站点流量。

⑦使用传统的促销媒介

使用传统的促销媒介来吸引用户访问站点也是一种常用方法。在各种卡片、文化用品、小册子和文艺作品上发布公司的 URL,在传统媒体发布展示性广告时也要包含公司的 URL。

1.2　HTML 语言基础

HTML 语言是制作所有网页的基础,本节将介绍 HTML 语言中的基本标记的使用,并以一个"城市夜景欣赏"的网页实例详细讲述 HTML 中标记的应用。

1.2.1　网页的 HTML 结构

HTML(HyperText Markup Language)语言是一种描述文本的标记性语言。它使用一些写在<>中的标记对文本格式、特性进行描述,形成的文件称为超文本文件。通过浏览器解释标记的含义,显示文件的内容。

一个 HTML 文件的基本结构由 HTML 的头部和 HTML 的主体两部分组成,每一个 HTML 文件的头部和主体都包含在<html></html>标记中。具体的结构如下所示:

```
<html>
<head>
<meta http-equiv="Content-Type" content="text/html; charset=utf-8"/>
<title> 网页的标题 </title>
</head>
<body>
</body>
</html>
```

(1)<html>……</html>标记定义 HTML 文件(网页),用于浏览器识别网页文件。网页文件的所有内容都在<html>……</html>标记中。<html>标记表示网页文件的开始,</html>标记表示网页文件的结束。

(2)<head>……</head>标记定义网页的头部信息。头部定义包括网页的简介和为搜索引擎提供的相关信息等内容。<head>标记定义网页的头部起始,</head>标记表示结束头部定义。

(3)<meta>标记用来向 HTTP 服务器或本服务器的外部程序传递信息。例如:

＜meta http-equiv＝″Content-Type″ content＝″text/html；charset＝ gb2312″＞标记用来定义语言字符集(Charsets)的信息。＜meta＞标记的位置在＜head＞……＜/head＞标记中。

(4)＜title＞……＜/title＞标记用来定义网页标题,网页的标题显示在浏览器的标题栏中,也用于搜索引擎的按标题查找。＜title＞……＜/title＞标记的位置在＜head＞……＜/head＞标记中。

(5)＜body＞……＜/body＞标记中定义的内容是页面正文,通过浏览器解释后显示在屏幕上浏览器的工作区中。标记中包含的文本如果不设置格式标识符,浏览器将忽略所有空格和回车。

下面以记事本作为开发工具介绍 HTML 中常用的标签及其属性,制作"环球风景"主页,效果如图 1-1 所示。

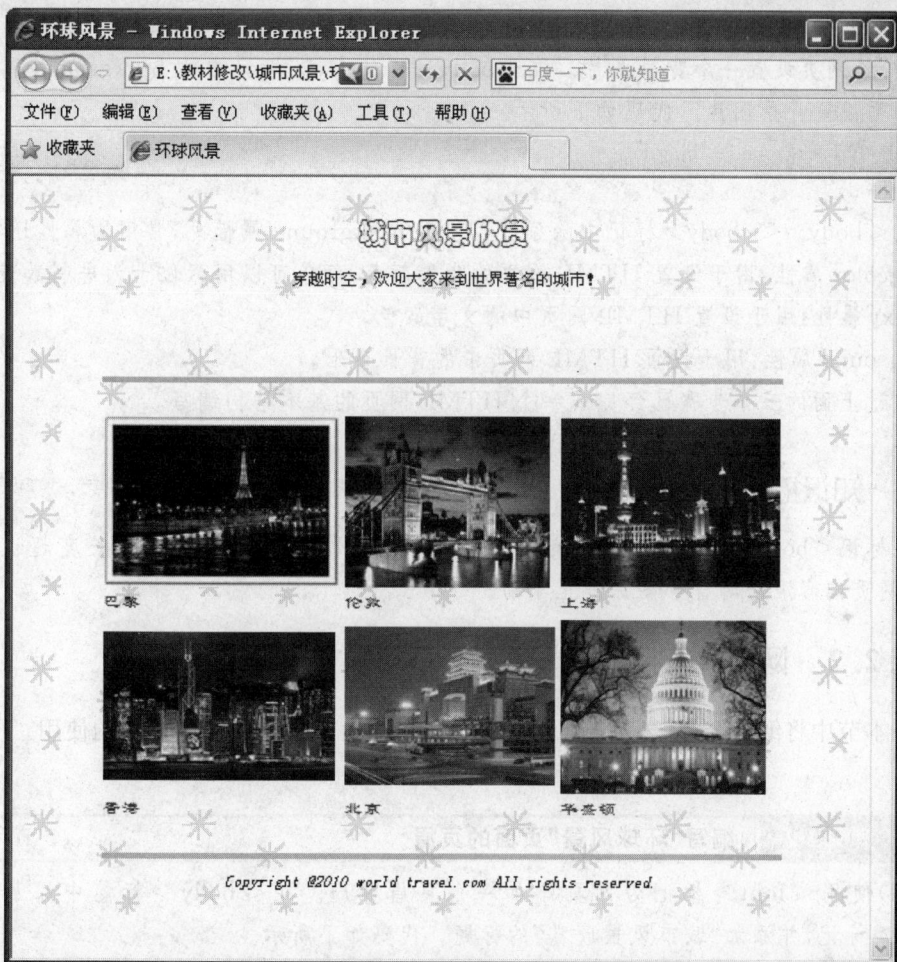

图 1-1　"环球风景"主页

案例 1-1   编写"环球风景"页面的基本结构

（1）新建一个记事本文件，命名为"环球风景.html"。

（2）在记事本中写入网页的基本结构，并设置网页的标题为"环球风景"，代码如下所示。

```
<html>
<head>
<meta http-equiv="Content-Type" content="text/html; charset=gb2312" />
<title>环球风景</title>
</head>
</html>
```

（3）给网页设置一个背景图片。在<body></body>标记中的 background 属性可以为网页设置背景图片。代码如下所示。

```
<body background="bj.gif">
</body>
```

在<body></body>标记中除了可以使用 background 属性外，常用的属性还有：

bgcolor 属性：用于设置 HTML 网页的背景颜色，颜色可以用六位十六进制数表示。

text 属性：用于设置 HTML 网页中的文字颜色。

bgsound 属性：用于设置 HTML 网页中的背景音乐。

通过上面的三个步骤已经完成一个 HTML 网页的基本结构编写。

知识拓展

在标记<body>中设置属性 bgproperties="fixed"，可以使网页内容长度超过一屏时，在网页内容滚动时背景图片静止不动。

1.2.2   网页中的基本代码

在本节中将继续结合"环球风景"网页的编写，讲解网页中常用的标记的使用。

案例 1-2   编写"环球风景"页面的页眉

（1）使用<font>标记为网页添加一个页眉标题。在<body>标签中添加一个<font>标记，并添加"城市风景欣赏"的标题。代码如下所示。

```
<center><font face="华文彩云" size="6" color="#0000FF">城市风景欣赏</font></center>
```

在<font>标记中，color 属性用于设置字体的颜色，face 属性用来设置字体，size 属性用来设置显示文字的大小，文字大小共有 7 种，从<font size=1>（最小）到<font size=7>（最大）。此处把"城市风景欣赏"标题设置为华文彩云，字体颜色是蓝色，大小是 6。

添加<center>标记设置网页页眉标题居中。在<font>标记外添加一个<center>

标记。＜center＞标记使在该标记范围内的内容强制居中对齐。

（2）添加换行标记＜br＞。在 html 网页中不能为文本自动换行，如果要使文本换行输出，需要在文本的最后加上＜br＞标记。使用＜br＞标记能够使文档在该标记处强制换行，使文本折行。＜br＞属于单标记，没有结束标记。＜br＞标记与＜p＞……＜/p＞分段标记的区别是＜br＞换行后行之间不留空白行。

（3）添加＜marquee＞漂移标记。

＜marquee＞标记可以使其标记内的内容产生像网站上的广告一样滚动的效果，它常用的属性有：

behavior：设置标签内容滚动的方式，可取的值有 scroll（向一个方向重复滚动）、slide（只滚动一圈）、alternate（在相反的两个方向来回交替滚动）。

direction：设置标签内容滚动的方向，可取的值有 left（向左滚动）、right（向右滚动）、down（向下滚动）、up（向上滚动）。

scrollamount：设置滚动的速度。值越大速度越快。如果没有它，默认为 6，建议设为 1～3 比较好。

scrolldelay：滚动的延时，即停顿的时间。单位为毫秒。

width：表示滚动区域的宽度，单位是像素。

height：表示滚动区域的高度，单位是像素。特别是在作垂直滚动的时候，一定要设 height 的值。

align：对齐方式。可取的值有 top（顶端对齐）、middle（居中对齐）、bottom（底端对齐）。

loop：设置标签内容滚动的次数。默认值为无限。

onMouseOver＝this. stop()：设置鼠标移入该区域时停止滚动。

onMouseOut＝this. start()：设置鼠标移出该区域时开始滚动。

在＜font＞标记外添加＜marquee＞标签，代码如下所示。

```
＜marquee behavior="scroll" direction="left" scrollamount="2" scrolldelay="80" width="500" height="50" align="middle" onMouseOver=this. stop() onMouseOut=this. start()＞
    ＜font size="3" face="宋体" color="#0000FF"＞穿越时空，欢迎大家来到世界著名的城市！＜/font＞
    ＜/marquee＞
```

（4）添加＜hr＞水平线。为网页添加一条水平线用来分割正文和网页的页脚。在＜body＞标记里＜marquee＞下面添加水平线。代码如下所示。

```
＜hr align="center" width="500" size="4" color="#00FFFF"＞
```

使用＜hr＞标记会在网页上出现一条直线，＜hr＞标记常用的属性包括：

align：设置水平线的对齐方式，取值有 left（居左）、right（居右）、center（居中）。

size：设置水平线的粗细，取值是整数，单位是像素。

color：设置水平线的颜色，默认值是黑色（#000000）。

width：设置水平线的宽度，单位是像素。

此处添加的水平线设置是 500 像素宽，粗细为 4 像素，青色（#00FFFF），居中对齐。

1.2.3 网页中使用表格

表格是设计网页不可缺少的元素，目前表格标记在 html 网页布局中使用得是比较多的。表格是由行和列组成的。一个表格的所有内容都在<table >……</table>标记中。

一个<table >……</table>标记中，表格的行数由<tr>……</tr>标记的个数确定，表格的列数由在一个<tr>……</tr>标记中包含的<td>……</td>标记的个数确定。单元格的内容由<td>……</td>标记定义。

一个表格的基本结构如下所示：

```
<table>
<tr>第一行
<td>第一行第一列</td>
  ……
</tr>
  ……
</table>
```

案例 1-3　在“环球风景”页面中添加表格

(1)在文件中<hr>水平线下，为网页添加一个四行三列的表格，表格标记如图 1-2 所示，效果如图 1-3 所示。

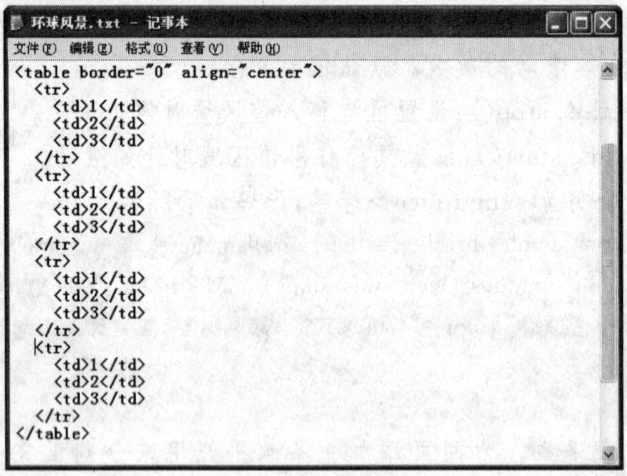

```
<table border="0" align="center">
  <tr>
    <td>1</td>
    <td>2</td>
    <td>3</td>
  </tr>
  <tr>
    <td>1</td>
    <td>2</td>
    <td>3</td>
  </tr>
  <tr>
    <td>1</td>
    <td>2</td>
    <td>3</td>
  </tr>
  <tr>
    <td>1</td>
    <td>2</td>
    <td>3</td>
  </tr>
</table>
```

图 1-2　添加表格标记

本例为了能够显示出效果，在每一个单元格中都添加了一个数字。表格标记<table>中常用的属性有：

width：设置表格的宽度。单位为百分比或者像素。

align：设置表格的水平对齐方式。取值有 left(居左对齐)、right(居右对齐)、center(居中对齐)。

border：设置表格边框的粗细。单位是像素。

cellpadding：设置单元格之间的距离。单位是像素。

bgcolor：设置表格的背景色。

background：设置表格的背景图像。

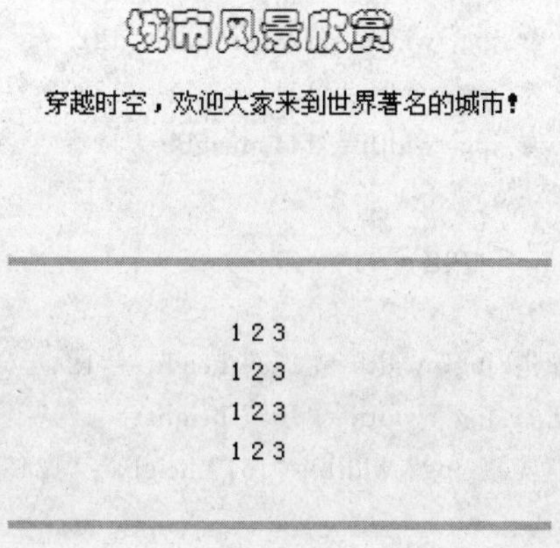

城市风景欣赏

穿越时空，欢迎大家来到世界著名的城市！

```
1 2 3
1 2 3
1 2 3
1 2 3
```

图 1-3　效果图

此处设置的对齐方式是居中对齐，表格边框为 0。

（2）添加＜address＞标记填写页脚的版权信息。在页脚处插入表格，代码如下所示。

```
＜table width="500" border="0" align="center"＞
  ＜tr＞
  ＜td＞＜address＞＜center＞
    Copyright @2010 world travel. com All rights reserved.
  ＜/center＞＜/address＞＜/td＞
  ＜/tr＞
＜/table＞
```

此处设置表格宽度 500 像素。在＜address＞中的内容是以斜体显示的，为使版权信息居中显示，在＜address＞后面使用＜center＞标记。

知识拓展

在＜tr＞和＜td＞中也可以设置属性，例如背景颜色（bgcolor）、背景图像（background）以及对齐方式（align）等。

1.2.4　网页中添加图像

图像是每个网页中必不可少的元素。网页上常用的图像格式有三种：JPEG、GIF 和 PNG。

案例 1-4　为"环球风景"页面添加图像

在图 1-1"环球风景"网页效果中，在表格中共存放了六张图片，图片所在的位置是表格的第一行和第三行。

（1）第一行插入图片标记＜img＞。

```
　<tr>
　　<td><img src="巴黎.jpg" width="173" height="122" /></td>
　　<td><img src="伦敦.jpg" width="151" height="122" /></td>
　　<td><img src="上海.jpg" width="144" height="122" /></td>
　</tr>
```

（2）第三行插入图片标记<img>。

```
　<tr>
　　<td><img src="香港.jpg" width="163" height="124" /></td>
　　<td><img src="北京.jpg" width="164" height="124" /></td>
　　<td><img src="华盛顿.jpg" width="151" height="124" /></td>
　</tr>
```

<img>标记没有结束标记，每一个<img>标记都代表一张图片，把<img>标记放置到要显示的图片的单元格中即可。<img>标记常用属性：

src：设置图片所在的路径，这个路径可以是相对路径也可以是绝对路径。这里使用的是相对路径。

alt：设置当鼠标放在图片上时显示的文本。

align：设置图像的对齐方式。

width：设置图像的宽度。

height：设置图像的高度。

1.2.5　使用超链接

超链接是网页的灵魂，如果没有超链接，那么一个网页就不能和另一个网页产生关联。设置超链接可以使浏览者很方便地浏览网站中提供的资源。通过超链接可以将站点中的资源和互联网中的资源相互联系，使浏览者在互联网中"冲浪"。

网页中的一个超链接，可以指向站点内的其他网页文件、音乐文件、压缩文件、可执行文件等，也可以指向站点外部的其他站点或网站中的资源。

案例 1-5　为"环球风景"页面添加超链接

（1）为每一张图片加上一个超链接标记<a></a>，代码如下所示。

```
　<tr>
　　<td><font face="隶书" size="4" color="red"><a href="巴黎.html">巴黎</a></font>
</td>
　　<td><font face="隶书" size="4" color="red"><a href="伦敦.html">伦敦</a></font>
</td>
　　<td><font face="隶书" size="4" color="red"><a href="上海.html">上海</a></font>
</td>
　</tr>
　<tr>
```

```
<td><font face="隶书" size="4" color="red"><a href="香港.html">香港</a></font>
</td>
<td><font face="隶书" size="4" color="red"><a href="北京.html">北京</a></font>
</td>
<td><font face="隶书" size="4" color="red"><a href="华盛顿.html">华盛顿</a>
</font></td>
</tr>
```

超链接标记常用的属性：

href：用于设置单击超链接时跳转的页面，可以是本地链接，也可以是外部网页链接。如果是本地链接可采用相对路径或绝对路径。如果是外部链接，如新浪网，则应为 <a href="http://www.sina.com.cn">新浪</a>。

（2）为每一个城市添加一个城市详细信息的网页。在"环球风景"主页中添加的每一个超链接都对应着一个网页，以香港为例，单击"香港"超链接展示"香港风景"的效果，如图 1-4 所示。

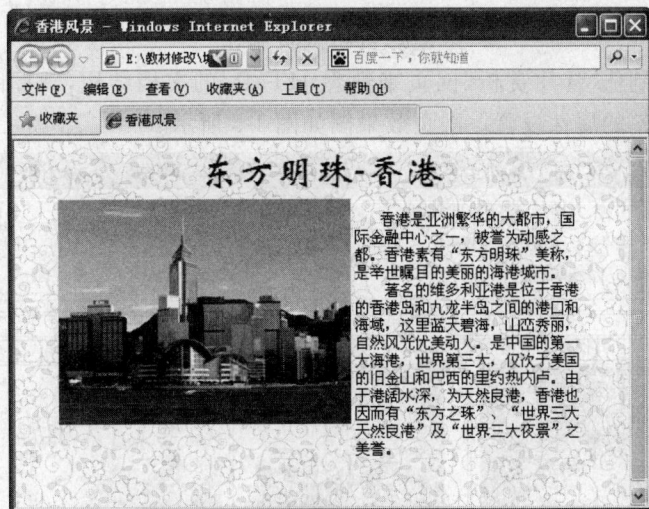

图 1-4　超链接的香港的详细介绍

至此，一个完整的"环球风景"的网页全部制作完成。

知识拓展

超链接还包括命名锚点链接和电子邮件链接。HTML 中还有其他标签，功能如表 1-1 所示，其他表单标签如表 1-2 所示。

表 1-1　　　　　　　　　　其他 HTML 标签

标签名	功　能
无序列表标签 <ul>……</ul>	显示项目形式的列表
有序列表标签 <ol><li>……</li></ol>	显示编号形式的列表
区块标签 <div>……</div>	实现页面布局
标题标签 <hn>……</hn>	设置各个层次的标题文字
表单 <form> 标签	定义表单区域

表 1-2   其他表单标签

标签名	功 能
文本框＜input type＝"text"＞	允许用户输入单行信息
密码框＜input type＝"password"＞	用来输入密码
单选按钮＜input type＝"radio"＞	只能从一组选项中选择一个选项
复选框＜input type＝"checkbox"＞	从一组选项中选择多个选项
下拉菜单＜select＞……＜/select＞	从一个列表中选择一个项目
列表＜select＞……＜/select＞	从一个列表中选择一个或多个项目
文件域＜input type＝"file"＞	选择计算机中的文件
文本区域＜textarea＞……＜textarea＞	可以输入多行信息

本章实训

电影赏析网页制作

本实训通过制作"佳片赏析"网页来熟悉 HTML 的文档结构，掌握图像、滚动字幕、超链接等常用标签的属性设置。网页效果图如图 1-5 所示。

图 1-5 网页效果图

操作提示：

1.采用表格排版，第一行第一列文本"国内外电影赏析"为滚动字幕效果，方向从右向左，红色(＃FF0000)，宋体，大小为 3。

2.表格内的图像水平居中、垂直居中。

3.表格边框设置为粗细 1 像素，蓝色(＃0000FF)。

4.文本"2012"设置超链接效果，链接的网页"经典电影 2012"效果如图 1-6 所示。

5.超链接页面中，文本"经典电影 2012"为华文新魏，大小为 6，红色(＃FF000C)。其余文字为宋体，大小为 4。表格中的图片居中对齐。

6.表格边框 1 像素，蓝色(＃0000FF)。

图 1-6　超链接网页效果图

思考与练习

一、选择题

1.下列对 HTML 的含义解释正确的是： (   )

A. HTML 是超文本标记语言　　　B. HTML 是编程语言

C. HTML 是一种开发工具　　　　D. HTML 是一种浏览器

2.表格的开始标记为： (   )

A.＜table＞　　B.＜/table＞　　C.＜p＞　　　　D.＜tr＞

3.下列对于漂移标记的说法错误的是： (   )

A.在 HTML 页面中可以用＜marquee＞＜/marquee＞标记来实现文字的滚动

B. direction 属性用于设定滚动字幕的滚动方向

C. color 属性用于设定滚动字幕的背景颜色

D. scrolldelay 属性用于设定滚动两次之间的延迟时间

4. 下面(   )是换行符标签

A. ＜body＞   B. ＜font＞   C. ＜br＞   D. ＜p＞

二、填空题

1. 网站建设的三个阶段分别为：_____、_____和_____。

2. 在页面中实现滚动文字的标记是_____。

三、简答题

1. 简述网站设计的基本流程。

2. HTML 至少包含哪些标签？

四、操作题

使用 HTML 标记制作"淡泊宁静"页面，如图 1-7 所示。

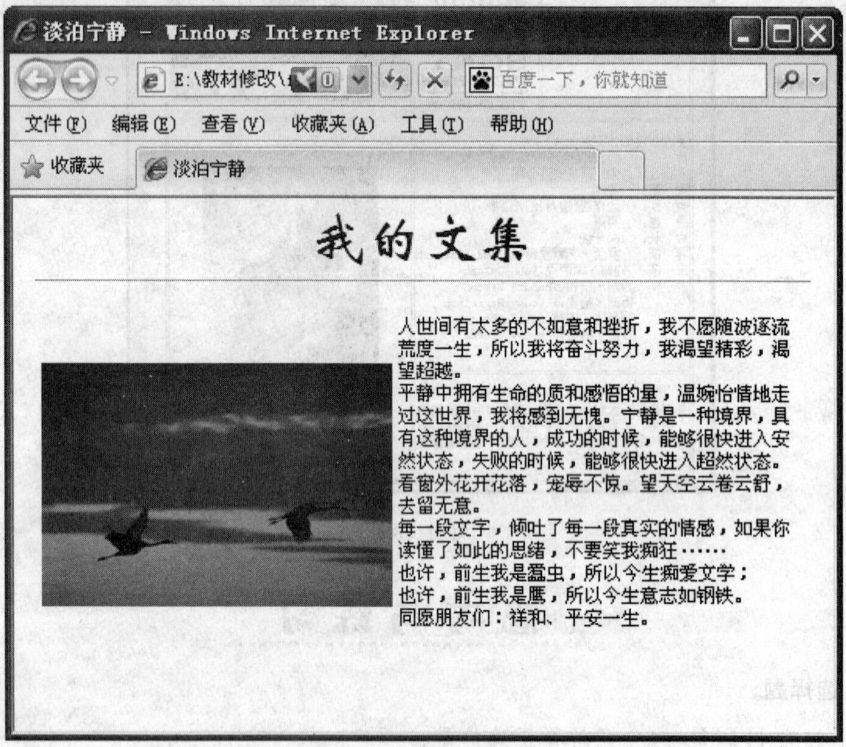

图 1-7 "淡泊宁静"页面

Dreamweaver 8 入门

教学目标

通过对本章的学习，应掌握使用 Dreamweaver 8 创建本地站点、页面属性的设置、插入文本及文本格式设置、插入图像及设置图像属性等技能。学会使用 Dreamweaver 8 制作图文混排网页，Dreamweaver 结合 Fireworks 创建网站相册。

内容提要

1. 初识 Dreamweaver 8
2. 创建本地站点及首页
3. 网页基本编辑

2.1 初识 Dreamweaver 8

Dreamweaver 8 是目前使用广泛的专业网站设计工具，它集网页设计、网站开发与管理功能于一身，具有可视化、跨浏览器和支持多平台的特性，设计师和开发人员利用它可以制作出极具表现力和动感效果、专业规范的网站。

2.1.1 Dreamweaver 8 简介

1. Dreamweaver 8 工作界面

在桌面上选择【开始】|【程序】命令，从【程序】菜单中选择【Macromedia】|【Macromedia Dreamweaver 8】选项，即可打开 Dreamweaver 8 的用户界面，如图 2-1 所示。选择【创建新项目】中【HTML】命令，进入 Dreamweaver 8 工作界面，在此可创建网页文件，如图 2-2 所示。

2. 界面组成简介

（1）菜单栏

主要包括 10 个菜单，用鼠标单击它们会打开其下拉菜单，包含该组中相关的操作命令。

（2）插入栏

包含一些用于创建或者插入不同类型对象（如图像、表格和层等）的工具。插入面板

图 2-1　Dreamweaver 8 用户界面

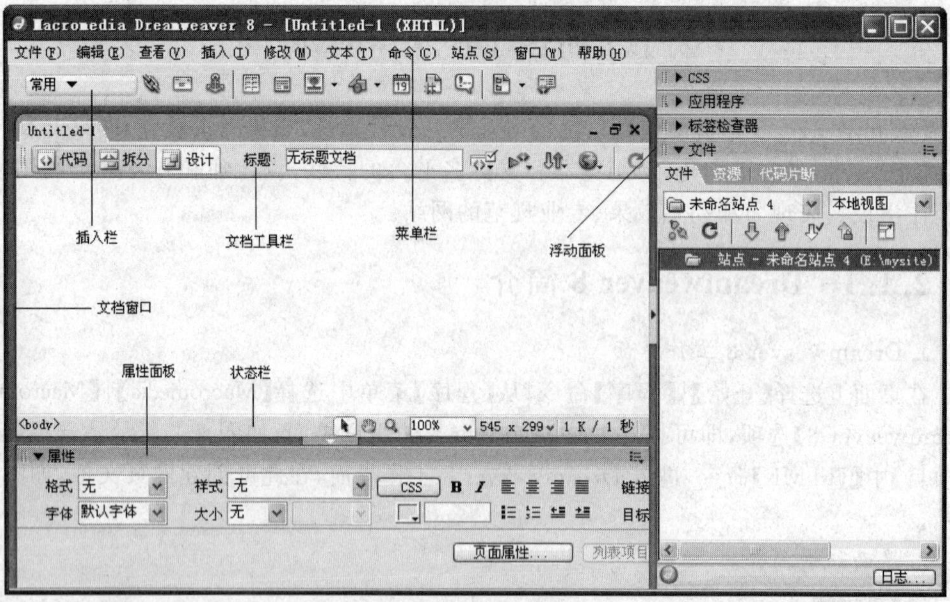

图 2-2　Dreamweaver 8 工作界面

有两种显示形式："菜单"形式和"制表符"形式，默认以"菜单"形式显示。

（3）文档工具栏

为方便用户使用而将文档编辑工作中常用到的菜单做成图标集合而成。从左到右依次为显示代码视图、显示代码和设计视图、显示设计视图、网页标题等。

（4）状态栏

显示正在编辑的 HTML 标签，单击这些标签，可以在文档窗口显示它们的内容。

（5）文档窗口

中间的空白区域为网页的编辑工作区域，在这张空白的"纸"上可进行丰富的网页创作。

（6）【属性】面板

显示选定对象或文本的属性。打开【属性】面板，会出现当前选定的页面元素的属性值，通过对属性值进行必要的修改，从而改变相应对象的属性。

（7）【浮动】面板

面板组是位于操作环境右侧的几个面板的集合。可以通过单击面板名称左侧的箭头使它们分别展开或折叠。可以通过右击面板的标题，在弹出的快捷菜单中选择【关闭面板组】命令关闭面板。

2.2　创建本地站点及首页

在设计制作网页之前，首先应在本地机上创建一个站点，以便在站点中组织网页内容，方便网站的维护、扩充和发布。然后进行主页的设计。

1. 创建站点

站点是用来存储网站的所有文件的，将站点中的所有内容（包括网页文件、图像文件、Flash 动画、声音等多种文件）都存放在站点根目录（即根文件夹）中。

案例 2-1　创建名称为"心情驿站"的个人站点

具体步骤如下：

（1）执行【站点】|【新建站点】命令，弹出【未命名站点 1 的站点定义为】对话框，选择【基本】选项来建立一个新的站点。在文本框中输入站点的名称"心情驿站"，命名时只要遵循 Windows 的命名规则即可，中英文都可以，以方便识别为准则。如图 2-3 所示。

（2）单击【下一步】按钮，系统会提示是否使用服务器技术，选择【否，我不想使用服务器技术】，指目前该站点是一个静态站点，没有动态页。

（3）单击【下一步】按钮，系统将提示如何使用文件，选择【编辑我的计算机上的本地副本，完成后再上传到服务器（推荐）】选项。选择要定义的本地根文件夹，指定站点位置（"E:\xqyz\"），如图 2-4 所示。

（4）单击【下一步】按钮，弹出关于如何连接到远程服务器设置的对话框，从下拉列表框中选择【无】选项。

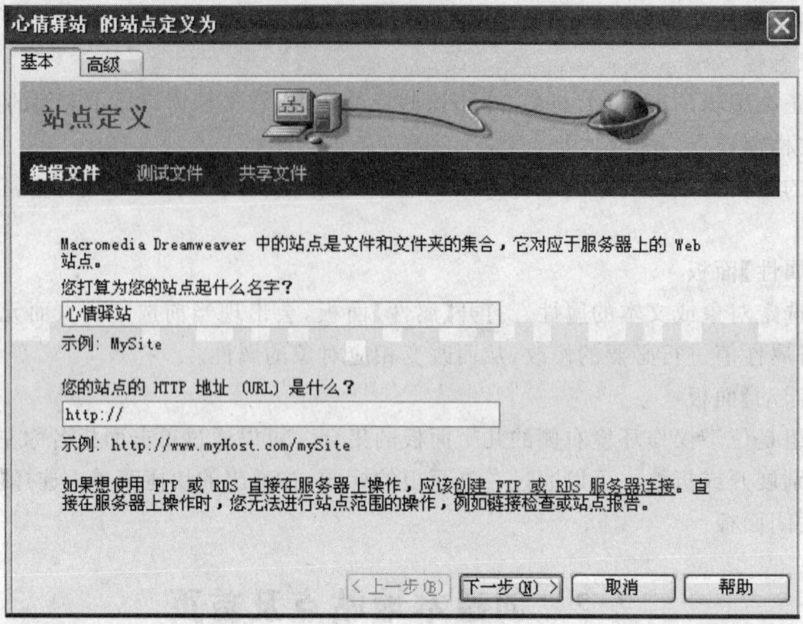

图 2-3 【站点定义】对话框

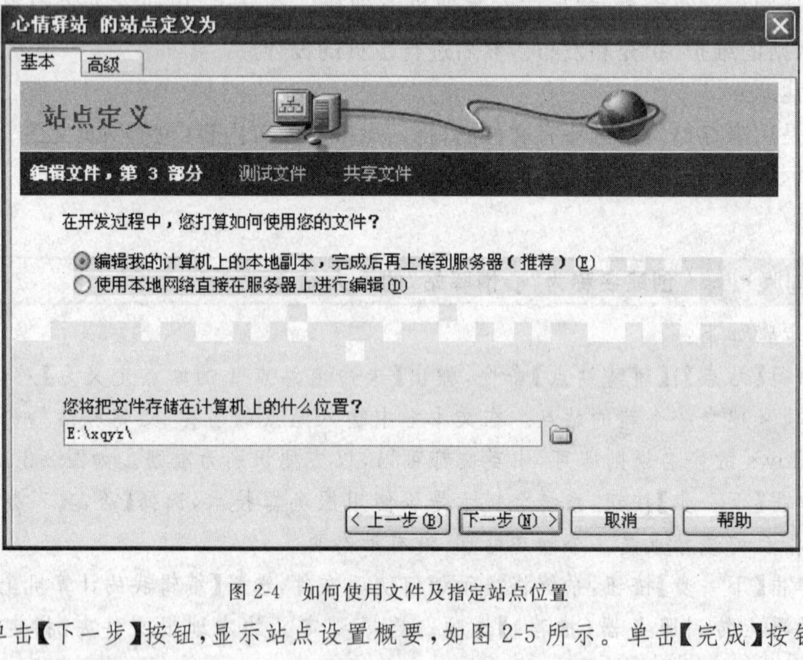

图 2-4 如何使用文件及指定站点位置

(5)单击【下一步】按钮,显示站点设置概要,如图 2-5 所示。单击【完成】按钮,完成站点的创建。在【文件】面板中显示出创建的站点。

如果对创建站点比较熟悉,可以使用【高级】选项来定义站点。

2.编辑站点

创建站点后,可以对站点进行编辑修改设置。

(1)执行【站点】|【管理站点】命令,弹出【管理站点】对话框,如图 2-6 所示。

(2)选择要编辑的站点名称,单击【编辑】按钮,打开【心情驿站 的站点定义为】对话

图 2-5　【总结】对话框

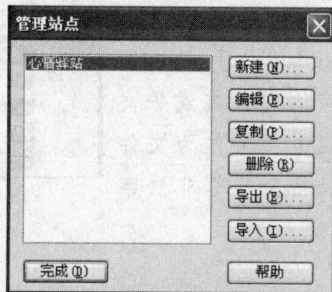

图 2-6　【管理站点】对话框

框,选择【高级】选项卡,根据需要编辑站点的相关信息,如图 2-7 所示。单击【确定】按钮
完成设置。

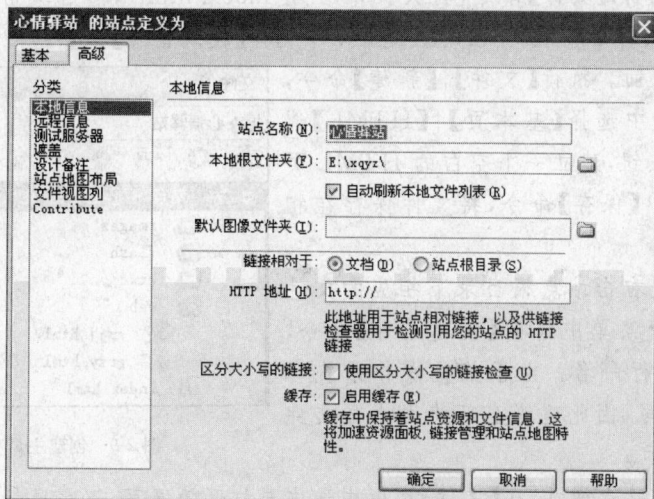

图 2-7　编辑站点

知识拓展

在【管理站点】对话框中单击【导出】按钮,打开【导出站点】对话框,为站点定义文件名及路径(扩展名为.ste 的文件),单击【保存】按钮导出站点。在【管理站点】对话框中单击【导入】按钮,打开【导入站点】对话框,找到所需的".ste"站点定义文件,单击【打开】按钮进行导入。

3.创建站点首页

建立站点后,要合理分配各种类型的文件,分别放在不同的文件夹中以便管理。

案例 2-2 在"心情驿站"站点中创建子文件夹

(1)选择【窗口】|【文件】命令,打开【文件】面板,在站点根目录上右击,在弹出的快捷菜单中选择【新建文件夹】命令。

(2)将文件夹命名为 images(用于存放图像),根据网站需求,再创建相应的文件夹或子文件夹,如图 2-8 所示。注意要使用英文作为文件或文件夹的名字,名字中不能包括空格等非法字符。

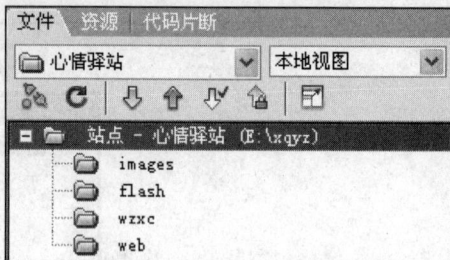

图 2-8 创建子文件夹

案例 2-3 在"心情驿站"站点中创建主页和子页

(1)创建主页"index. html"。在【文件】面板中右击根文件夹("E:\xqyz"),在弹出的快捷菜单中选择【新建文件】命令,将文件命名为"index. html",然后单击"Enter"键。右击"index. html"文件名称,在弹出的快捷菜单中选择【设成首页】命令。

(2)创建子页面。执行【文件】|【新建】命令,在【常规】选项卡中选择【基本页】|【HTML】选项,单击【创建】按钮,建立一个空白的 HTML 页面。执行【文件】|【保存】命令,将文件保存在相应的文件夹中。

(3)或者通过右击站点根目录下相应的文件夹,从弹出的快捷菜单中选择【新建文件】命令,根据内容需要进行命名。由于某些操作系统会区分文件名大小写,因此建议全部使用小写文件名。如图 2-9 所示。

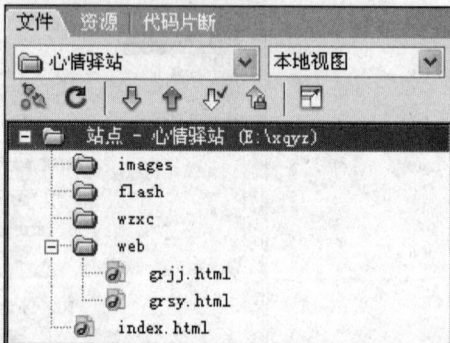

图 2-9 创建主页和子页

(4)若要修改站点网页,在【文件】面板中选中要打开的网页,双击鼠标,即可打开该网页。或者执行【文件】|【打开】命令,从弹出的【打开】对话框中选择需要的文件。

2.3　网页基本编辑

文本和图像是构成网页的主题，是设计网页不可缺少的组成元素。文本可以直观地体现信息内容，是支撑网页的基础。图像能够达到丰富网页内容的目的。

制作"心情驿站"站点中的"感悟人生"主页内容。效果如图 2-10 所示，图中有两种不同的换行方式。

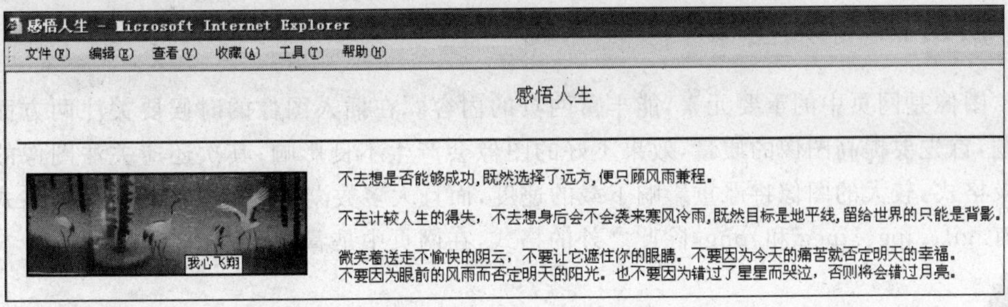

图 2-10　"感悟人生"主页

2.3.1　制作文本网页

案例 2-4　添加文本

（1）打开"心情驿站"站点中的"index. html"文件。

（2）在页面第一行输入标题文字"感悟人生"。选中"感悟人生"，打开【属性】面板，如图 2-11 所示。在【大小】下拉列表中选择 16，并在后面下拉列表中选择像素（px）。居中对齐。

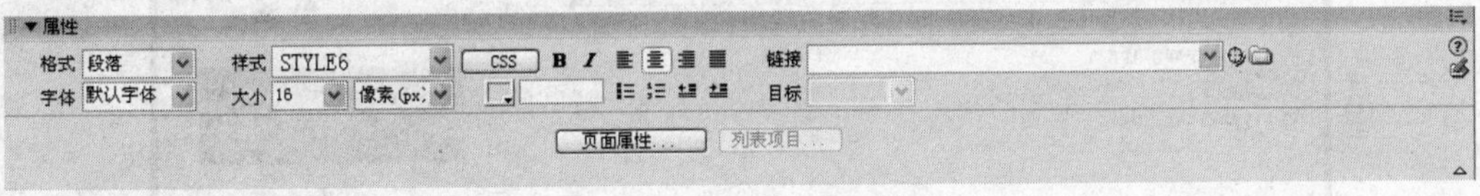

图 2-11　文本【属性】面板

（3）使用"Enter"键分段。段落结束时单击"Enter"键来分段，在前、后两个段落之间自动地空出一行来分隔。

（4）插入水平线。在网页中，可以用一条或多条水平线分隔网页元素。将光标定位于第二段，选择【插入】|【HTML】|【水平线】命令，插入水平线，选中水平线，切换到【代码】视图下，设置水平线颜色为＜hr　color＝"＃0000FF"＞。

（5）换段输入正文文字，默认文字大小。如果要使光标换行但是不产生新的段落，需要插入换行符，单击"Shift＋Enter"组合键。或者单击插入栏的【文本】面板中的【字符：换行符】图标按钮。

（6）文本中输入空格。在 Dreamweaver 8 中默认只能输入一个空格，要插入多个连续的空格可以切换到全角状态下单击空格键。或者单击【文本】面板中的【字符：不换行空格】图标按钮🔛。

📖 **知识拓展**

插入特殊字符。在 Dreamweaver 8 中可以插入多种特殊符号，如版权符号、注册商标符号等。选择【插入】|【HTML】|【特殊字符】命令即可实现。

2.3.2　添加图像

图像是网页中的重要元素，能丰富网页的内容。在插入图像的时候要关注两方面的问题，首先要提高图像的质量，效果不好的图像会产生不良影响；其次还应关注图像的大小及格式，较大的图像将严重影响下载的速度，而且大多数浏览器能够支持的图像格式主要有.gif、.jpg、.jpeg 和.png，除此之外的格式，在网页中是看不到的。

案例 2-5　插入图像

可以从当前站点、本地硬盘、Web 图像库等处寻找图像插入。从图像的位置考虑，可将它分为站点之内与站点之外两种情况。

(1)将光标定位于正文文本第一行之前，执行【插入】|【图像】命令，或者单击插入栏的【常用】选项卡中的【图像】按钮🖼，打开【选择图像源文件】对话框，在对话框中选择需要插入的图像，如图 2-12 所示。

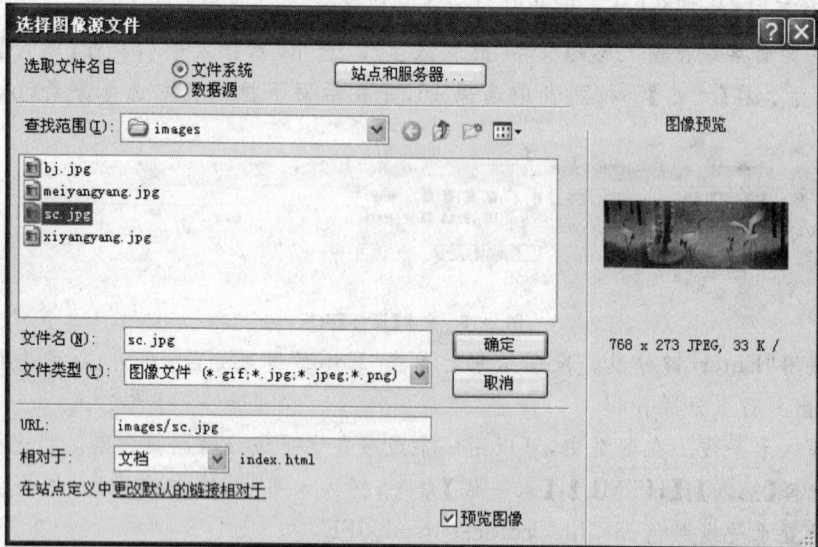

图 2-12　【选择图像源文件】对话框

(2)单击【确定】按钮。如果图像来自于当前站点之外，为了保证图像的正常显示，在保存网页文件时，Dreamweaver 8 都将提示用户在当前站点内保存图像的副本。否则，远程站点关闭或位置发生变化时，将无法显示所选的图像。

案例 2-6　设置图像属性

在网页中插入图像后,选中图像,可通过【属性】面板对图像的大小、位置、对齐方式、间距、边框等进行设置和调整,如图 2-13 所示。【属性】面板中各项含义如下:

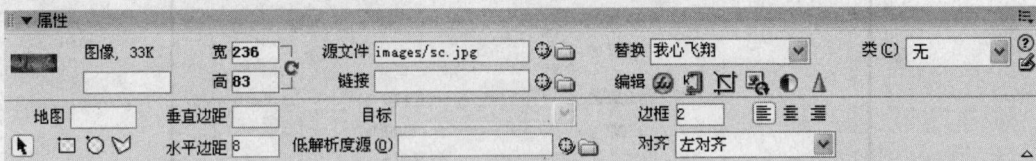

图 2-13　图像【属性】面板

(1)选中图像"sc.jpg",在【属性】面板中以像素为单位指定图像的宽度和高度。也可以用鼠标直接拖动图像四周的控制点。按下"Shift"键的同时拖动图像控制点,可等比例地调整图像大小。

(2)在【属性】面板的【对齐】下拉列表中选择【左对齐】。【对齐】用来指定同一行上的图像和文本的对齐方式。

(3)在【属性】面板的【水平边距】文本框中输入 8,使图像在水平方向上与文本间留有一段边距,美化页面效果。

(4)选中图片,设置【属性】面板的【边框】值为 2。

(5)在【替换】文本框中输入图片的注释"我心飞翔"。

知识拓展

(1)通过【属性】面板中的【图像编辑】按钮可以对图像进行简单的编辑处理,按钮功能依次为:启动外部图像编辑软件进行图像的编辑操作;使用 Fireworks 最优化图片;剪裁图像;重新取样;调整亮度和对比度;锐化图像,增加图像边缘像素对比度,使图像更加清晰。

(2)鼠标经过图像是一种在浏览器中查看并使用鼠标指针经过它时发生变化的图像。将光标定位在要插入图像的位置,执行【插入】|【图像对象】|【鼠标经过图像】命令,插入鼠标经过图像。

案例 2-7　页面背景图像设置

执行【修改】|【页面属性】命令,弹出【页面属性】对话框,如图 2-14 所示。选择【分类】中的【外观】选项,可以定义页面字体、大小、文本颜色、背景颜色、背景图像等基本属性。

图 2-14 【页面属性】对话框

(1)设置背景图像:在【外观】选项中,单击【背景图像】右侧的【浏览】按钮,插入所使用的图像,网页【背景图像】的优先级高于【背景颜色】设置的优先级。

(2)执行【文件】|【保存】命令保存网页,单击"F12"键,在浏览器中浏览网页效果。

2.3.3 创建网站相册

相册用来收集、查看照片。Dreamweaver 结合 Fireworks 可以自动创建网站相册。在创建网站相册之前,需要收集建立相册的图像,并将所有图像存放在一个文件夹中。另外,确保图像文件是以下任意一个扩展名:.gif、.jpg、.jpeg、.png、.psd、.tif 或 .tiff。其他带有无法识别的文件扩展名的图像不会被包含在相册中。

案例 2-8 创建"宝贝留念"相册

网页效果如图 2-15 所示。

图 2-15 "宝贝留念"相册网页效果

操作步骤如下：

(1)在"心情驿站"站点根目录下的"wzxc"文件夹中新建"tp"子文件夹，存放相册所用的原始素材图像。

(2)在"心情驿站"站点中新建一个空白页面。

(3)执行【命令】|【创建网站相册】命令，弹出【创建网站相册】对话框，如图 2-16 所示。

图 2-16　【创建网站相册】对话框

(4)在【相册标题】文本框中输入标题"宝贝相册"，在【副标信息】文本框中输入附加文本"——百日留念"。

(5)单击【源图像文件夹】右侧的【浏览】按钮，选择包含源图像的文件夹。文件、文件夹及文件路径都不能为中文。

(6)单击【目标文件夹】右侧的【浏览】按钮，在【站点根文件夹】中选择(或创建)一个目标文件夹(在"wzxc"中创建"end"文件夹)，用来存放所有导出的图像和 HTML 文件。

(7)从【缩略图大小】下拉列表框中选择缩略图图像的大小。采用默认选项。

(8)在【列】文本框中输入显示缩略图的列数。文件夹中共有六幅图像，准备采用 2 行 3 列。

(9)在【缩略图格式】和【相片格式】下拉列表框中分别选择缩略图图像的格式和大尺寸图像的格式。对于每个原始图像，将创建一个指定格式的大尺寸图像。

(10)在【小数位数】文本框中输入大尺寸图像的显示比例。若为 100%，将创建和原始图像等大的大尺寸图像。

(11)选择【为每张相片建立导览页面】选项，将为每个源图像创建一个 Web 页。

(12)设置完成后，单击【确定】按钮，系统自动调用 Fireworks，当处理完成后，会弹出提示对话框，如图 2-17 所示。单击【确定】按钮，在文档窗口中显示相册页面。

(13)保存网页，单击"F12"键，在浏览器中浏览网页效果。单击缩略图，可以打开该图像的放大图，如图 2-18 所示。

图 2-17　提示相册已经建立

宝贝相册/6.jpg

前一个 | 首页 | 下一个

图 2-18   浏览相册

(14)相册创建后,在"end"文件夹下,自动生成一个名为 index. htm 的网页和三个文件夹(images、pages、thumbnails),如图 2-19 所示。

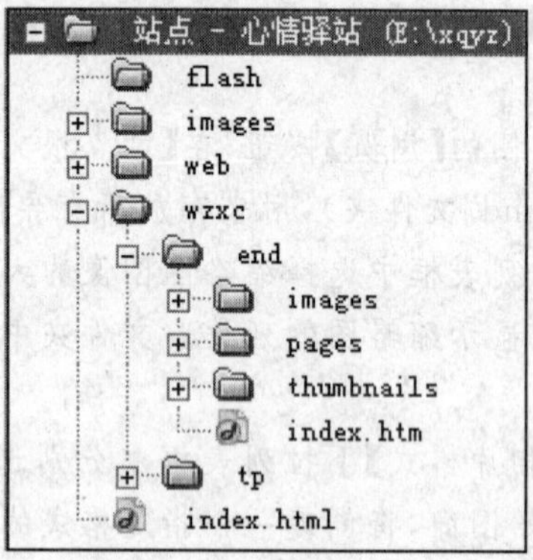

图 2-19   站点结构图

思考与练习

一、选择题

1.下面关于定义站点的说法错误的是: (　　)

A. 首先定义新站点,打开站点定义设置窗口

B. 在站点定义设置窗口的站点名称中填写网站的名称

C. 在站点设置窗口中,可以设置本地网站的保存路径,而不可以设置图片的保存路径

D. 本地站点的定义比较简单,基本上选择好目录就可以了

2.下列元素不可以被加载到网页中的是：　　　　　　　　　　　　　（　　）

A.文本　　　　　　B.JPG 图片　　　　C.GIF 图片　　　　D.3D MAX 文件

3.本地站点的所有文件和文件夹必须使用下列哪种内容,否则在上传到因特网上时可能导致浏览不正常：　　　　　　　　　　　　　　　　　　　　　　　（　　）

A.小写字母　　　　B.大写字母　　　　C.数字　　　　　　D.汉字

二、填空题

1.Dreamweaver 是由_____公司推出的网站设计工具。

2._____和_____是构成网页的主题,是设计网页不可缺少的组成元素。

三、简答题

1.如何在网页中添加图像?

2.如何建立站点?

四、操作题

根据个人网站的设置,规划自己个人站点的目录结构,如图 2-20 所示。

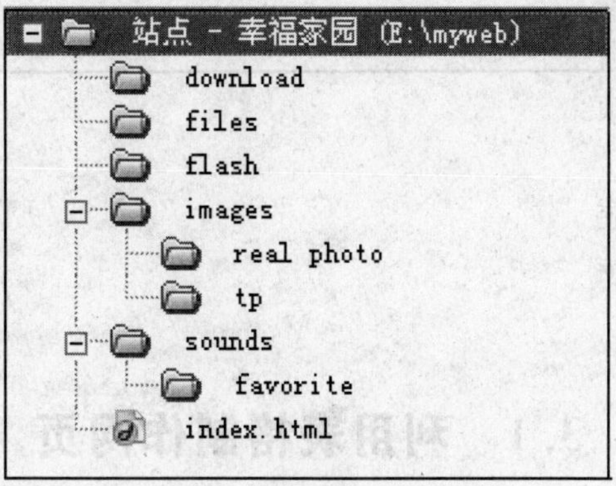

```
站点 - 幸福家园 (E:\myweb)
    download
    files
    flash
    images
        real photo
        tp
    sounds
        favorite
    index.html
```

图 2-20　"幸福家园"站点结构图

第 3 章

基本网页制作

通过对本章的学习,应熟练掌握表格的创建方法及表格的编辑操作,会使用表格制作网页;掌握超链接的创建方法;掌握图层的创建方法;会使用图层和时间轴来实现简单的动画效果;掌握框架结构网页的创建方法;熟悉在网页中插入多媒体对象的方法。

内容提要

1. 利用表格制作网页
2. 创建超链接
3. 图层及时间轴动画
4. 创建框架结构网页
5. 插入媒体对象

3.1　利用表格制作网页

表格是设计和制作网页时必不可少的元素。表格可以用于制作简单的图表,还可以用于布局网页文档的整体结构。利用表格设置网页文档的布局,可以不受分辨率的限制而维持所需的布局,还可以制作出多种形态的排列方式。

3.1.1　插入表格

表格是由行和列组成,构成表格的每个单元称为单元格。目前网站上大部分的页面都是以表格布局排版制作的,通常在利用表格进行网页内容的布局时,都会设置表格边框为 0 像素,这样在浏览器中查看网页时便不会显示表格边框。

案例 3-1　创建“茶的种类”页面

操作步骤如下:

(1)打开本书提供的素材网页“product.html”文件,如图 3-1 所示。

(2)将光标移动到网页中间的空白区域处,单击插入栏的【常用】选项卡中的【表格】按

图 3-1　素材网页"product.html"

钮,如图 3-2 所示。

图 3-2　插入表格

(3)在弹出的【表格】对话框中设置表格的属性,表格大小为 6 行 2 列,表格宽度设置为 96%,边框粗细、单元格边距、单元格间距均设为 0,如图 3-3 所示。

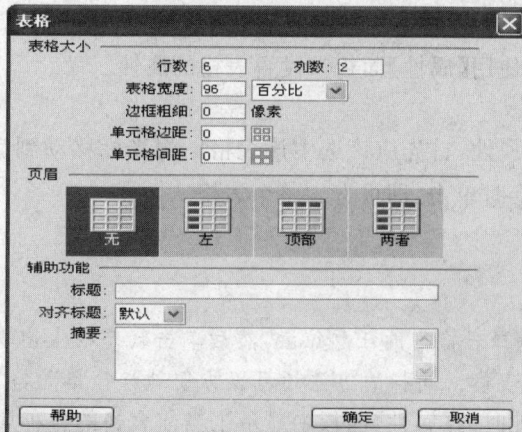

图 3-3　【表格】对话框

知识拓展

在【表格】对话框中,【单元格边距】用来设置单元格内容和单元格边框之间的像素数;【单元格间距】用来设置相邻单元格之间的像素数。

(4)设置完成后,单击【确定】按钮,即可完成表格的插入,如图 3-4 所示。

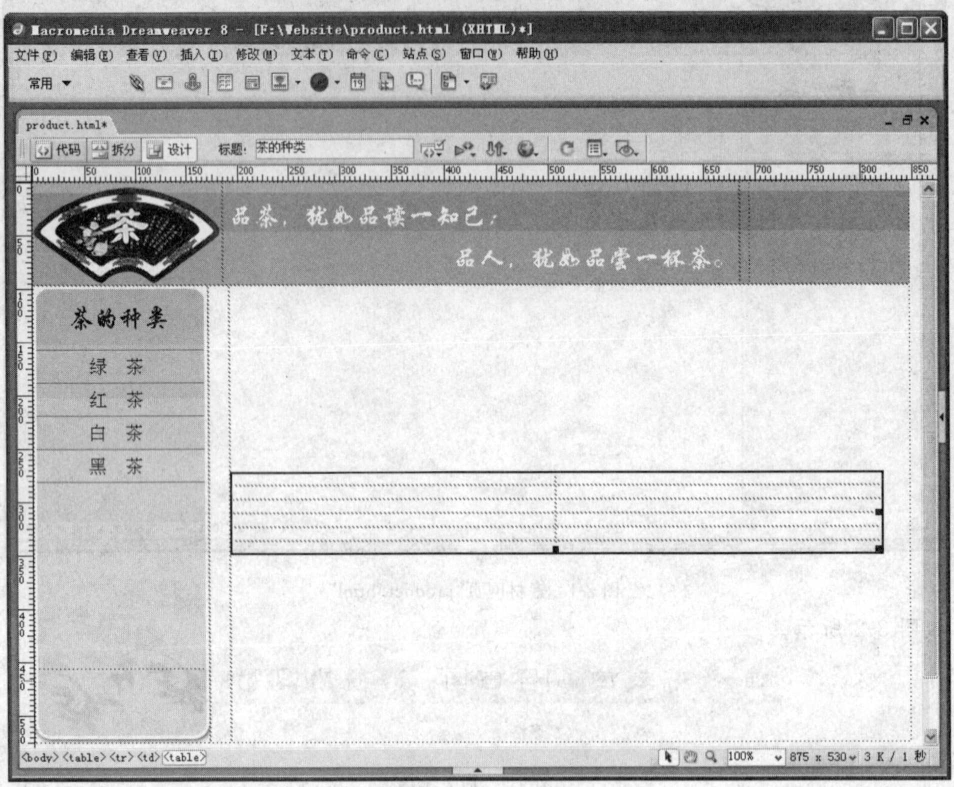

图 3-4   插入表格页面

3.1.2   编辑表格

插入表格后,可以使用【属性】面板来设置表格的属性。

1. 设置表格属性

(1)要设置表格的属性,首先应该选中该表格。将光标移动到表格的外边框上,当鼠标指针变为双向箭头⇕时单击,即可选中整个表格。

知识拓展

将光标移动到要选择表格内的任意位置,然后单击状态栏上出现的最后一个<table>标签,也可以选中整个表格。同样的方法还可以方便地选择单元格、行或表单等元素。

(2)选中表格后,此时的【属性】面板中显示了当前表格的各种属性设置。将表格的对齐方式设置为"居中对齐",如图 3-5 所示。

图 3-5 表格【属性】面板

2.设置单元格属性

(1)单击表格中的任意一个单元格,就可以使用单元格【属性】面板来对这个单元格的属性进行设置。

知识拓展

要选择多个单元格,则按住"Ctrl"键的同时,依次单击要选择的单元格。要选择整行或整列,则将光标移到一行的最左边或移到一列的最上边,当鼠标指针变为黑色箭头 ➜ 时单击,即可选中整行或整列。

(2)选中某一个单元格,将单元格的水平对齐方式设为"居中对齐",垂直对齐方式设为"居中",如图 3-6 所示。

图 3-6 单元格【属性】面板

3.合并与拆分单元格

单元格的合并与拆分功能是在单元格的【属性】面板中完成的。

(1)合并单元格。选中表格第 2 列的第 1 行和第 2 行单元格,如图 3-7(a)所示,然后单击单元格【属性】面板中的【合并所选单元格】按钮⬚,合并之后的单元格如图 3-7(b)所示。同样,将第 3、4 行合并为一个单元格,第 5、6 行合并为一个单元格。

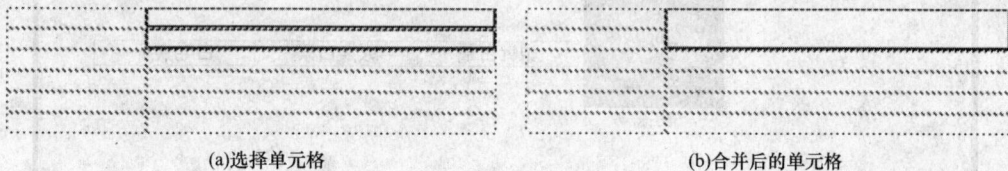

(a)选择单元格   (b)合并后的单元格

图 3-7 合并单元格

(2)拆分单元格。在合并后的第 2 列第 1 个单元格中插入一个 1 行 1 列的表格,选中单元格,如图 3-8(a)所示,单击单元格【属性】面板中的【拆分单元格】按钮⬚,在弹出的【拆分单元格】对话框中,设置拆分为 3 列,如图 3-8(b)所示,单击【确定】按钮,完成单元格的拆分,拆分后单元格如图 3-8(c)所示。

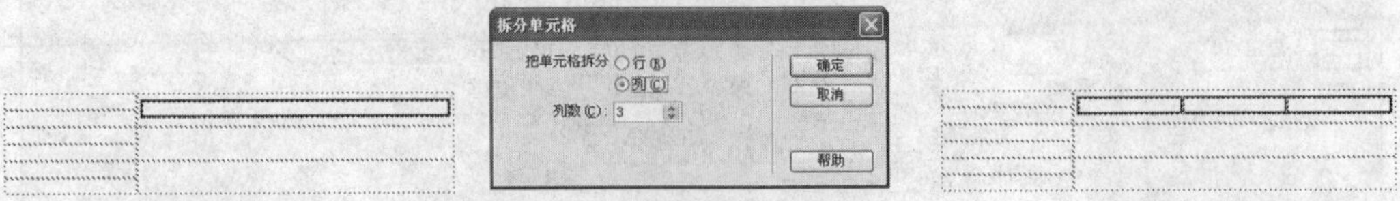

(a)选择单元格   (b)拆分单元格   (c)拆分后的单元格

图 3-8　设置拆分单元格

(3)制作细线表格。按照图 3-9 完善嵌套表格中的单元格内容后,设置嵌套表格的【间距】为 1 像素,【背景颜色】为"#339900"(绿色),再选中嵌套表格的所有单元格,将【背景颜色】设置为"#FFFFFF"(白色)。保存文档,按"F12"键在浏览器中预览效果,如图 3-9 所示。

图 3-9　页面效果图

案例 3-2 利用表格创建名称为"茶道"的主页

页面效果如图 3-10 所示。

图 3-10 "茶道"主页效果

操作步骤如下：

1．新建页面

（1）新建页面"index. html"，并准备好相应的图片素材。站点结构如图 3-11 所示。

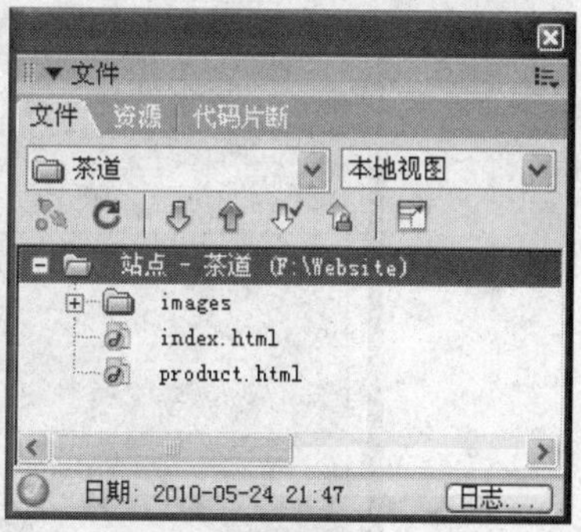

（2）设置页面属性。双击打开"index. html"文件，执行菜单栏中【修改】|【页面属性】命令，弹出【页面属性】对话框。在【外观】选项卡中设置"左边距"、"上边距"均为 0 像素；在【标题/编码】选项卡中设置"标题"为"茶道"。单击【确定】按钮，完成页面属性的设置。

2．插入框架表格并制作左侧表格内容

图 3-11 "茶道"站点结构图

（1）将光标定位在页面的空白处，插入一个 1 行 2 列的表格，表格宽度为 856px，边框粗细、单元格边距、单元格间距均设为 0。设置完成后，单击【确定】按钮，即可完成框架表格的插入。

（2）选中刚刚插入的框架表格，在【属性】面板中设置表格 Id 为"表格 1"（设置 Id 是为了以后制作过程中描述方便）。单击【属性】面板中"背景图像"文本框后的"浏览文件"按钮■,在弹出的【选择图像源文件】对话框中,选择需要设置为背景图像的文件,如图 3-12 所示,这里设置背景图像为"images/back02.gif"。

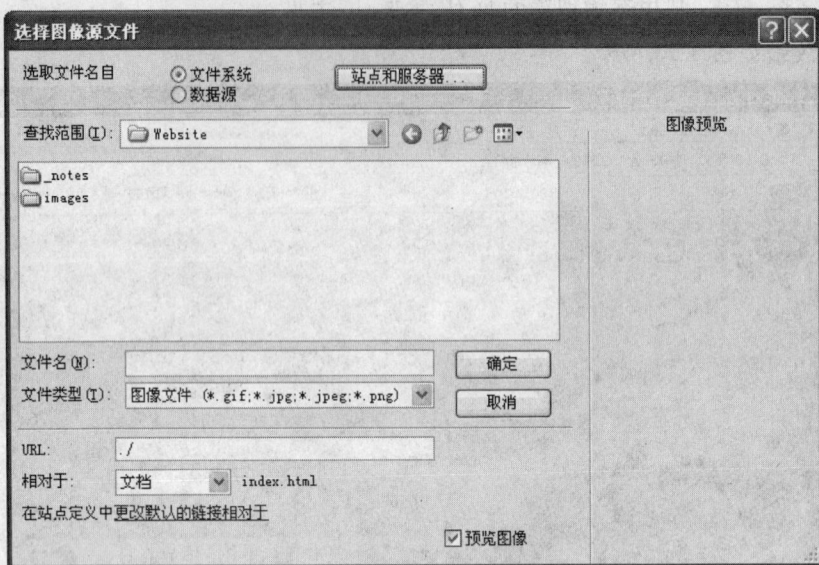

图 3-12 【选择图像源文件】对话框

(3)将光标定位在表格 1 的第 1 列的单元格中,设置单元格的宽度为 508px。在单元格中插入一个 2 行 1 列的表格,表格宽度设置为 100%,边框粗细、单元格边距、单元格间距均设为 0。表格插入完成后,在【属性】面板中设置刚插入的表格 Id 为"表格 2"。

(4)在表格 2 的第 1 行中依次插入 images 文件夹下的"back01.gif"和"logo.gif"图片。在表格 2 的第 2 行中插入 images 文件夹下的"back03.jpg"图片,表格 2 制作完成后的页面如图 3-13 所示。

图 3-13 表格 2 效果图

3.制作右侧表格内容

（1）将光标定位在表格 1 的第 2 列单元格中，设置单元格的宽度为 348px。在单元格中插入一个 3 行 1 列的表格，表格宽度为 100%，边框粗细、单元格边距、单元格间距均设为 0。表格插入完成后，在【属性】面板中设置刚插入的表格 Id 为"表格 3"。

（2）在表格 3 的第 1 行中依次插入 images 文件夹下的"sy. gif"、"sc. gif"和"lx. gif"图片，并在【属性】面板中设置单元格的【水平】对齐方式为"居中对齐"，【垂直】对齐方式为"底部"。在表格 3 的第 2 行中插入 images 文件夹下的"menu_top. gif"图片。

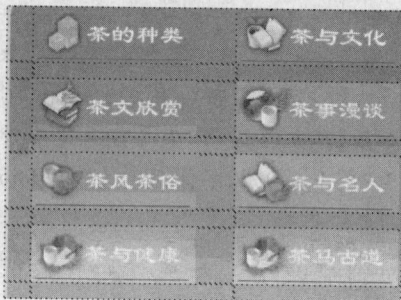

（3）在表格 3 的第 3 行中，设置单元格的背景图像为 images 文件夹下的 back04. jpg，并在单元格中插入一个 8 行 3 列的表格，表格宽度为 100%，边框粗细、单元格边距、单元格间距均设为 0，并将该表格 Id 设置为"表格 4"。在表格 4 中第 2 列和第 3 列的相应单元格中间隔插入相应的图片，如图 3-14 所示。

图 3-14　表格 4 效果图

（4）在表格 4 的下面再插入一个 2 行 1 列的表格，表格宽度为 100%，边框粗细、单元格边距、单元格间距均设为 0，并将该表格 Id 设置为"表格 5"。在表格 5 的第 1 行中依次插入 images 文件夹下的"tit_news. gif"和"more. gif"图片，并设置单元格的水平对齐方式为居中对齐。

（5）在表格 5 的第 2 行插入一个 4 行 1 列的表格，表格宽度设为 95%，高度为 120px，边框粗细、单元格边距、单元格间距均设为 0，在【属性】面板中设置表格对齐方式为居中对齐，并将该表格 Id 设置为"表格 6"。在表格 6 的 4 行中分别输入相应的文字信息，并设置文字大小为 12px。框架表格制作完成后的页面如图 3-15 所示。至此，框架表格就设计完成了。

图 3-15　框架表格效果图

4.制作底部表格内容

（1）将光标定位在框架表格下方，插入水平线，在水平线的【属性】面板中设置宽度为856px，对齐方式为"左对齐"，如图 3-16 所示。

图 3-16　水平线【属性】面板

（2）友情链接。在水平线下方插入一个 1 行 8 列的表格，表格宽度设为 850px，边框粗细、单元格边距、单元格间距均设为 0。选中所有单元格，设置单元格的水平对齐方式为"居中对齐"，字体颜色为"♯666666"（银色），字体大小为 12px，如图 3-17 所示。

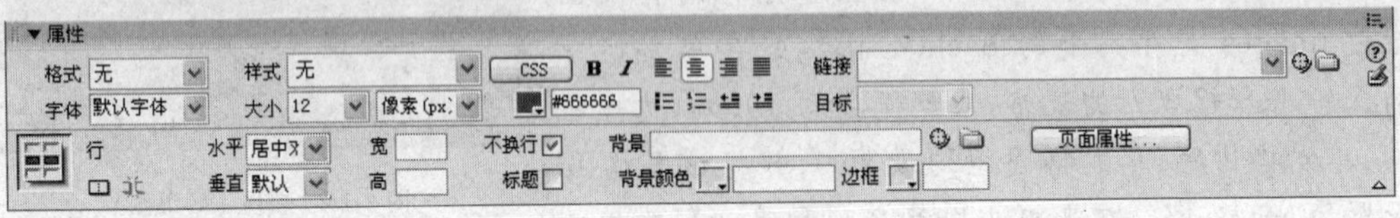

图 3-17　行【属性】面板

（3）版权信息。在友情链接表格的下方插入一个 2 行 1 列的表格，表格宽度为850px，边框粗细、单元格边距、单元格间距均设为 0，选中所有单元格，设置单元格的水平对齐方式为"右对齐"，字体颜色为"♯999999"（灰色），字体大小为 12px。

至此，"茶道"页面就制作完成了。

3.2　创建超链接

超链接是指从一个网页指向一个目标的链接关系。这个目标可以是一个网页，也可以是同一网页上的不同位置，还可以是一个图像、一个电子邮件地址、一个文件，甚至是一个应用程序。

3.2.1　创建网页之间的超链接

在 Dreamweaver 8 中，可以为文字、图像等对象创建超链接。

1.创建外部链接

所谓外部链接是指链接到外部的地址，一般是绝对地址链接，如 http://www.163.com。操作步骤如下：

（1）打开"茶道"站点的首页文件"index.html"。

（2）选中友情链接部分的"中国茶文化"文字，在【属性】面板上的"链接"文本框中设置链接地址为"http://www.cha-china.cn/"。

（3）在【属性】面板上的【目标】下拉列表框中选择链接的打开方式为"_blank"，如图3-18 所示。

"目标"下拉列表中选项的含义如下：

_blank：在弹出的新窗口中打开所链接的文档。

图 3-18　【属性】面板

_parent：如果是嵌套的框架，则在父框架或窗口中打开链接的文档；如果不是嵌套的框架，则与选择_top 选项的效果相同，在整个浏览器窗口中打开所链接的文档。

_self：浏览器默认的设置，在当前网页所在的窗口中打开链接的网页。

_top：在完整的浏览器窗口中打开网页。

2.创建内部链接

所谓内部链接就是链接站点内部的文件，在"链接"文本框中输入文件的相对路径。操作步骤如下：

（1）打开"茶道"站点的首页文件"index. html"。

（2）选中"茶的种类"图片，单击【属性】面板上的"链接"文本框后的"浏览文件"按钮，在弹出的【选择文件】对话框中，选择需要链接的文件，如图 3-19 所示。

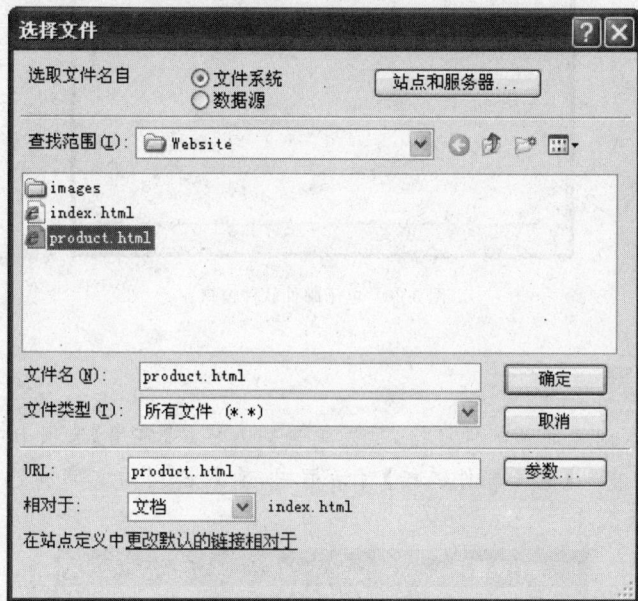

图 3-19　【选择文件】对话框

（3）单击【确定】按钮，完成内部链接的设置。

知识拓展

创建内部链接还有另外一种方法：拖动【属性】面板上"链接"文本框后的"指向文件"按钮到【文件】面板上要链接的网页文件上，即可自动生成链接。

3.2.2　电子邮件链接与空链接

1.电子邮件链接

电子邮件链接是指当浏览者单击该链接后,会启动用户系统客户端的电子邮件软件(如 Outlook Express),并打开一个新的电子邮件窗口。操作步骤如下:

(1)打开"茶道"站点的首页文件"index.html"。

(2)选中"联系我们"图片,在【属性】面板上的"链接"文本框中输入语句"mailto:chadao@163.com"。

(3)保存页面后,在浏览器中预览页面。单击"联系我们"图片,弹出系统默认的电子邮件软件,如图 3-20 所示。

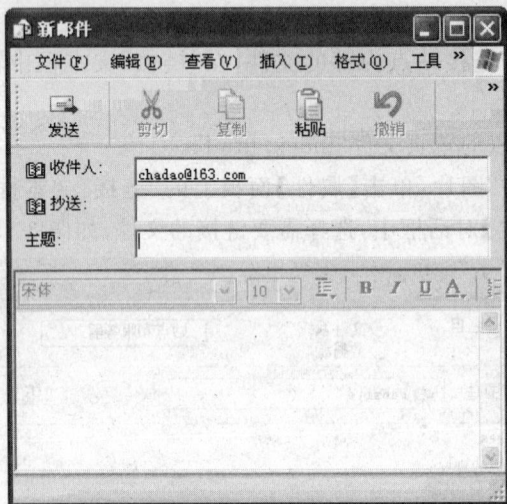

图 3-20　电子邮件软件窗口

知识拓展

如果要为文本创建电子邮件链接,可以单击插入栏的【常用】选项卡中的【电子邮件链接】按钮。在弹出的【电子邮件链接】对话框中,输入链接的文字和链接的电子邮件地址,如图 3-21 所示。

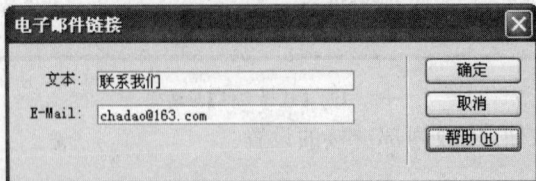

图 3-21　【电子邮件链接】对话框

2.空链接

所谓空链接就是没有链接对象的链接。操作步骤如下:

(1)打开"茶道"站点的首页文件"index.html"。

(2)选中"五味枣仁杞子茶"文字,在【属性】面板上的"链接"文本框中输入"♯"标记,即可创建空链接。

3.2.3 锚点链接

锚点链接就是网页中的无形书签,它可以将网页中的文本或图像链接到同一个网页的不同位置,也可以链接到不同网页中的指定位置,使浏览者可以快速浏览到指定的位置。

锚点链接通常用于含有大量文本的网页。创建锚点链接的过程主要分为两部分:首先创建命名锚点;然后创建到该命名锚点的链接,也就是锚点链接。

案例 3-3　创建"上海世博会"站点,并创建"2010 上海世博会-城市足迹馆"页面

操作步骤如下:

(1)打开本书提供的素材网页"PavilionOfFootprint. html"(PavilionOfFootprint 意为"城市足迹馆")文件,如图 3-22 所示。

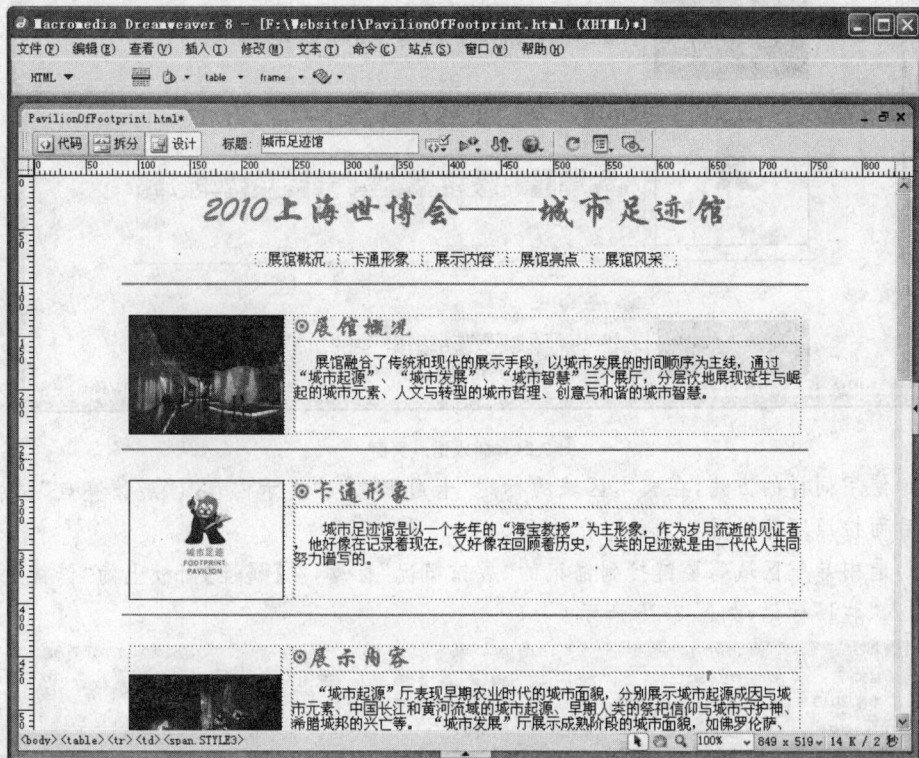

图 3-22　素材网页"PavilionOfFootprint. html"

(2)将光标移至文本区域中"展馆概况"标题后面,单击插入栏的【常用】选项卡中的【命名锚记】按钮 。在弹出的【命名锚记】对话框中,在"锚记名称"文本框中输入锚记的名称"1",如图 3-23 所示。

图 3-23 【命名锚记】对话框

(3)单击【确定】按钮,则在光标所在位置插入一个锚记图标🔖,如图 3-24 所示。

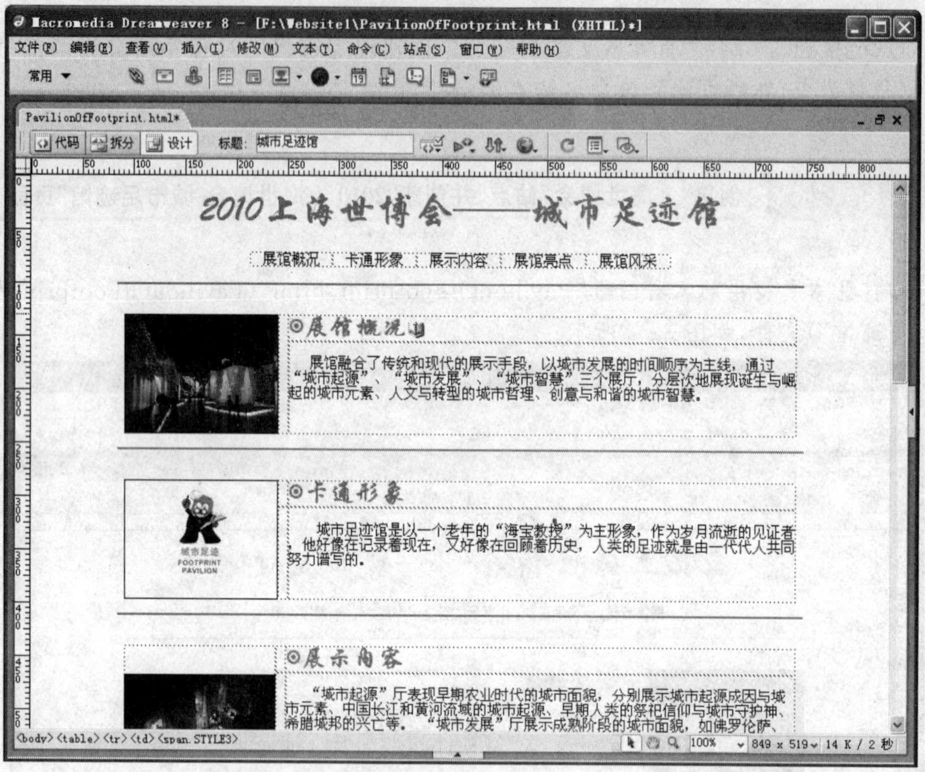

图 3-24 插入锚点页面

(4)使用同样的方法,在文本区域的标题"卡通形象"、"展示内容"、"展馆亮点"、"展馆风采"后面按照顺序设置不同的锚记名称。

(5)选中导航区域需要链接到锚记的"展馆概况"标题,在【属性】面板上的"链接"文本框中输入"♯1"标记,如图 3-25 所示。

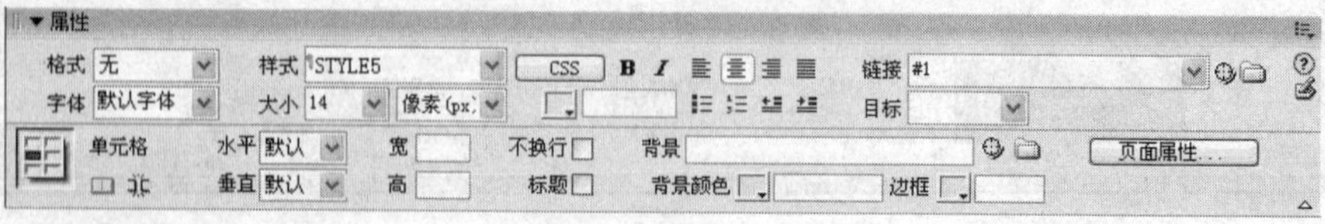

图 3-25 设置锚记链接

(6)使用同样的方法,按照锚记名称的顺序设置标题链接,完成后保存网页。在浏览器中预览页面,单击网页中设置锚记链接的标题后,网页将跳转到指定位置。

3.3 图层及时间轴动画

图层是另一种可以进行排版的工具,它可以被定位在页面上的任意位置。图层中可以包含文本、图像或其他任何可以插入至网页中的内容。图层可以重叠、移动、设为隐藏,还可以与时间轴相结合来实现一些特殊的效果。

3.3.1 创建图层

在大多数情况下,设计者都会使用表格进行网页布局,可以很好地完成各种复杂的网页结构。而对于需要将网页元素重叠的时候,表格就不能达到要求了,这时可以通过图层来实现。下面将通过一个实例来介绍图层的基本操作。

(1)打开本书提供的素材网页"PavilionOfFootprint.html"文件。

(2)将光标定位在页面中,单击插入栏的【布局】选项卡中的【绘制层】按钮,如图3-26 所示。

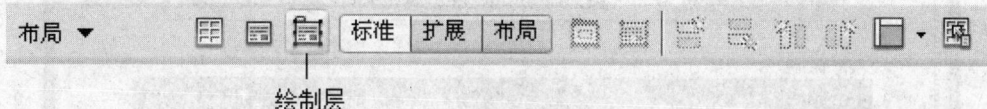

图 3-26 插入图层

(3)此时,鼠标指针变为十字形状**十**,在页面中需要插入图层的地方,单击并拖动鼠标,绘制出矩形区域即可创建图层。

(4)单击图层的任意边框即可选中图层,在图层的【属性】面板上设置图层的位置和大小,设置"左"为 320px、"上"为 850px、"宽"为 500px、"高"为 330px,如图3-27 所示。

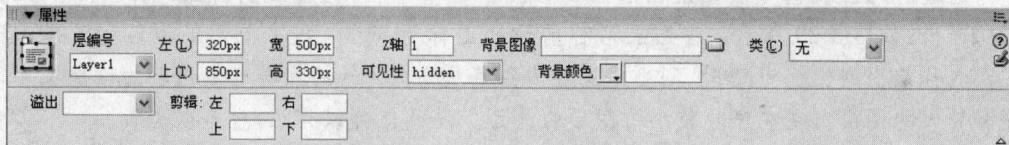

图 3-27 图层的【属性】面板

(5)在图层中插入"城市之光"图像所对应的大尺寸图像"chengshizhiguang.jpg",如图 3-28 所示。

(6)在图层【属性】面板上设置图层的可见性为"hidden",即隐藏图层及其内容。其他选项的含义为:

default:为默认值;

inherit:继承其父图层的可见性;

visible:图层及其内容为可见方式,与父图层无关。

图 3-28 图层中插入图像的效果

知识拓展

通过【层】面板也可以设置图层的属性。单击菜单栏中【窗口】|【层】命令，即可打开【层】面板，如图 3-29 所示。当图层名称前面的图标为 👁 时，则当前图层为显示状态；当图层名称前面的图标为 👁 时，则当前图层为隐藏状态。Z 轴的序号确定图层的堆叠顺序，序号较大的图层出现在序号较小的图层的前面。序号值可以为正，也可以为负。

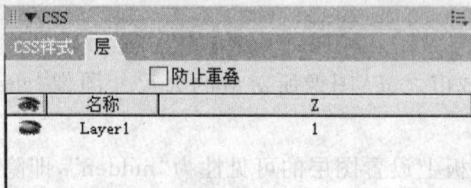

图 3-29 【层】面板

（7）接下来为图层添加行为。单击菜单栏中【窗口】|【行为】命令，打开【行为】面板。在【层】面板中选择 Layer1 图层，然后单击【行为】面板上的"添加行为"按钮 ➕，，在弹出的菜单中选择"显示-隐藏层"命令，弹出【显示-隐藏层】对话框。

（8）选择 Layer1 图层，单击【隐藏】按钮，将其设置为隐藏，如图 3-30 所示，然后单击【确定】按钮。在【行为】面板中选择刚刚添加的行为，单击"事件"下拉列表，在展开的事件中选择"onMouseOut"选项。

图 3-30 【显示-隐藏层】对话框

（9）使用同样的方法，设置在"onMouseOver"事件时显示 Layer1 图层，完成后的【行为】面板如图 3-31 所示。

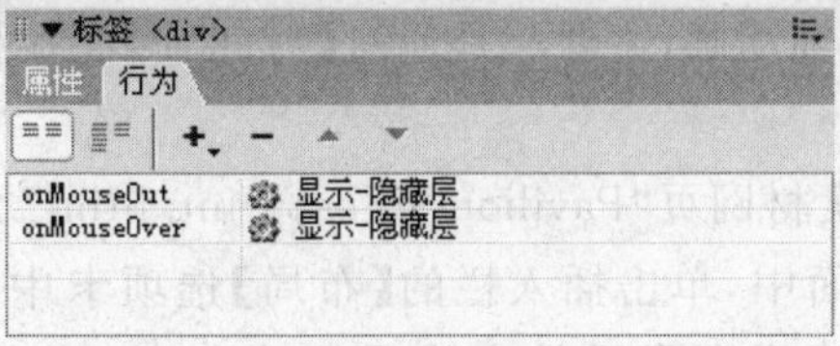

图 3-31 【行为】面板

（10）至此，Layer1 图层的效果就制作完成了。使用同样的操作方法，制作其余四张图像的图层。制作完成后，保存页面，在浏览器中预览页面。将鼠标移至"城市之光"图片上时，页面上将显示出图层中的图像；当鼠标移至"城市之光"图片之外时，图层中的图像就隐藏起来了。页面的显示效果如图 3-32 所示。

(a) 鼠标在图片上时   (b) 鼠标在图片外时

图 3-32 页面效果图

知识拓展

如果图层里面的文字太多或图像太大，图层的大小不足以全部显示的时候，就需要设置图层【属性】面板上的"溢出"功能。该功能选项的含义如下：

visible：当图层中的内容超出图层的范围时，图层自动向右、向下扩大，以显示图层中的全部内容。

hidden：当图层中的内容超出图层的范围时，图层的大小不变，只显示与图层大小相同的内容,其他的内容将不显示。

scroll:无论图层是否能完全显示其中的内容,都会在图层中显示滚动条。

auto:当图层中的内容超出图层的范围时,图层的大小保持不变,但在图层的右端或下端会出现滚动条,使图层中超出范围的内容能够通过拖动滚动条来查看。

3.3.2　时间轴动画

时间轴是一条贯穿时间的轴,用于表示网页中发生的各种状态变化。通过往时间轴上不同时间部位添加不同的内容或绑定相应的行为,就可以让相应时间发生对应事件,从而实现网页元素的动态效果。

下面将要制作的时间轴动画,主要就是通过【时间轴】面板控制图层的运动轨迹来完成。操作步骤如下:

(1)打开本书提供的素材网页"PavilionOfFootprint. html"文件。

(2)将光标定位在页面中,单击插入栏的【布局】选项卡中的【绘制层】按钮,在页面上拖动鼠标,绘制出图层,并将图层的大小设置为 75×75。在图层中插入图像文件"logo-expo. gif",如图 3-33 所示。

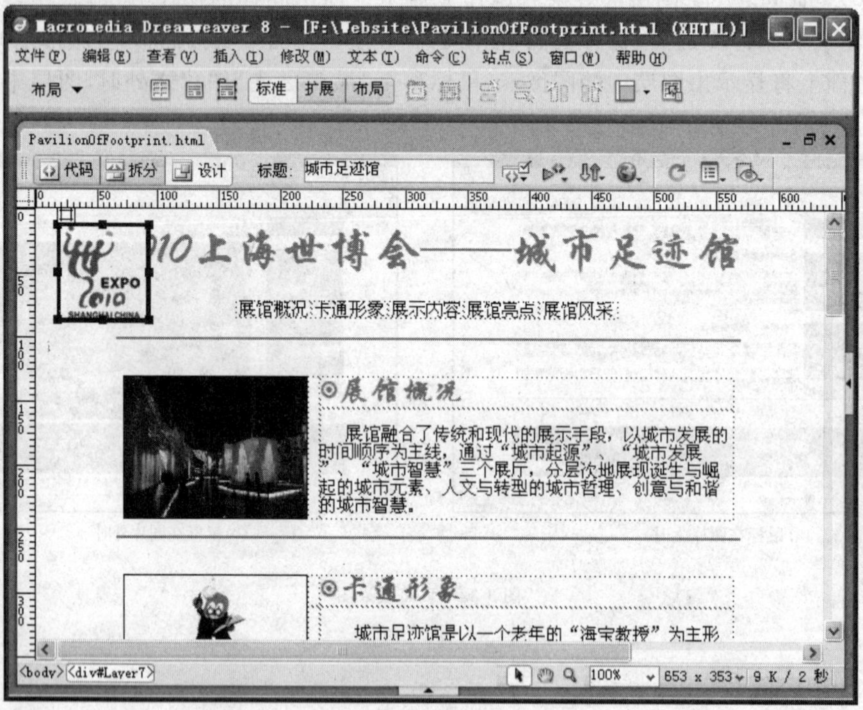

图 3-33　图层效果图

(3)单击菜单栏中【窗口】|【时间轴】命令,打开【时间轴】面板。选中图层并将其拖动到【时间轴】面板中第一帧的位置上,此时,时间轴上自动创建一个 15 帧的动画帧,如图 3-34 所示。

(4)单击选中时间轴上第 15 帧,按住鼠标左键不放,将其向右拖动至 60 帧处。

(5)选中时间轴上第 20 帧,单击鼠标右键,在弹出的快捷菜单中选择【增加关键帧】命

图 3-34 【时间轴】面板

令。再次选中第 20 帧,在页面中选中图层并将其拖动到相应的位置,如图 3-35 所示。

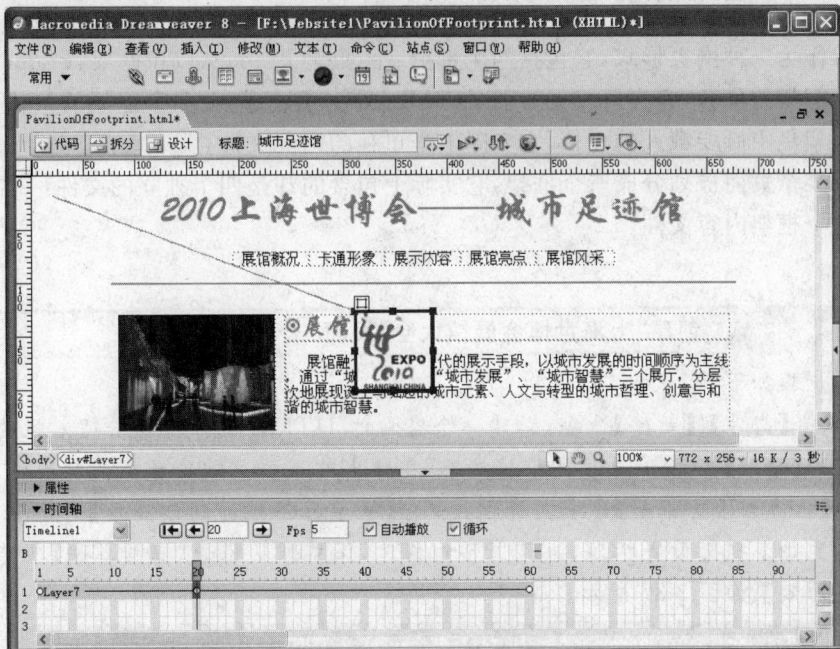

图 3-35 第 20 帧页面效果

(6)使用同样的方法,依次在第 40 帧和第 60 帧添加关键帧,并移动图层到相应的位置上。

(7)在【时间轴】面板上选中【自动播放】和【循环】复选框,使时间轴动画在打开页面时自动播放并循环播放。在"Fps"文本框中输入"5",表示每秒钟显示 5 帧,这样速度会比默认的每秒钟 15 帧慢很多,设置完成后的【时间轴】面板如图 3-36 所示。

图 3-36 设置完成后的【时间轴】面板

(8)设置完成后,保存页面,并在浏览器中预览页面。

3.4 创建框架结构网页

使用框架结构可以将整个浏览器窗口分成若干个区域,每个区域可以分别显示不同的网页内容。例如常见的各种论坛和电子邮箱的页面,就是应用了大量的框架技术。

3.4.1 框架的创建与保存

框架作为一种网页形式,它包括两个部分:框架集(Frameset)和框架(Frame)。框架集是多个框架的集合,它实际上是一个 HTML 文件,用于定义多个框架的结构和属性。框架是框架集中所要载入的文档,它实际上是单独的网页文件。

如果某个页面被划分成三个框架,它实际上包含的却是四个独立的文件:一个框架集文件和三个框架内容文件。

案例 3-4 创建"上海世博会展馆大全"页面

操作步骤如下:

(1)选择【文件】|【新建】命令,新建一个空白的 HTML 文件。单击插入栏的【布局】选项卡中的【框架】按钮 右边的下拉按钮,在弹出的下拉菜单中选择一种预设的框架,这里选择【上方和下方框架】命令。随后会弹出【框架标签辅助功能属性】对话框,在对话框中可以为每个框架设置标题,也可以不作修改,保持默认设置,直接单击【确定】按钮。此时的页面效果如图 3-37 所示。

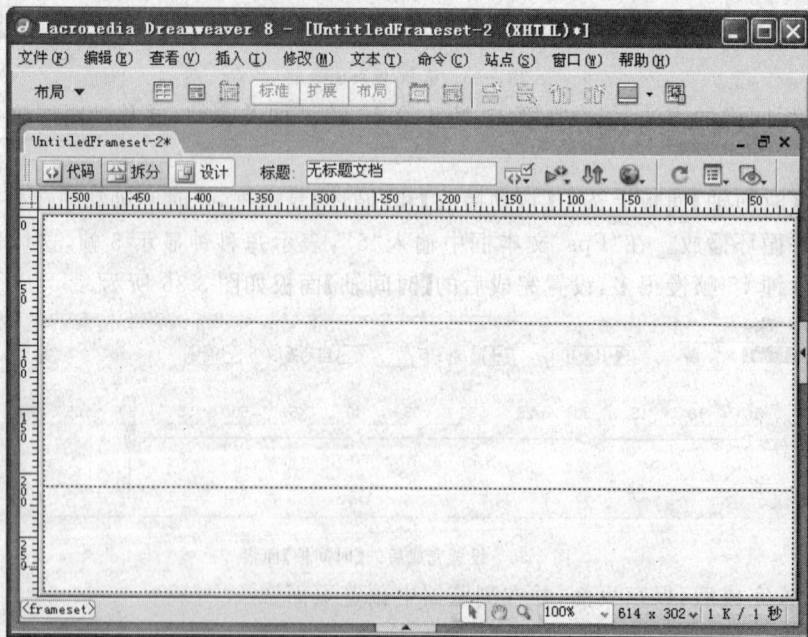

图 3-37 框架页面

（2）单击菜单栏中【窗口】|【框架】命令，打开【框架】面板。在【框架】面板中用鼠标左键单击选中框架的边框，即可选中页面中的框架集，如图 3-38 所示。

知识拓展

用户还可以在页面中直接选中框架集，方法就是用鼠标单击任何一个框架的边框即可。框架集被选定后，整个框架集的所有边框线都以虚线显示。

图 3-38 【框架】面板

（3）选中框架集后，单击【文件】|【框架集另存为】命令，打开【另存为】对话框，在对话框中选择框架集保存的位置，并将文件名设置为"programmelist. html"，单击【保存】按钮完成框架集的保存。

（4）接下来保存各个框架内的网页文件。将光标定位到最上方的框架区域内，单击【文件】|【保存框架】命令，将该框架文件保存为"up. html"。使用同样的方法，保存另外两个框架文件，分别命名为"ThemePavilions. html"（ThemePavilions 意为"主题馆"）、"bottom. html"。至此，整个框架网页就保存完毕了。

（5）如果要打开框架集网页，应该选择框架集文件（programmelist. html），而不是选择在各框架中显示的网页文件（up. html、ThemePavilions. html、bottom. html）。

3.4.2 框架属性的设置

1. 设置框架集属性

在框架集【属性】面板中可以设置整体框架结构的相关属性。

（1）选中框架集，在框架集【属性】面板中设置【边框】为"否"，即不显示边框，【边框宽度】设置为 0。单击【属性】面板右侧的框架区域中的最顶部分，然后在【行】文本框中输入 75，在【单位】下拉列表中选择"像素"，即可将顶部框架高度设置为 75 像素，如图 3-39 所示。

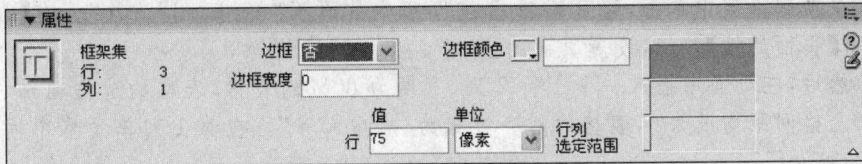

图 3-39 框架集【属性】面板

（2）接下来在【属性】面板底部框架位置单击，然后在"行"文本框中输入 100，在【单位】下拉列表中选择"像素"，表示设置底部框架高度为 100 像素，如图 3-40 所示。

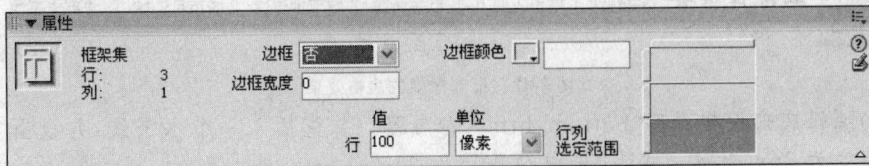

图 3-40 设置底部框架高度

（3）在页面的【标题】文本框中输入框架集的标题"上海世博会展馆大全"，框架集的标题是显示在浏览器标题栏上的标题。

2.设置框架属性

（1）在【框架】面板中选中顶部的框架后，在框架【属性】面板的【滚动】下拉列表中选择"否"，并选中"不能调整大小"复选框，在【框架名称】文本框中可以给当前选中的框架命名，这里使用默认值"topFrame"，如图 3-41 所示。

图 3-41　框架【属性】面板

（2）使用同样的方法，设置底部的框架的【滚动】为"否"，并选中"不能调整大小"复选框；设置中间的框架的【滚动】为"自动"，并选中"不能调整大小"复选框，如图 3-42 所示。

图 3-42　中间框架的【属性】面板设置

知识拓展

"topFrame"、"mainFrame"是框架的名称，在框架集中创建超链接，可以将所链接的目标文件指定到框架集中的任何一个框架上，使目标文件在指定的框架区域中显示。

案例 3-5　完善"上海世博会展馆大全"框架页面

（1）在顶部框架中单击，即可编辑当前框架中的页面"up.html"。首先，在【属性】面板中单击【页面属性】按钮，设置页面的上、下、左、右边距均为 0。

（2）然后，在页面中插入一个 1 行 2 列、宽度为 80% 的表格，表格的边框粗细、单元格边距、单元格间距均设为 0，表格的对齐方式为"居中对齐"。在第 1 列单元格中插入图像"expo-logo.gif"。

（3）接着，在第 2 列单元格中插入一个 1 行 11 列的表格，宽度设为 95%，其他属性的设置同前一个表格，在表格中输入相应的展馆的名称，制作完成后的表格如图 3-43 所示。

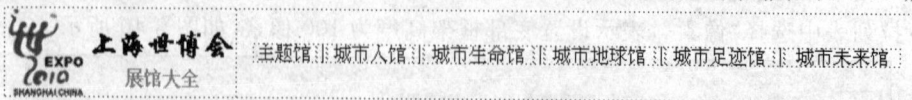

图 3-43　顶部框架的表格效果

（4）编辑底部框架页面"bottom.html"的内容。首先插入一个水平线，并设置宽度为82%，高度为 2px，对齐方式为"居中对齐"。

（5）然后，在水平线的下面插入 1 个 2 行 1 列的表格，用于输入网站的版权信息及服务电话，制作完成后的表格如图 3-44 所示。

Copyright 2008-2010 上海世博会网站版权所有 沪ICP备05038430
世博服务热线：+86-21-962010

图 3-44　底部框架的表格效果

(6)制作中间框架中的页面。“ThemePavilions. html”页面的制作比较简单，在此就不介绍制作的过程，其效果图如图 3-45 所示。参照本书提供的素材网页“PavilionOfFootprint. html”文件来制作“PavilionOfCityBeing. html”页面(PavilionOfCityBeing 意为“城市生命馆”)，制作完成后的页面如图 3-46 所示。

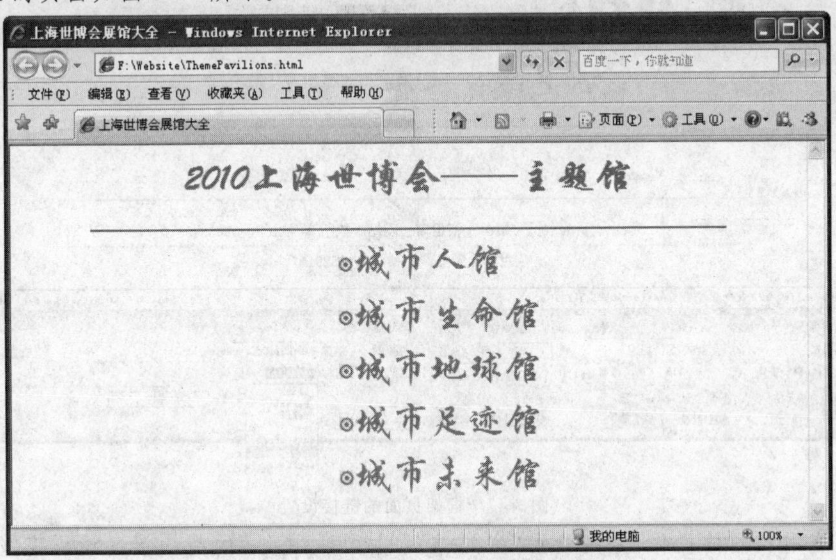

图 3-45　“ThemePavilions. htm”页面效果

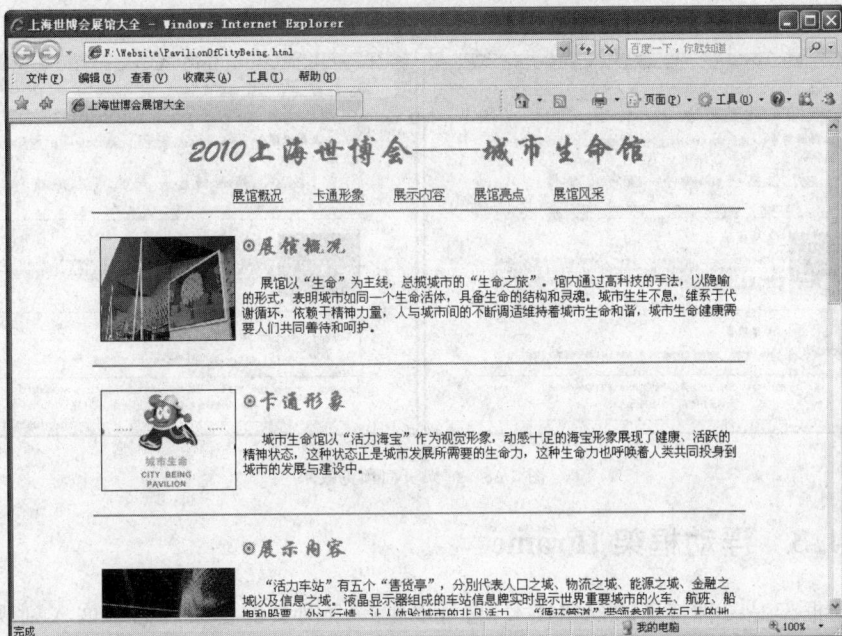

图 3-46　“PavilionOfCityBeing. html”页面效果

（7）制作超链接。选中顶部框架中的"城市生命馆"文字，在【属性】面板上的"链接"文本框中设置链接地址为"PavilionOfCityBeing. html"。在【目标】下拉列表框中选择框架区域"mainFrame"，如图 3-47 所示。

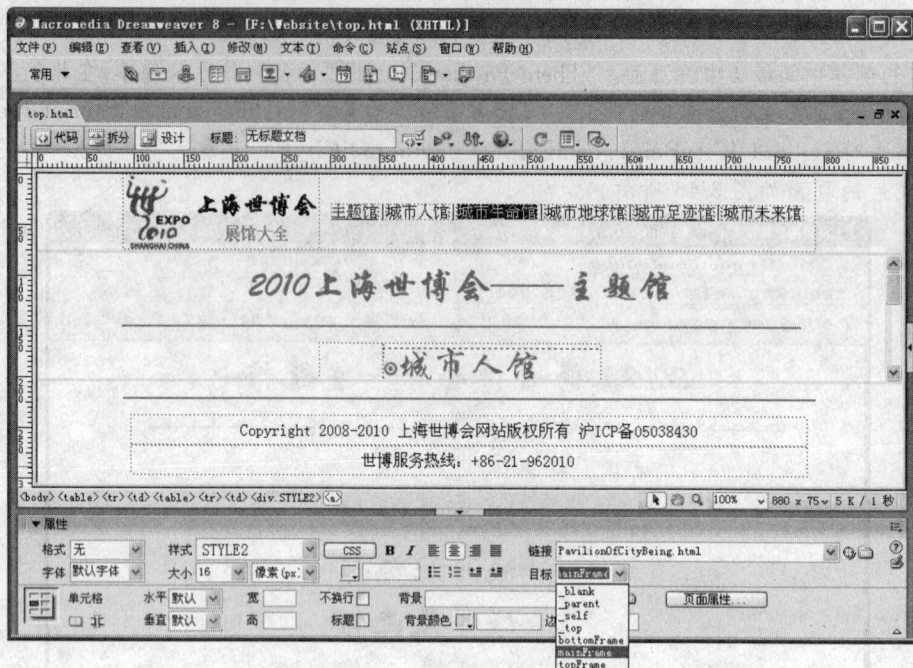

图 3-47　框架页面的链接设置

（8）使用相同的操作，分别设置"主题馆"、"城市足迹馆"的超链接。设置完成后，选择【文件】|【保存全部】命令，保存所有页面。在浏览器中预览页面，分别单击"城市生命馆"和"城市足迹馆"超链接，效果如图 3-48 所示。

图 3-48　框架页面预览效果

3.4.3　浮动框架 IFrame

浮动框架是一种特殊的框架技术，它可以把一个网页的框架和内容嵌入到现有的网页中。

案例 3-6 利用浮动框架制作"上海世博会展馆图片"页面

(1)在站点中新建一个主题馆页面文件"zhuti.html",在【页面属性】对话框中设置页面的"左边距"、"上边距"均为 0 像素。在页面中插入图片文件"images/zhutiguan.jpg",页面效果如图 3-49 所示。

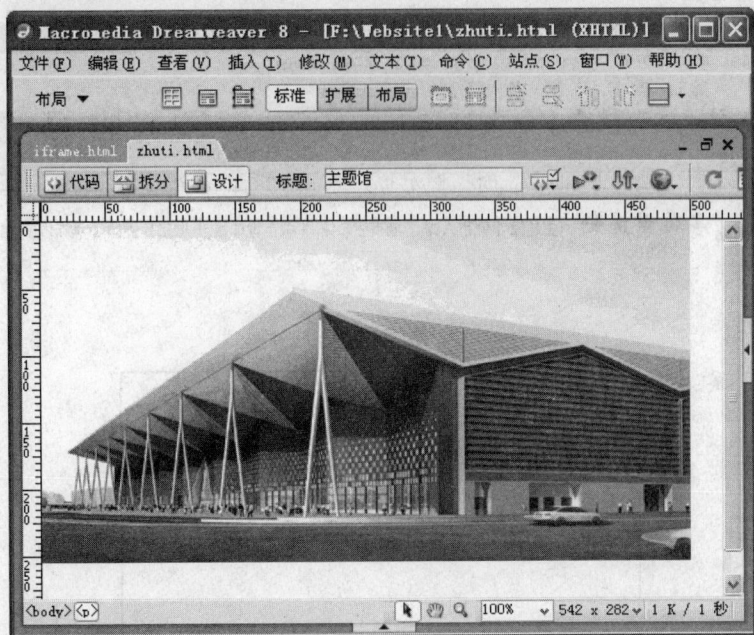

图 3-49 主题馆页面效果

(2)依此类推,分别新建其他各馆的页面。

(3)打开本书提供的素材网页"iframe.html"文件,如图 3-50 所示。

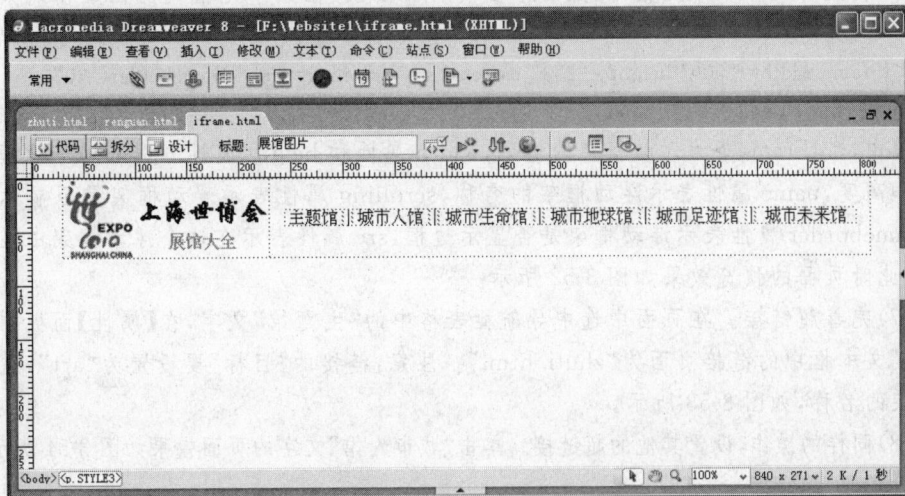

图 3-50 素材网页

（4）在页面中表格下方输入文字"展馆图片"，字体为"黑体"，字体大小为 24px。在文字下方插入一个 1 行 1 列的表格，表格宽度为 500px，边框粗细、单元格边距设为 0，单元格间距设为 1px。

（5）选中表格，设置表格的高度为 255px，水平对齐方式为"居中对齐"，表格的背景颜色为"＃000000"（黑色）。选中单元格，设置单元格的背景颜色为"＃FFFFFF"（白色），设置完成后的页面如图 3-51 所示。

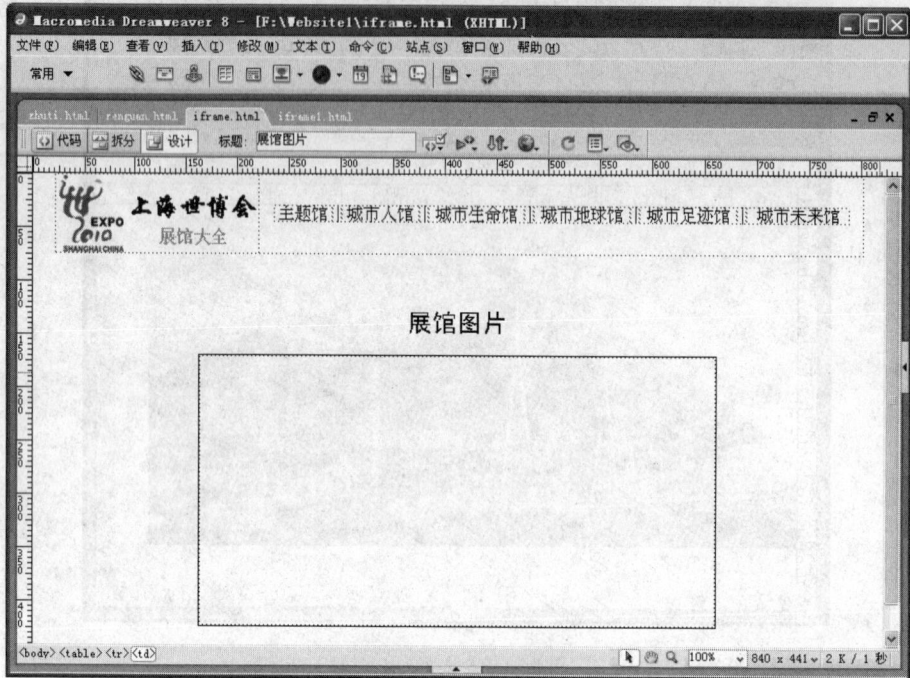

图 3-51　插入表格

（6）将光标定位于单元格中，然后单击"拆分"按钮，在该单元格代码位置输入如下代码：

```
<IFrame width="500" height="253" name="art" scrolling="no" frameborder="0"
src="zhuti.html"></IFrame>
```

其中，<IFrame>为浮动框架的标记，width 属性和 height 属性分别表示浮动框架的宽度和高度，name 属性表示浮动框架的名称，scrolling 属性表示浮动框架是否显示滚动条，frameborder 属性表示浮动框架是否显示边框，src 属性表示在这个浮动框架中显示的页面，此时页面的预览效果如图 3-52 所示。

（7）完善超链接。在页面中选中导航栏表格中的"主题馆"文字，在【属性】面板中设置"链接"文本框中的链接页面为"zhuti.html"。注意：链接的"目标"要设置为"art"，这是浮动框架的名称，如图 3-53 所示。

（8）同样的操作，设置其他的超链接。单击"城市人馆"文字的页面效果如图 3-54 所示。

图 3-52　页面预览效果

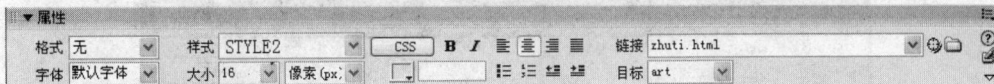

图 3-53　设置超链接

图 3-54　城市人馆页面

3.5 插入媒体对象

随着多媒体技术的发展,动画、视频、声音等多媒体元素在网络中得到了越来越多的运用。除了传统的影音媒体外,Flash 媒体动画因其体积小、兼容性好、直观动感、互动性强等特点,得以在网页设计中广泛地应用。

3.5.1 插入 Flash 文本对象

使用插入 Flash 文本对象功能,可以创建一个包含有文本内容的矢量图像影片。下面介绍在网页中插入 Flash 文本对象的方法。

(1)打开框架网页"programmelist. html",删掉顶部框架中"城市生命馆"文字。单击插入栏的【常用】选项卡中的【媒体】按钮右侧的下拉按钮 ,在弹出的下拉列表中选择【Flash 文本】命令,将打开【插入 Flash 文本】对话框。

(2)在对话框中设置【字体】为"华文新魏",【大小】为 24,【颜色】为"♯000000"(黑色),【转滚颜色】为"♯FF6000"(浅红),然后在【文本】文本框中输入"城市生命馆",【链接】设为"PavilionOfCityBeing. html",【目标】设为"mainFrame",如图 3-55 所示。

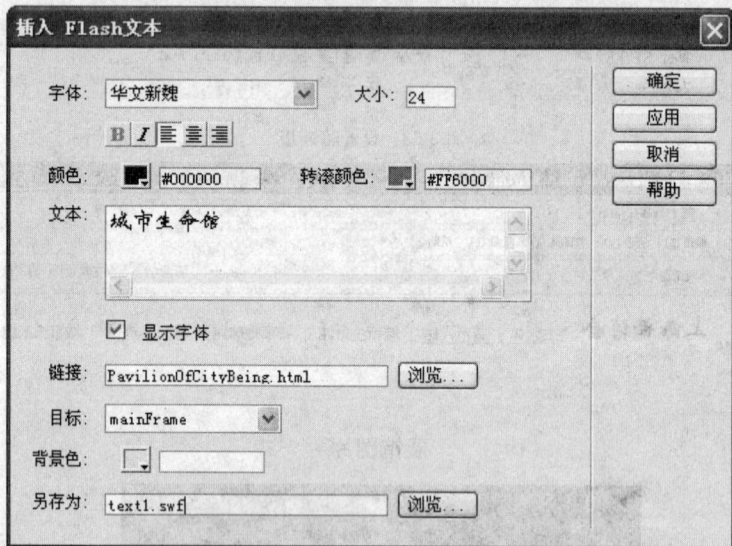

图 3-55 【插入 Flash 文本】对话框

(3)设置完成后,单击【确定】按钮,会弹出【Flash 辅助功能属性】对话框。这个对话框的作用是在制作动态网站时,将按钮与表单数据进行链接,通常不需要特殊设置,单击【确定】按钮,即在光标的当前位置插入一个 Flash 文本对象。

(4)接下来,设置 Flash 文本对象的属性。选择插入的 Flash 文本对象,在 Flash 文本的【属性】面板中单击【参数】按钮,打开【参数】对话框。在【参数】栏中输入"wmode",在【值】栏中输入参数值"transparent",将 Flash 文本的背景颜色设置为透明背景,如图 3-56 所示,然后单击【确定】按钮。

图 3-56　【参数】对话框

（5）保存页面后，在浏览器中预览页面，当鼠标移动到"城市生命馆"的超链接上时，文字的颜色会改变，效果如图 3-57 所示。

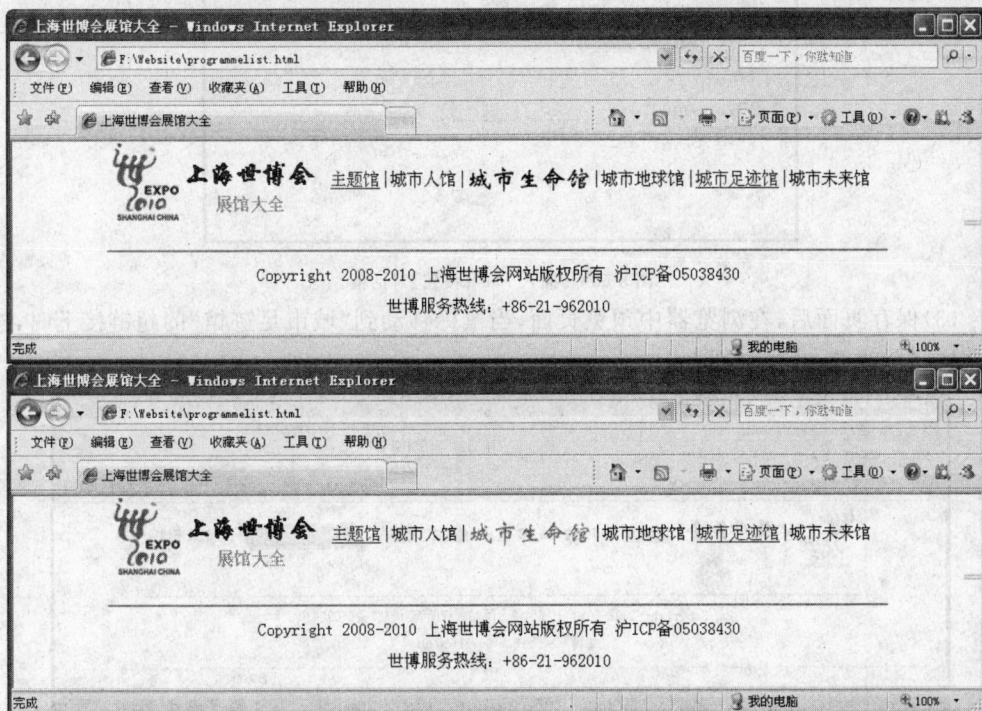

图 3-57　页面预览效果

3.5.2　插入 Flash 按钮

在 Dreamweaver 8 中集成了多种 Flash 按钮样式，即使用户不会制作 Flash 动画，也能够在网页中插入 Flash 按钮。下面介绍在网页中插入 Flash 按钮的方法。

（1）打开框架网页"programmelist.html"，删掉顶部框架中"城市足迹馆"文字。单击插入栏的【常用】选项卡中的【媒体】按钮右侧的下拉按钮 ，在弹出的下拉列表中选择【Flash 按钮】命令，将打开【插入 Flash 按钮】对话框。

（2）在对话框中设置【样式】为"Slider"，在【按钮文本】文本框中输入"城市足迹馆"，

【字体】为"华文新魏",【大小】为 24,【链接】设为"PavilionOfFootprint. html",【目标】设为"mainFrame",如图 3-58 所示,然后单击【确定】按钮,在光标的当前位置插入一个 Flash 按钮。

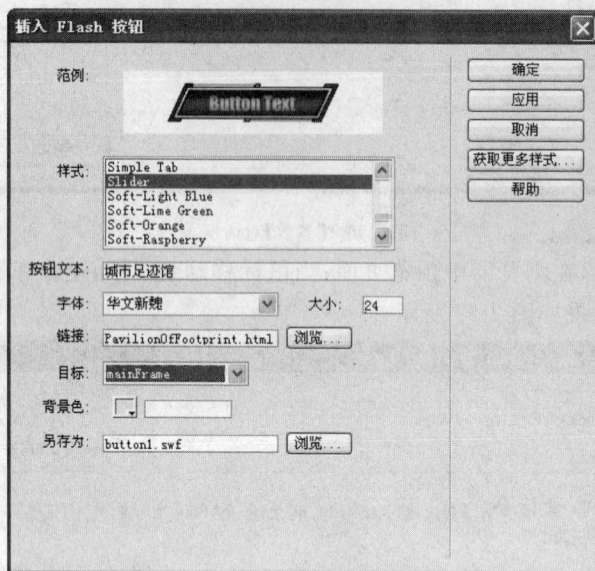

图 3-58　【插入 Flash 按钮】对话框

　　(3)保存页面后,在浏览器中预览页面,当鼠标移动到"城市足迹馆"的超链接上时,按钮的样式会改变,效果如图 3-59 所示。

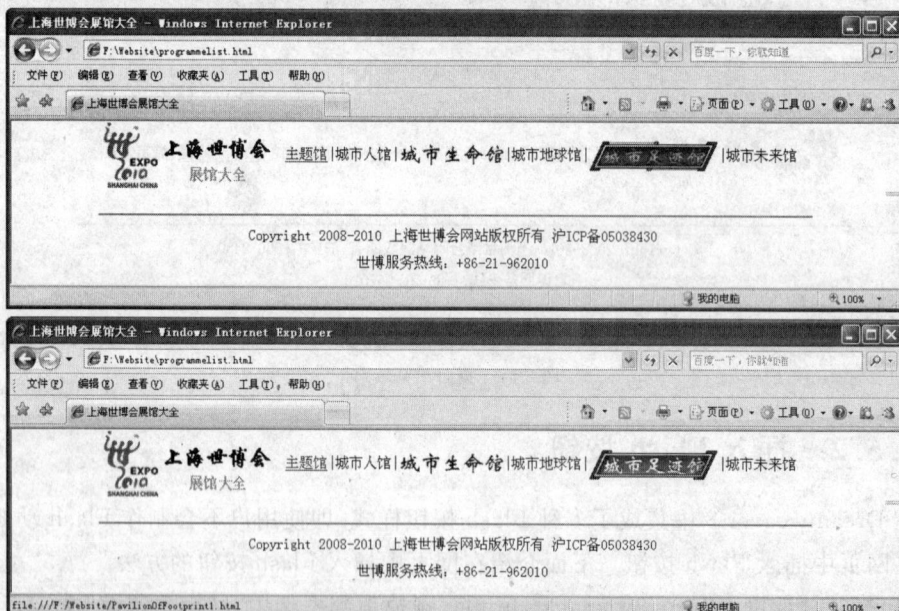

图 3-59　页面预览效果

3.5.3　插入 Flash 影片文件

Flash 动画是一种矢量动画格式。目前 Flash 动画是网络上最流行、最实用的动画格式，在网页制作时会使用大量的 Flash 动画。下面介绍在网页中插入 Flash 动画的方法。

(1)选择【文件】|【新建】命令，新建一个空白的 HTML 文件。单击插入栏的【常用】选项卡中的【媒体】按钮右侧的下拉按钮 ，在弹出的下拉列表中选择【Flash】命令，将打开【选择文件】对话框。

(2)在对话框中选择站点下 images 文件夹中的 Flash 文件"HaiBao.swf"，如图 3-60 所示，然后单击【确定】按钮。

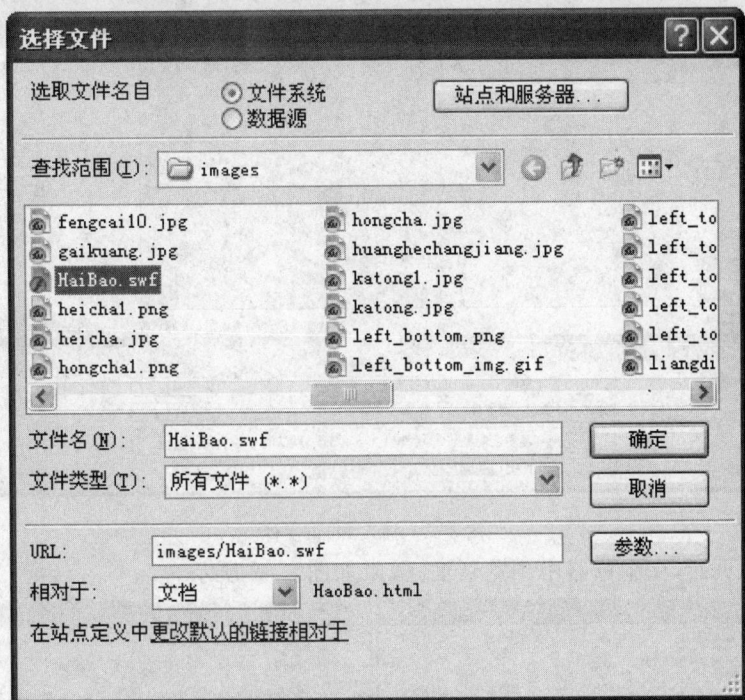

图 3-60　【选择文件】对话框

(3)此时在页面中可以看到插入的 Flash 文件。但是插入的 Flash 文件并不会在设计视图中显示内容，而是以一个带有字母 F 的灰色框来表示。单击选中这个 Flash 文件，在【属性】面板中设置其属性，选中"循环"、"自动播放"复选框，如图 3-61 所示。

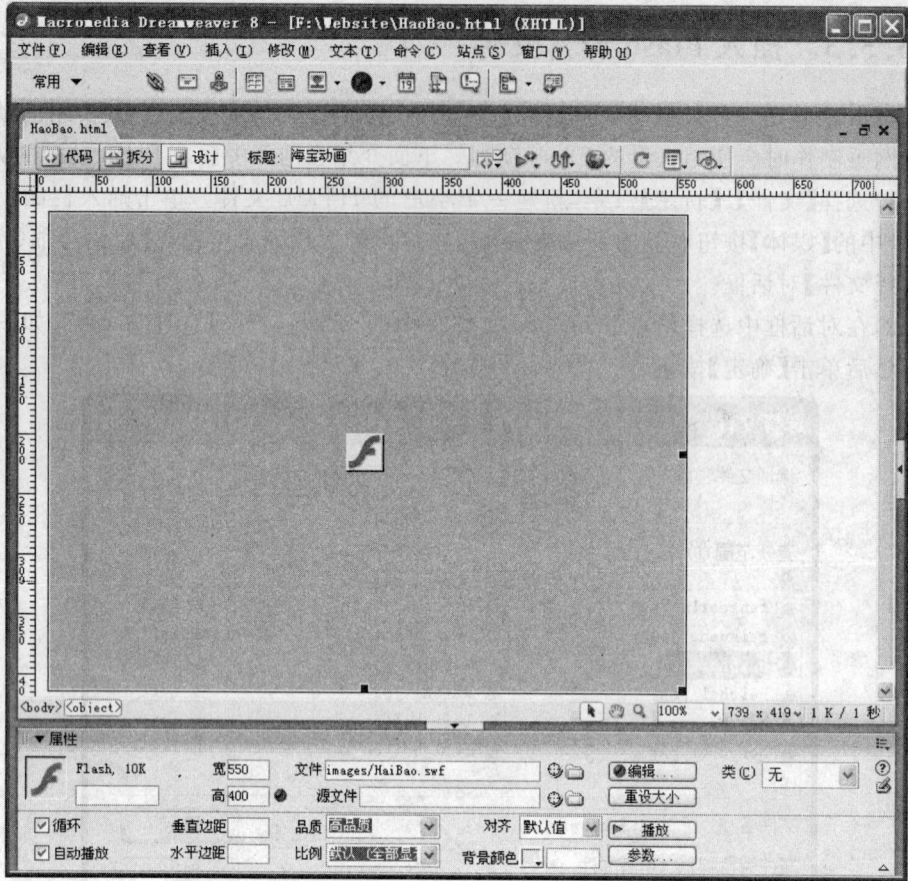

图 3-61　插入 Flash 文件

（4）保存页面，在浏览器中预览页面，效果如图 3-62 所示。

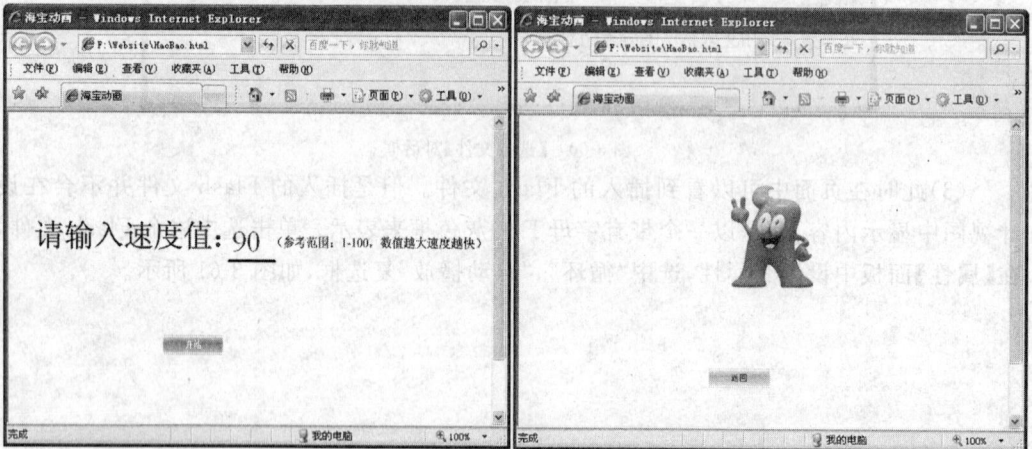

图 3-62　页面预览效果

3.5.4　插入图像查看器

Dreamweaver 8 包含一个可以在页面中使用的 Flash 元素,即可以用作 Web 相册的 Flash 图像查看器。图像查看器是可以调整大小的应用程序,用于加载和查看一系列 JPEG 或 SWF 图像。定义图像的列表,并为每个图像定义链接和题注。用户可以使用"上一个"和"下一个"按钮按顺序查看图像,也可以通过输入图像的编号跳到特定的图像。也可以将图像设置为用幻灯片放映格式播放。下面介绍在网页中插入图像查看器的方法。

(1)选择【文件】|【新建】命令,新建一个空白的 HTML 文件。单击菜单栏中【插入】|【媒体】|【图像查看器】命令,将打开【保存 Flash 元素】对话框。

(2)在对话框中选择文件保存的位置,并设置文件名为"ThinkPad. swf",然后单击【确定】按钮。

(3)此时在页面中可以看到插入的 Flash 元素文件,同时会自动展开【Flash 元素】面板。在【Flash 元素】面板中选择"imageURLs"项,单击该项右侧的"编辑数组值"按钮，打开【编辑"imageURLs"数组】对话框,如图 3-63 所示。

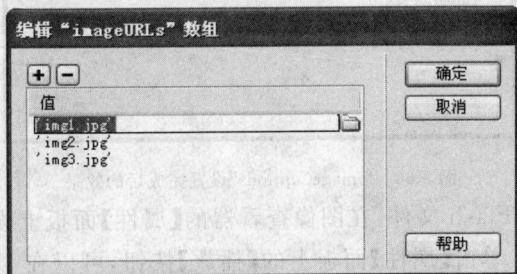

图 3-63　【编辑"imageURLs"数组】对话框

(4)在【编辑"imageURLs"数组】对话框中单击"img1. jpg"项,使该项变为可编辑状态。然后单击该项后面的"浏览"按钮，打开【选择文件】对话框,选择要插入的图像文件"ThinkPad-E30. jpg",单击【确定】按钮。使用同样的方法,在图像查看器中插入三个图像文件,设置完成后的效果如图 3-64 所示。

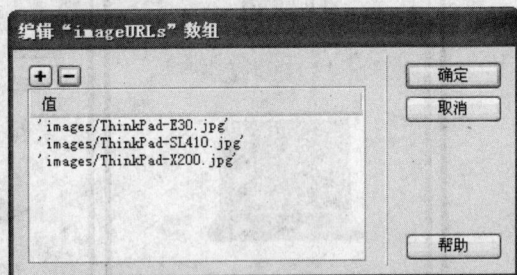

图 3-64　"imageURLs"设置完成后的效果

(5)在【Flash 元素】面板中选中"imageCaptions"项,单击该项右侧的"编辑数组值"按钮，打开【编辑"imageCaptions"数组】对话框,如图 3-65 所示。

图 3-65 【编辑"imageCaptions"数组】对话框

（6）在【编辑"imageCaptions"数组】对话框中单击第一项，使该项变为可编辑状态。然后在其中输入第一个图像的解释文字"ThinkPad-E30"。单击【添加项】按钮➕，在对话框中添加一个新的项，然后在其中输入第二个图像的解释文字，以此类推，最后设置完成后的效果如图 3-66 所示。

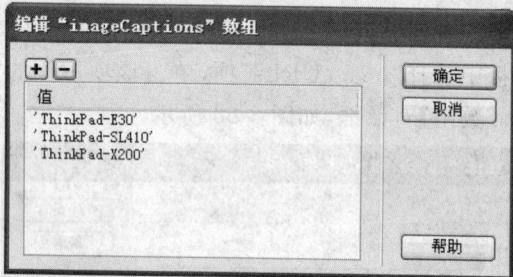

图 3-66 "imageCaptions"设置完成后的效果

（7）选中页面中的 Flash 文件，在图像查看器的【属性】面板上设置 Flash 文件的宽度和高度均为 200 像素。单击【属性】面板上的【播放】按钮，可以在 Dreamweaver 8 中预览图像查看器的效果。

（8）保存页面，在浏览器中预览网页效果，如图 3-67 所示。

图 3-67 图像查看器的页面效果

知识拓展

在【Flash 元素】面板中还有一些常用的属性如：

imageLinks 用于设置图像的超链接地址；

captionColor 用于设置图像的解释文字的颜色；

captionSize 用于设置图像的解释文字的大小。

本章实训

利用表格制作网站首页

本实训中网站首页的制作，主要通过表格的排版来完成。通过本实训，学习和掌握利用表格进行页面排版的基本方法。本实训的效果图如图 3-68 所示。

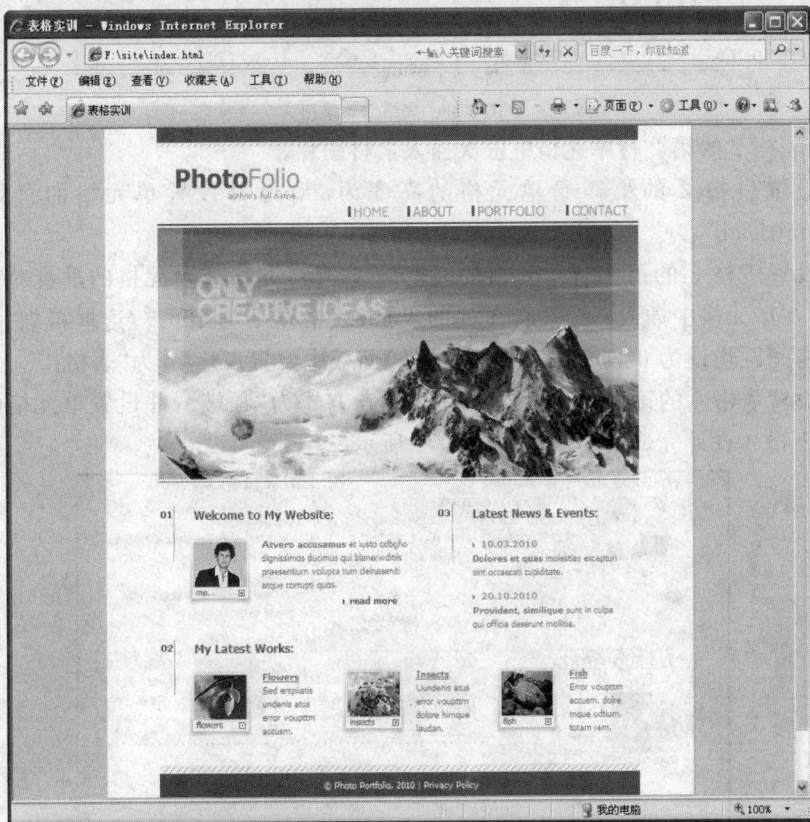

图 3-68　网站首页效果图

操作步骤如下：

1. 新建页面"index.html"，并准备好相应的图片素材。

2. 设置页面属性。打开"index.html"文件，在【页面属性】对话框中设置"左边距"、"上边距"均为 0 像素，并设置页面标题为"表格实训"。

3. 将光标定位在页面的空白处，插入一个 1 行 3 列的表格，表格宽度为 635px，边框粗细、单元格边距、单元格间距均设为 0。

4. 选中刚刚插入的表格，在【属性】面板中设置表格 Id 为"表格 1"，设置表格的对齐方式为"居中对齐"。

5. 设置表格 1 的第 1、3 列单元格的宽度均为 57px。

6. 在表格 1 的第 2 列单元格中插入一个 5 行 1 列的表格，表格宽度为 100%，边框粗细、单元格边距、单元格间距均设为 0。将插入的表格 Id 设置为"表格 2"。

7. 设置表格 2 的第 1 行单元格的背景图像为"images/tall_top.gif"，并在单元格中插入一个 1 行 2 列的表格，表格宽度为 100%，边框粗细、单元格边距、单元格间距均设为 0。将该表格 Id 设置为"表格 3"。

8. 设置表格 3 的第 1 列单元格的水平对齐方式为"居中对齐"，垂直对齐方式为"居中"，并在单元格中插入素材图片"images/c_name.gif"。设置表格 3 的第 2 列单元格的水平对齐方式为"右对齐"，并依次插入素材图片。表格 3 的效果如图 3-69 所示。

图 3-69　表格 3 效果图

9. 在表格 2 的第 2 行单元格中依次插入素材图片。

10. 设置表格 2 的第 3 行单元格的高度为 28px，并设置单元格的背景图像为"images/tall1.gif"。

11. 设置表格 2 的第 4 行单元格的高度为 270px，并设置单元格的垂直对齐方式为"顶端"。在单元格中插入一个 2 行 1 列的表格，表格宽度为 100%，边框粗细、单元格边距、单元格间距均设为 0。选中表格，在【属性】面板中设置表格 Id 为"表格 4"。

12. 设置表格 4 的第 1 行单元格的垂直对齐方式为"顶端"，并设置单元格的高度为 139px。表格 4 设计完成后的效果如图 3-70 所示。

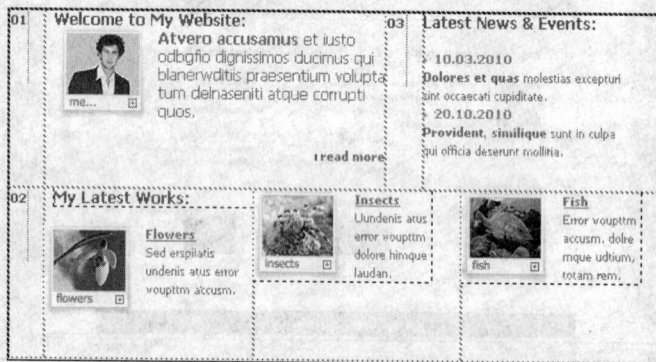

图 3-70　表格 4 效果图

在该单元格中插入一个 1 行 4 列的表格，表格宽度为 100%，边框粗细、单元格边距、单元格间距均设为 0，将该表格 Id 设置为"表格 5"。

13. 设置表格 5 的第 1 列单元格的垂直对齐方式为"顶端"，并设置单元格的宽度为 30px，设置单元格的背景图像为"images/back1.gif"，并在单元格中插入素材图片"images/1_w1.gif"。表格 5 的其他单元格的设计请读者自行完成。

14. 设置表格 4 的第 2 行单元格的垂直对齐方式为"顶端"，并设置单元格的高度为

131px。在该单元格中插入一个 1 行 4 列的表格,表格宽度为 100%,边框粗细、单元格边距、单元格间距均设为 0,将该表格 Id 设置为"表格 6"。表格 6 的单元格的设计请读者自行完成。

15.设置表格 2 的第 5 行单元格的高度为 33px,并设置单元格的背景图像为"images/tall_bot.gif",在单元格中输入网站的版权信息。

16.保存页面,在浏览器中预览页面。

思考与练习

一、选择题

1.若要使访问者无法在浏览器中通过拖动边框来调整框架大小,则应在框架的【属性】面板中设置: ( )

A.将"滚动"设为"否" B.将"边框"设为"否"

C.选中"不能调整大小" D.设置"边界宽度"和"边界高度"

2.将链接的目标文件载入该链接所在的同一框架或窗口中,链接的"目标"属性应设置成: ( )

A._blank B._parent C._self D._top

3.若要在新浏览器窗口中打开一个页面,请从属性检查器的"目标"弹出菜单中选择: ( )

A._blank B._parent C._self D._top

4.创建空链接使用的符号是: ( )

A.@ B.# C.& D.*

5.利用时间链做动画效果,如果想要一个动作在页面载入 5 秒启动,并且是每秒 15 帧的效果,那么起始关键帧应该设置在时间链的: ( )

A.第 1 帧 B.第 60 帧 C.第 75 帧 D.第 5 帧

6.创建一个位于文档内部位置的链接的代码是: ( )

A. <a href="#NAME"></a> B. <a name="NAME"></a>

C. <a href="mailto:EMAIL"></a> D. <a href="URL"></a>

7.单击表格单元格,然后在工作区域左下角的标签选择器中选择下列哪个标签,就可以选择整个表格: ( )

A.<body> B.<table> C.<tr> D.<td>

二、填空题

1.创建到锚点的链接的过程分为两步:首先_____,然后_____。

2.在 Dreamweaver 8 中,创建空链接是通过使用_____标记来实现的。

三、简答题

1.为链接定义目标窗口时,_blank 表示的是什么?

四、操作题

1.试用表格排版功能完成个人主页的设计,设计相应子页面,并建立主页到子页的超链接。

Dreamweaver 8使用进阶

通过对本章的学习,应熟练掌握表单的创建方法及各表单域的使用方法;掌握常用行为的使用方法,会使用行为来增强页面的动画效果;熟悉 CSS 样式的使用,会使用 CSS 样式来设置网页的外观;掌握模板的创建及使用方法。

1. 创建表单网页
2. 在网页中添加行为
3. 样式
4. 创建及使用模板

4.1 创建表单网页

目前大多数的网站,尤其是大中型的网站,都需要与浏览者进行动态的交流。要实现这种交互,表单是必不可少的手段,如网页中的登录窗口、注册页面、搜索条等。一个完整的表单包含两个部分:一是表单的前端,即在网页中描述的表单对象;二是表单的后端,即用于处理用户在表单域中输入的信息的服务器端应用程序。

4.1.1 在网页中添加表单

在 Dreamweaver 8 中,可以使用表单对象创建一个注册表单网页。通过该网页中的表单对象,用户可以填写用户名、密码、电子邮件和居住地址等注册信息,然后提交到服务器。

案例 4-1 创建"会员注册"页面

操作步骤如下:

(1)打开本书提供的素材网页"Register. html"文件,如图 4-1 所示。

(2)将光标移至页面的空白单元格中,单击插入栏的【表单】选项卡中的【表单】按钮

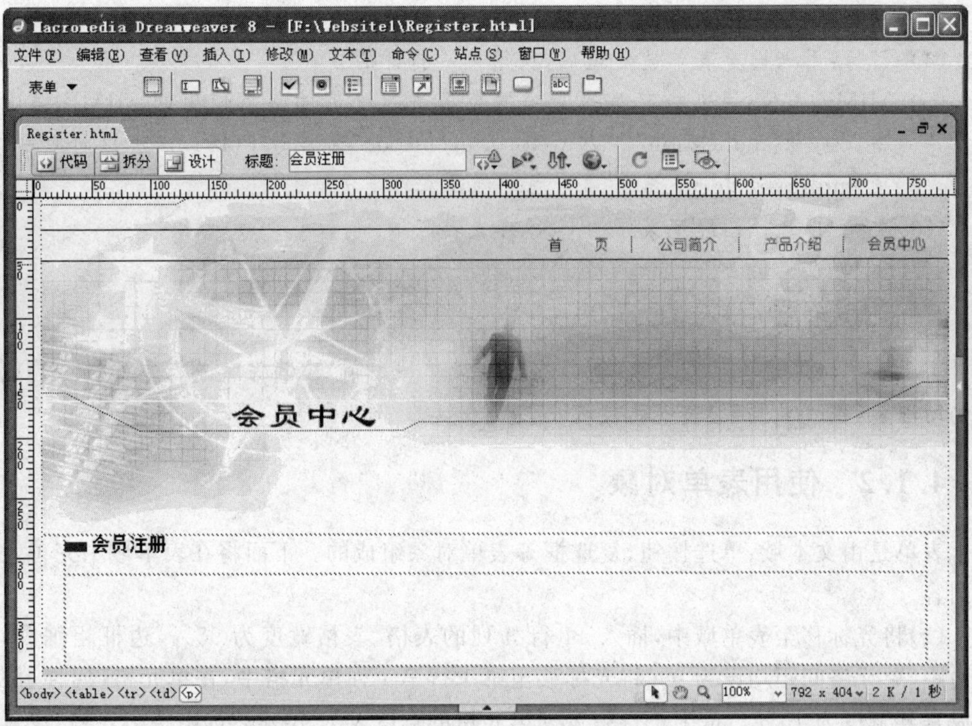

图 4-1 素材网页"Register. html"

▣,如图 4-2 所示。

图 4-2 【表单】选项卡

(3)此时,在该单元格中会插入一个红色虚线的表单域。要设置表单的属性,可以先选中表单(将光标定位在表单内,然后单击状态栏上的＜form＞标签,就可以选中表单),在【属性】面板上就可以设置表单的属性,如图 4-3 所示。

图 4-3 表单【属性】面板

表单【属性】面板中主要选项的含义如下:

(1) 表单名称:设置表单的名称,可以使用脚本语言引用或控制该表单。

(2) 动作:用于指定处理该表单的动态页或脚本路径,可以是 http 类型的地址或 mailto类型的地址。

(3) 方法:设置将表单数据发送到服务器的方法,包括默认、POST 和 GET 三种方法。其中 POST 方法是将表单内的数据封装在信息包中传送给服务器,信息包无字节大小的限制,而且安全性能较高;GET 方法是将表单内的数据附加到 URL 后传送给服务器,这种方法有很大的局限,第一是不安全,如果是用户名和密码直接显示在地址中是很不安全的,第二是有长度的限制,如果 URL 的长度过长,数据将被截断;默认方法一般为 GET。

(4) 目标:用来设置表单被处理后,反馈网页打开的方式。

(5) MIME 类型:用来指定对提交给服务器进行处理的数据使用的 MIME 编码类型。选项"application/x-www-form-urlencode"通常与 POST 方法协同使用;选项"multipart/form-data"通常用于创建文件上传域。

(6) 类:可以选择已经定义好的 CSS 样式表应用。

知识拓展

由于表单域属于不可见元素,所以在创建表单域之前,应确保菜单栏中的【查看】|【可视化助理】|【不可见元素】命令已被选中。

4.1.2　使用表单对象

表单是由文本域、单选按钮、复选框等表单对象组成的。下面将在表单域中完善表单的内容。

(1)将光标移至表单域中,插入 11 行 3 列的表格,表格宽度为 95%,边框粗细、单元格边距、单元格间距均设为 0。将光标移至第 1 行第 1 列单元格中,在单元格【属性】面板中设置其宽度为 15%。将第 1 行第 2 列单元格的宽度设为 40%。选中整个表格,设置表格的间距为 1,背景颜色为"♯D9D7CF"(暗黄色)。选中表格中的所有单元格,设置其背景颜色为"♯F5F6F0"(浅黄色)。

(2)设置表格第 1 列的水平对齐方式为"右对齐"。在第 1 行第 1 列的单元格中输入" * 用户名:"。

(3)将光标移至第 1 行第 2 列单元格中,单击插入栏的【表单】选项卡中的【文本字段】按钮，在单元格中插入一个文本域。用鼠标单击选中文本域,在文本域【属性】面板的【字符宽度】文本框中输入 16,设置文本域的宽度为 16 个字符宽度。【类型】选择"单行",设置完成后的【属性】面板如图 4-4 所示。

图 4-4　文本域【属性】面板

(4)在第 1 行第 3 列单元格中输入"填写要注册的用户名,包括中文或英文字符",提示用户要填写的内容和注意事项,制作完成后的第 1 行如图 4-5 所示。

图 4-5　制作完成的第 1 行

(5)在第 2 行第 1 列单元格中输入" * 密码:"。

(6)在第 2 行第 2 列单元格中,单击插入栏的【表单】选项卡中的【文本字段】按钮，在单元格中插入一个文本域。鼠标单击选中文本域,在文本域【属性】面板的【字符宽度】

文本框中输入 16,设置文本域的宽度为 16 个字符宽度。【类型】选择"密码",将文本域转换为密码域。

(7)在第 2 行第 3 列单元格中输入"输入要设置的用户密码",提示用户设置用户密码,制作完成后的第 2 行如图 4-6 所示。

图 4-6　制作完成后的第 2 行

(8)在第 3 行第 1 列的单元格中输入"＊确认密码:"。

(9)在第 3 行第 2 列单元格中,按照前面的方法插入一个密码域,然后在文本域【属性】面板中设置【字符宽度】为 16。

(10)在第 3 行第 3 列单元格中输入"再次输入相同的密码",提示用户再次输入密码,制作完成后的第 3 行如图 4-7 所示。

图 4-7　制作完成后的第 3 行

(11)按照同样的方法分别制作表格的第 4 行和第 5 行,制作完成后的第 4 行和第 5 行如图 4-8 所示。

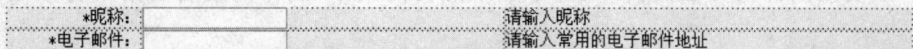

图 4-8　制作完成后的第 4 行和第 5 行

(12)在第 6 行第 1 列的单元格中输入"＊性别:"。

(13)在第 6 行第 2 列单元格中,单击插入栏的【表单】选项卡中的【单选按钮】按钮⦿,在单元格中插入一个单选按钮。选中单选按钮,在单选按钮【属性】面板的【初始状态】选项中选择"已勾选"按钮,如图 4-9 所示,然后在单选按钮后面输入"男"。用同样的方法,再添加一个单选按钮,并在单选按钮后面输入"女"。

图 4-9　单选按钮【属性】面板

(14)在第 6 行第 3 列单元格中输入"选择您的性别",提示用户进行选择,制作完成后的第 6 行如图 4-10 所示。

图 4-10　制作完成后的第 6 行

(15)在第 7 行第 1 列的单元格中输入"出生日期:"。

(16)在第 7 行第 2 列的单元格中,单击插入栏的【表单】选项卡中的【列表/菜单】按钮▦,在单元格中插入一个列表/菜单,默认为菜单。选中该菜单,在【属性】面板中单击【列表值】按钮,打开【列表值】对话框,在"项目标签"和"值"列表中分别输入年份,如图 4-11 所示,并在最后一行输入"选择日期"文字,然后单击【确定】按钮。

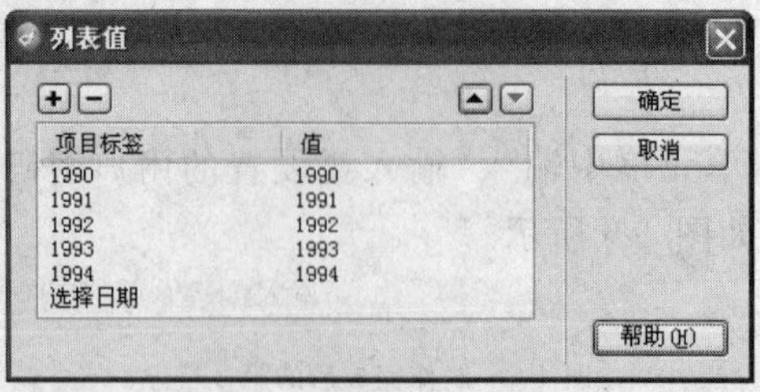

图 4-11 【列表值】对话框

(17)选中菜单,在【属性】面板中【初始化时选定】列表框中选择"选择日期"列表项,如图 4-12 所示。

图 4-12 列表/菜单【属性】面板

(18)使用同样的方法,再插入一个显示月份的菜单,制作完成后的第 7 行如图 4-13 所示。

图 4-13 制作完成后的第 7 行

(19)按照前面介绍的方法在第 8 行和第 9 行中分别添加"居住城市"和"详细地址"的信息,制作完成后的效果如图 4-14 所示。

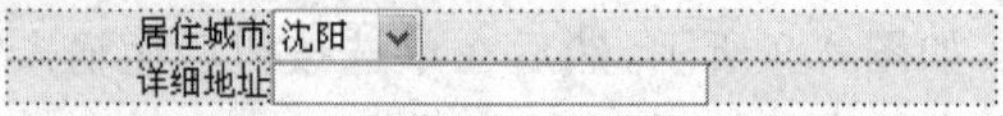

图 4-14 制作完成后的第 8 行和第 9 行

(20)将第 10 行的 3 个单元格合并为一个单元格。然后单击插入栏的【表单】选项卡中的【复选框】按钮☑,在单元格中插入一个复选框。选中复选框,在【属性】面板中设置【初始状态】为"未选中",如图 4-15 所示。

图 4-15 复选框【属性】面板

(21)在复选框后面输入"我已阅读并同意服务条款和用户协议"文字,并在【属性】面板中设置单元格的水平对齐方式为"居中对齐"。

(22)将第 11 行的 3 个单元格合并为一个单元格。然后单击插入栏的【表单】选项卡中的【按钮】按钮☐,在单元格中插入一个按钮。选中按钮,在【属性】面板中【值】文本框中输入"注册",在【动作】选项中选择"提交表单"选项,如图 4-16 所示。

图 4-16 按钮【属性】面板

　　(23)在"注册"按钮后面再添加一个"重新填写"按钮。插入按钮后,在【属性】面板中设置【值】为"重新填写",【动作】选择"重设表单",最后设置单元格的水平对齐方式为"居中对齐",制作完成后的第 10 行和第 11 行如图 4-17 所示。

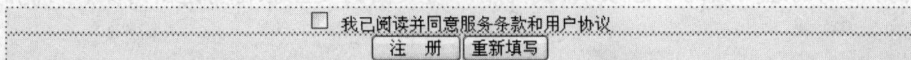

图 4-17　第 10 行和第 11 行

　　(24)保存页面,在浏览器中预览,页面效果如图 4-18 所示。

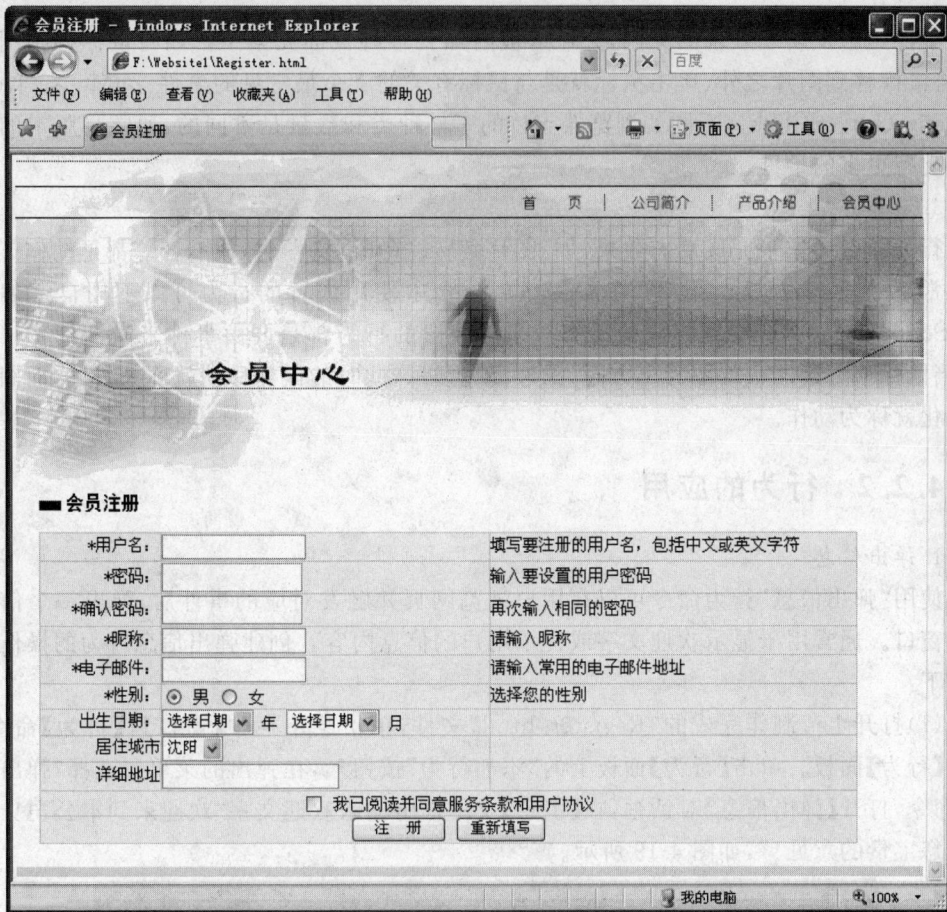

图 4-18　"会员注册"页面效果

4.2　在网页中添加行为

　　利用 Dreamweaver 8 提供的"行为"机制,能够实现用户与页面的简单交互,但却不需要编写任何代码。

4.2.1 行为概述

行为可以创建网页的动态效果,实现用户与页面的交互。行为是由对象、事件和动作构成。

1. 对象

对象是产生行为的主体,很多网页元素都可以成为对象,如文字、图片等。

2. 事件

事件是触发动态效果的原因,它可以被附加到各种页面元素上。如将鼠标移到图片上、将鼠标移到图片之外、单击鼠标就是与鼠标有关的三个最常见的事件:onMouseOver、onMouseOut、onClick。不同的浏览器支持的事件种类和数量是不同的,通常高版本的浏览器支持更多的事件。

3. 动作

行为通过动作来完成动态效果,如:图片翻转、打开浏览器、播放声音等都是动作。动作通常是一段 JavaScript 代码,在 Dreamweaver 中使用内置的行为可以不用自己编写 JavaScript 代码,就能实现相应的动态效果。一般的行为都是要由事件来激活动作。例如:当鼠标移动到网页的图片上方时,图片高亮显示,此时的鼠标移动就称为事件,而图片的变化就称为动作。

4.2.2 行为的应用

1. 弹出信息

使用"弹出信息"行为命令可以在用户浏览网页并触发对应的事件后,弹出一个信息提示窗口。通常用于显示欢迎文字或提示用户的信息内容。创建弹出信息行为的操作步骤如下:

(1)打开上节制作完成的"Register. html"文件,单击菜单栏中【窗口】|【行为】命令,打开【行为】面板。单击【行为】面板上的"添加行为"按钮➕,在弹出的菜单中选择"弹出信息"命令,打开【弹出信息】对话框,在【消息】文本框中输入欢迎文字"欢迎来到本公司! 请留下您宝贵的意见!",如图 4-19 所示。

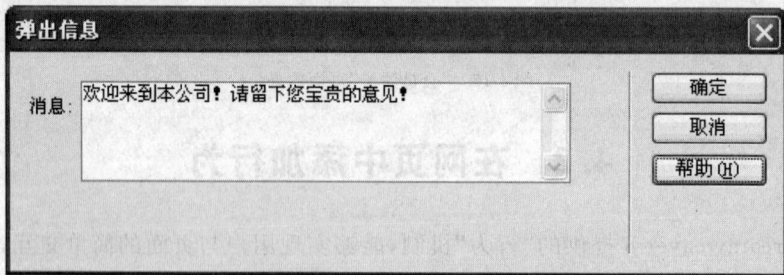

图 4-19 【弹出信息】对话框

(2)单击【确定】按钮,回到【行为】面板。在"事件"列表中选择事件的触发事件,这里选择"onLoad",设置完成后的【行为】面板如图 4-20 所示。

（3）保存文件，在浏览器中预览，可以看到在页面加载完成后，会弹出一个信息提示框，如图 4-21 所示。

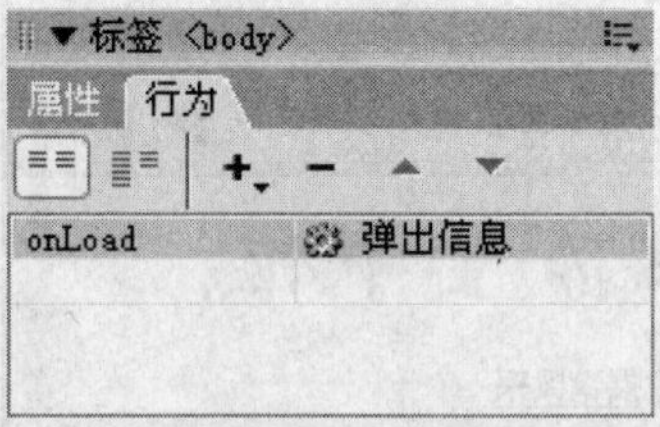

图 4-20　【行为】面板　　　　　　　　　　图 4-21　弹出窗口

2. 设置状态栏文本

使用"设置状态栏文本"行为命令，可以在网页的状态栏中添加一些特定的文字信息，对当前网页的内容主题进行说明或显示欢迎信息。设置状态栏文本的操作步骤如下：

（1）打开制作完成的页面"PavilionOfCityBeing. html"，单击状态栏上的＜body＞标签作为对象。

（2）单击【行为】面板上的"添加行为"按钮＋，在弹出的菜单中选择【设置文本】|【设置状态栏文本】命令，弹出【设置状态栏文本】对话框，在"消息"文本框中输入"欢迎光临 2010 上海世博会-城市生命馆！"文字，如图 4-22 所示。

图 4-22　【设置状态栏文本】对话框

（3）单击【确定】按钮，回到【行为】面板。在"事件"列表中选择事件的触发事件，这里选择"onLoad"，如图 4-23 所示。

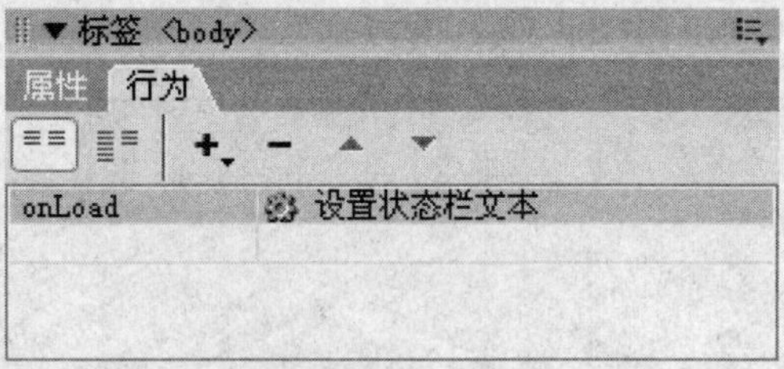

图 4-23　【行为】面板

（4）保存文件，在浏览器中预览，可以看到页面加载完成后，在浏览器底部的状态栏中即可看到设置的文字信息，如图 4-24 所示。

3. 打开浏览器窗口

当浏览者打开一个页面时，有时会自动打开另一个窗口，此窗口中通常会放置一些通知或广告等内容。创建过程如下：

图 4-24　设置状态栏文本后预览效果

（1）制作弹出的浏览器页面"open. html"。新建一个空白页面，设置页面的"左边距"、"上边距"均为 0 像素，在页面中插入图像文件"zujiguan.jpg"，并设置页面的标题为"城市足迹馆"，制作完成的效果如图 4-25 所示。

图 4-25　"open. html"页面效果

(2)打开素材网页"PavilionOfFootprint. html",单击状态栏上的<body>标签作为对象。

(3)单击【行为】面板上的"添加行为"按钮**+**,在弹出的菜单中选择"打开浏览器窗口"命令,弹出【打开浏览器窗口】对话框,单击【要显示的 URL】后面的【浏览】按钮,选择"open. html"文件,并设置【窗口宽度】为 450 像素,【窗口高度】为 299 像素,与"open. html"页面中的图像尺寸一致,设置完成后的效果如图 4-26 所示。

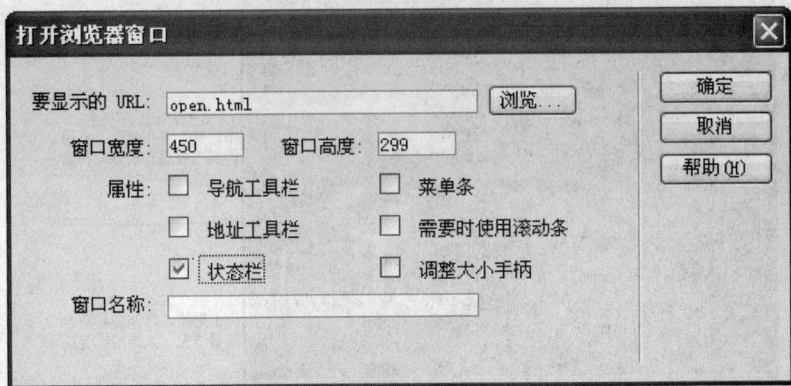

图 4-26　【打开浏览器窗口】对话框

(4)单击【确定】按钮,回到【行为】面板。在"事件"列表中选择事件的触发事件,这里选择"onLoad",设置完成后的【行为】面板如图 4-27 所示。

图 4-27　【行为】面板

(5)保存文件,在浏览器中预览,可以看到在页面加载完成后,会自动打开另外一个浏览器窗口,如图 4-28 所示。

图 4-28　页面预览效果

4. 调用 JavaScript

使用"调用 JavaScript"行为，可以为网页中的对象添加一段具有特定功能的 JavaScript代码，在用户浏览网页并触发对应的事件后，即可执行这一段 JavaScript 代码。调用 JavaScript 的操作步骤如下：

（1）打开制作完成的页面"product. html"，在页面的底部插入图像文件"close. jpg"。选中图像，在【属性】面板中【链接】文本框中输入一个空链接"JavaScript：；"，在【替换】文本框中输入"单击关闭窗口"。

（2）选中图像，单击【行为】面板上的"添加行为"按钮 ￪，在弹出的菜单中选择"调用 JavaScript"命令，弹出【调用 JavaScript】对话框，在【JavaScript】文本框中输入"window. close()"代码，如图 4-29 所示。

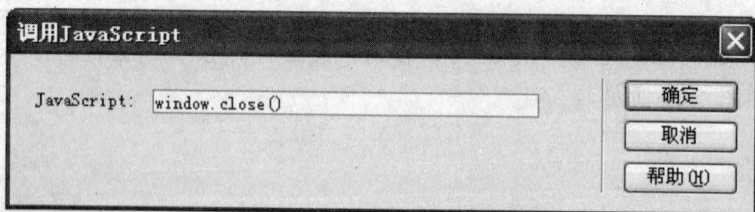

图 4-29　【调用 JavaScript】对话框

（3）单击【确定】按钮，回到【行为】面板。在"事件"列表中选择事件的触发事件，这里选择"onClick"，如图 4-30 所示。

（4）保存文件，在浏览器中预览。单击"关闭窗口"图像，即可弹出关闭浏览器窗口的

图 4-30　【行为】面板

询问对话框,如图 4-31 所示。

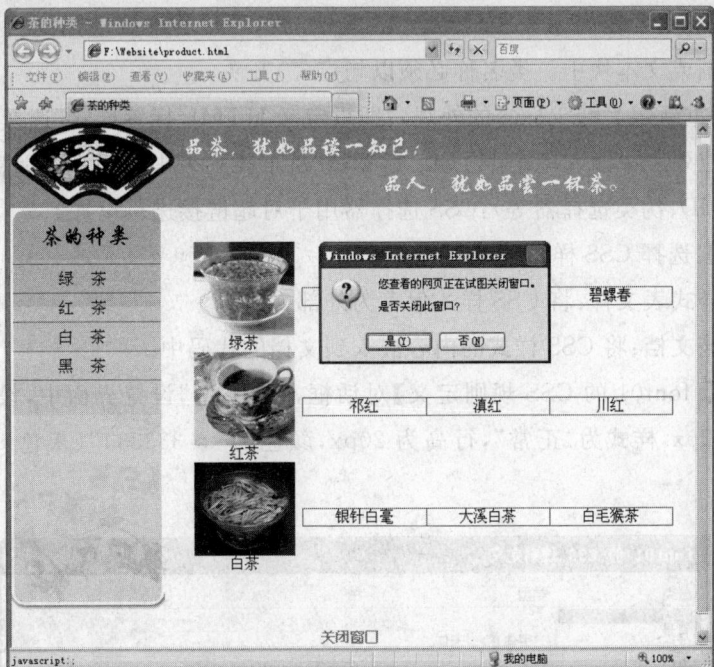

图 4-31　预览效果和询问对话框

4.3　样　式

CSS 是 Cascading Style Sheet 的缩写,称为"层叠样式表"。使用 CSS,可以实现对页面的布局、字体、颜色、背景和边框等更加精确地进行控制;还能够简化网页的代码格式,保持网站页面风格的一致性,极大地减少了重复劳动的工作量。

CSS 样式可以控制多个网页的格式,当 CSS 样式被更新时,所有应用了该样式的网页都会被自动更新。下面将通过一个实例介绍 CSS 样式的设置过程。

(1)打开素材网页"PavilionOfFootprint. html",单击菜单栏中【窗口】|【CSS 样式】命令,打开【CSS 样式】面板。单击【CSS 样式】面板右下角的"新建 CSS 规则"按钮 ,在弹出的【新建 CSS 规则】对话框中设置【选择器类型】为"类(可应用于任何标签)",【名称】为". font01",【定义在】设置为"仅对该文档",如图 4-32 所示,然后单击【确定】按钮。

【选择器类型】:选择 CSS 样式的类型。

图 4-32 【新建 CSS 规则】对话框

- 类(可应用于任何标签):即自定义 CSS 样式,可以将样式应用到页面中的任何文本范围或文本块中。类名称必须以句点(.)开头。
- 标签(重新定义特定标签的外观):即重定义 HTML 标签样式,选择该项后可以在其下拉列表中输入一个 HTML 标签,或从下拉列表中选择一个标签。
- 高级(ID、伪类选择器等):CSS 选择器用于对超链接进行设置。

【定义在】:选择 CSS 样式的定义位置。

- 新建样式表文件:将 CSS 样式保存为外部文件。
- 仅对该文档:将 CSS 样式的内容嵌入到文档的代码中。

(2)打开【.font01 的 CSS 规则定义】对话框,在"类型"设置界面中,设置字体为"宋体",大小为 12px,样式为"正常",行高为 20px,颜色为"#333333"(灰色),如图 4-33 所示。

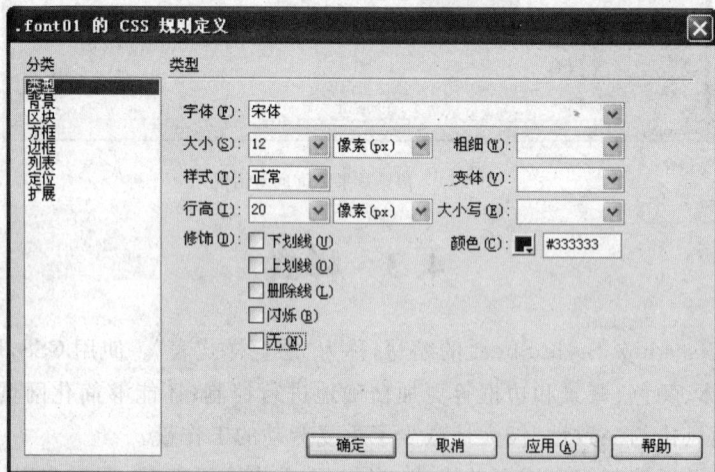

图 4-33 【.font01 的 CSS 规则定义】对话框

(3)单击【确定】按钮,完成".font01"样式的设置,在【CSS 样式】面板中可以看到新创建的 CSS 样式,如图 4-34 所示。

(4)选中页面中的内容介绍文字,在【属性】面板上的【样式】下拉列表中选择刚刚定义的 CSS 样式 font01 应用,如图 4-35 所示。

(5)单击【CSS 样式】面板中的"新建 CSS 规则"按钮,在弹出的【新建 CSS 规则】对

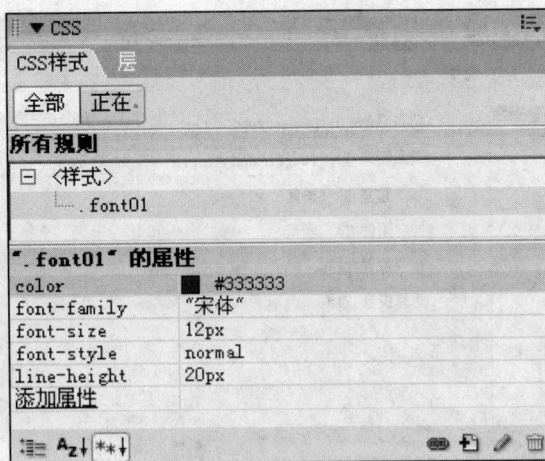

图 4-34 【CSS 样式】面板

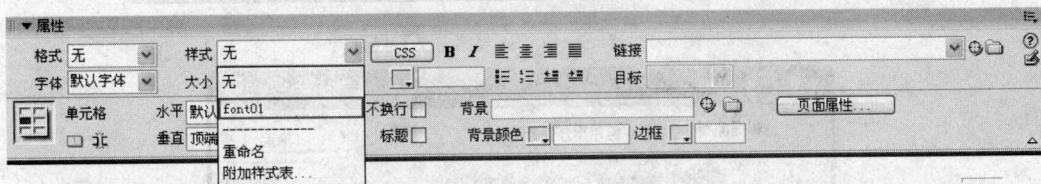

图 4-35 应用 CSS 样式

话框中设置【选择器类型】为"标签(重新定义特定标签的外观)",在【标签】下拉列表中选择"body",【定义在】设置为"仅对该文档",如图 4-36 所示,然后单击【确定】按钮。

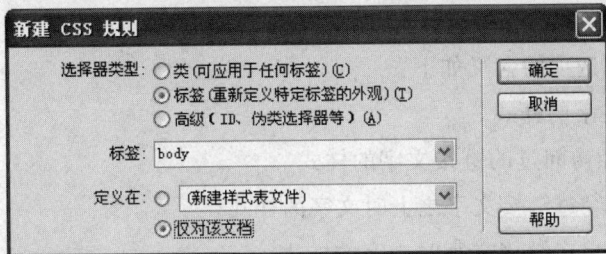

图 4-36 "body"的【新建 CSS 规则】对话框

(6)打开【body 的 CSS 规则定义】对话框,在"背景"设置界面中,设置【背景颜色】为"♯99FF99"(浅绿色),【背景图像】为"images/shuiyin. png",在【重复】下拉列表中选择"重复",在【附件】下拉列表中选择"固定",如图 4-37 所示。

(7)单击【确定】按钮,完成"body"样式的设置,页面中可以立即看到设置了背景样式的效果。

(8)单击【CSS 样式】面板中的"新建 CSS 规则"按钮 ,在弹出的【新建 CSS 规则】对话框中设置【选择器类型】为"高级(ID、伪类选择器等)",在【选择器】下拉列表中选择"a:link",【定义在】设置为"仅对该文档",如图 4-38 所示,然后单击【确定】按钮。

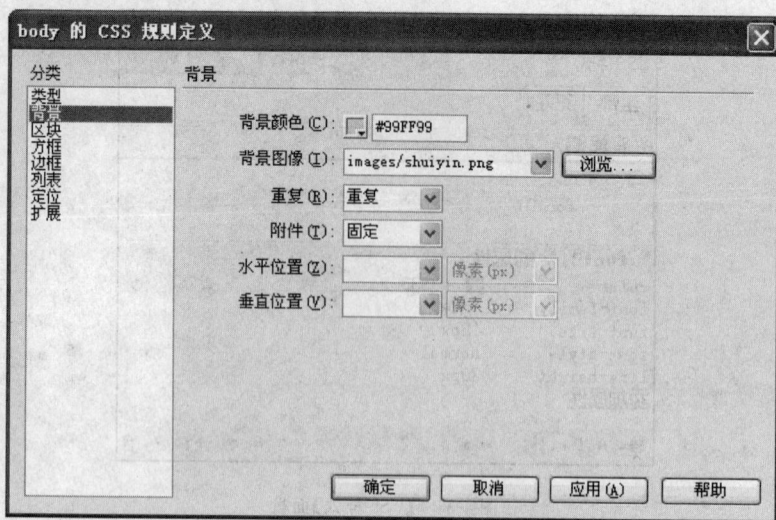

图 4-37 【body 的 CSS 规则定义】对话框

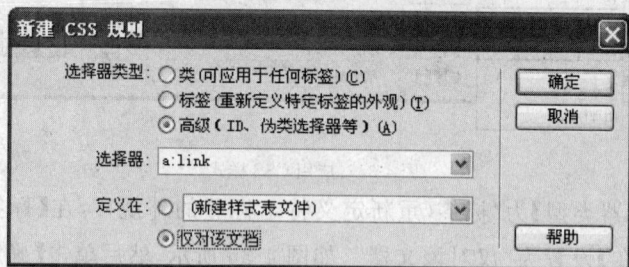

图 4-38 "a:link"的【新建 CSS 规则】对话框

【选择器】中各选项的含义如下:

a:link:链接文字的样式。

a:visited:已经访问过的链接文字的样式。

a:hover:鼠标经过链接文字之上时文字的样式。

a:active:鼠标单击链接文字时文字的样式。

注意:这四个选项的设置顺序为:link→visited→hover→active,不可颠倒!

(9)打开【a:link 的 CSS 规则定义】对话框,在"类型"设置界面中,设置字体为"宋体",大小为 14px,颜色为"#333333"(灰色),修饰为"无",然后单击【确定】按钮。

(10)按照同样的方法,设置"a:visited"的样式为:宋体,14px,#66CC66(浅绿色),无;设置 a:hover"的样式为:宋体,14px,#FF7700(淡红色),下划线;设置"a:active"的样式为:宋体,14px,# FF7700(淡红色),无。

(11)设置完成后,保存页面,在浏览器中预览页面,效果如图 4-39 所示。

(12)新创建一个 CSS 文档,如图 4-40 所示。

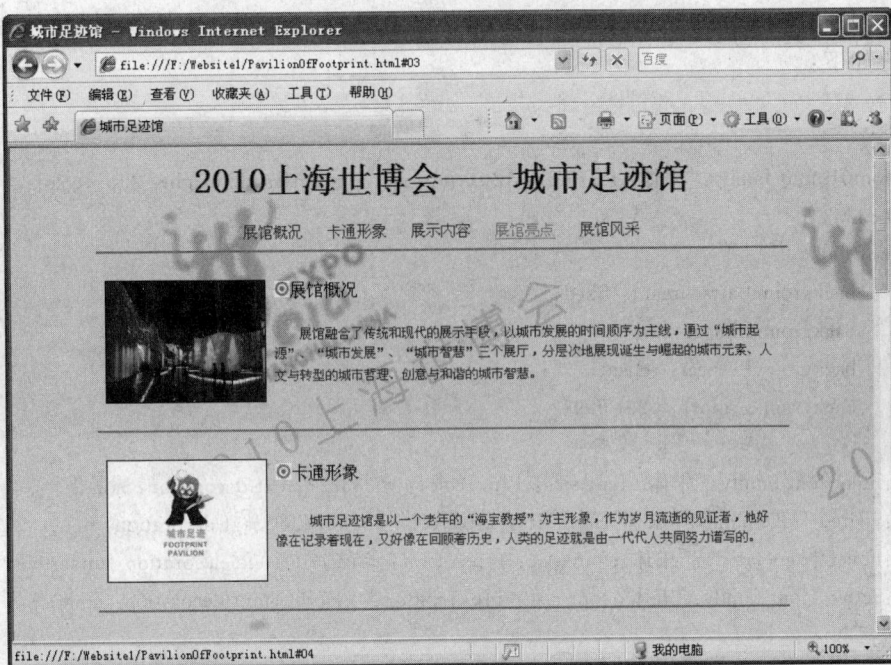

图 4-39　浏览效果

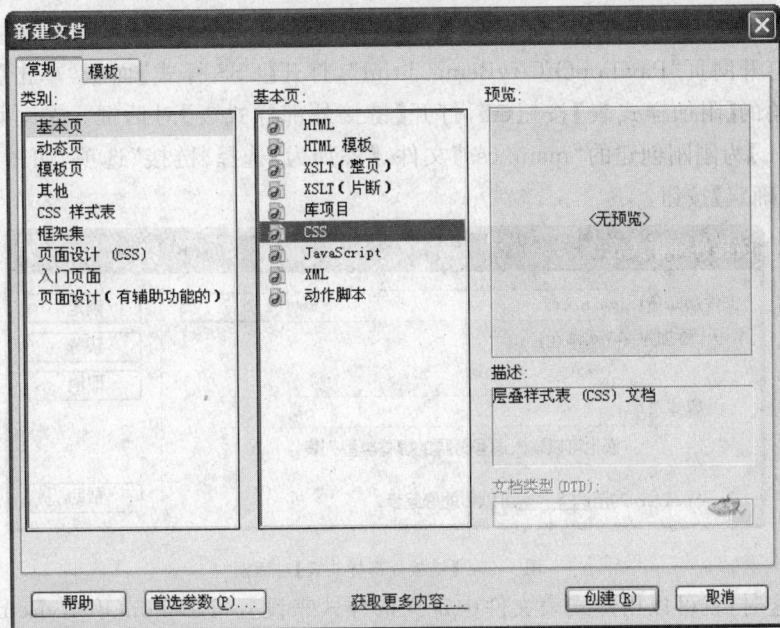

图 4-40　新建 CSS 文档

（13）在"PavilionOfFootprint. html"网页代码中的＜Head＞区域找到刚刚设置的样式代码如下：

```
<! ——
. font01{font-family："宋体"；font-size：12px；font-style：normal；line-height：20px；color：
#333333；}
body {
    background-attachment：fixed；
    background-image：url(images/shuiyin. png)；
    background-repeat：repeat；
    background-color：#99FF99；
}
a：link {font-family："宋体"；font-size：14px；color：#333333；text-decoration：none；}
a：visited {font-family："宋体"；font-size：14px；color：#66CC66；text-decoration：none；}
a：hover {font-family："宋体"；font-size：14px；color：#FF7700；text-decoration：underline；}
a：active {font-family："宋体"；font-size：14px；color：#FF7700；text-decoration：none；}
——>
</style>
```

（14）将上述代码复制并粘贴到新创建的 CSS 文档中，将 CSS 文档保存为"main. css"，存放于当前站点中。

（15）打开网页"PavilionOfCityBeing. html"，打开【CSS 样式】面板，单击【CSS 样式】面板右下角的【附加样式表】按钮，打开【链接外部样式表】对话框。在对话框中设置【文件/URL】为刚刚创建的"main. css"文件，【添加为】选择"链接"选项，如图 4-41 所示，然后单击【确定】按钮。

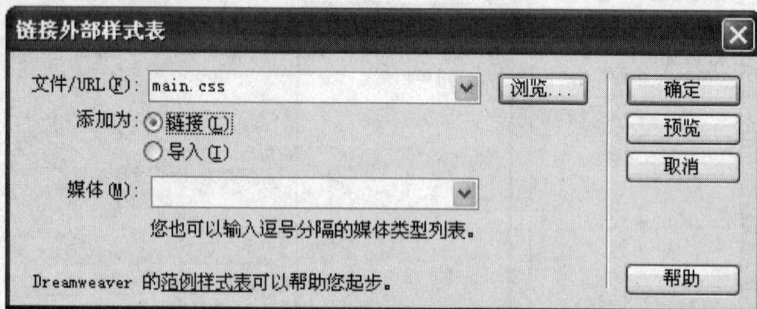

图 4-41 【链接外部样式表】对话框

（16）这时，就可以用样式表文件中定义的样式来设置"PavilionOfCityBeing. html"页面的效果了。

4.3.2 DIV 标签结合 CSS 样式布局页面

DIV＋CSS 是网站标准（或称"WEB 标准"）中常用的术语之一，通常为了说明与 HTML网页设计语言中的表格（table）定位方式的区别，因为 XHTML 网站设计标准中，不再使用表格定位技术,而是采用 DIV＋CSS 的方式实现各种定位。用 DIV 盒模型结构把各部分内容划分到不同的区块,然后用 CSS 来定义盒模型的位置、大小、边框、内外边距、排列方式等。

DIV 元素是用来为 HTML 文档内大块的内容提供结构和背景的元素。DIV 的起始标签和结束标签之间的所有内容都是用来构成这个块的,其中所包含元素的特性由 DIV 标签的属性来控制,或者是通过使用样式表格式化这个块来进行控制。

简单地说,DIV 用于搭建网站结构(框架)、CSS 用于创建网站表现(样式/美化),而实质上是使用 XHTML 对网站进行标准化重构。

使用 DIV＋CSS 技术的优势如下:

(1)表现和内容相分离

将设计部分剥离出来放在一个独立样式文件中,HTML 文件只存放文本信息。符合 W3C 标准,保证网站不会因为将来网络应用的升级而被淘汰。

(2)提高搜索引擎对网页的索引效率

用只包含结构化内容的 HTML 代替嵌套的标签,搜索引擎将更有效地搜索到网页内容。

(3)代码简洁,提高页面浏览速度

对于同一个页面视觉效果,采用 DIV＋CSS 重构的页面容量要比 TABLE 编码的页面文件容量小得多,代码更加简洁。对于一个大型网站来说,可以节省大量带宽。并且支持浏览器的向后兼容。

(4)易于维护和改版

样式的调整更加方便。内容和样式的分离,使页面和样式的调整变得更加方便,只要简单地修改几个 CSS 文件就可以重新设计整个网站的页面。

下面将通过一个简单的实例来介绍使用 DIV＋CSS 技术布局页面的过程。

案例 4-2　创建"DIVCSS. html"页面,介绍上海世博会的城市最佳实践区

1.规划页面布局

"DIVCSS. html"页面的效果图如图 4-42 所示,根据效果图来规划页面的布局,可以将页面大致分为两个部分:

● 顶部部分:其中包含了一幅 Banner 图片;

● 内容部分:其中包含文字及大量的图片。

根据上述分析,页面的布局图如图 4-43 所示。

2.页面整体设计

(1)新建一个空白网页,保存为"DIVCSS. html"。在页面的＜body＞＜/body＞标签中写入 DIV 的基本结构,代码如下:

```
<div id="container">          <!－－页面层容器－－>
    <div id="header"></div>   <!－－页面头部－－>
    <div id="content"></div>  <!－－页面主体－－>
</div>
```

图 4-42   "DIVCSS. html"页面的效果图

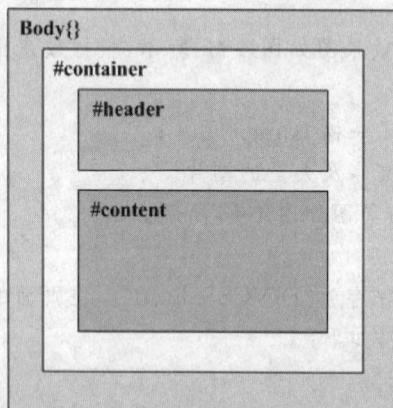

图 4-43   "DIVCSS. html"页面布局

（2）新建一个 CSS 文档，保存为"layout. css"。在文档中输入 CSS 样式代码，代码如下：

```
/* 基本信息 */
body { font-family:Verdana; font-size:14px; margin:0; align:center;}
/* 图片样式 */
.img0 {width:221px; float:left;}
.img0 img{width:207px; height:95px; padding:5px; }
/* 页面层容器 */
#container {margin:0 auto; width:100%;}
/* 页面头部 */
#header { height:106px; margin-bottom:5px;}
/* 页面主体 */
#content {width:960px;margin-left:0; background:#ffffaa;height:700px; }
```

（3）将"layout. css"样式表文件附加到"DIVCSS. html"中。设置完成后，在"DIVCSS. html"页面的<head>区域会看到附加的代码如下：

```
<link href="layout. css" rel="stylesheet" type="text/css" />
```

（4）保存文件，在浏览器中预览，就可以看到页面的框架了。

3. 顶部设计

页面的顶部就是显示一幅图片，在<div id="header">标签后面添加相应的代码如下：

```
<img src="images/ubpa. jpg" width="960" height="106" alt="中国 2010 年上海世博会城市
最佳实践区 UBPA" />
```

4. 主体设计

主体内容主要是显示文字和图片，用列表的形式来完成，使用的标签为<ul><li>。在<div id="content">标签后面添加相应的代码如下：

```
<ul>
<li><h3>UBPA 简介</h3>
<p>城市最佳实践区集中体现了……</p>
</li>
<li class="img0"><img src="images/ningbo. jpg" alt="宁波案例馆" border="1"/>
展馆名称:宁波案例馆<br/>
案例名称:中国滕头"城市化与生态和谐实践"<br/ >
</li>
<li class="img0"><img src="images/xian. jpg" alt="西安案例馆" border="1"/>
展馆名称:西安案例馆<br/>
案例名称:大明宫遗址区保护改造项目<br/ >
</li>
……
</ul>
```

至此，页面设计完成了。保存页面，然后在浏览器中预览。

4.4　创建及使用模板

模板其实是一个文档,可以将其作为创建其他文档的基础。应用模板,可以快速地制作出多个具有样式相同、内容不同的网页。模板具有关联性,在对模板文件进行修改并保存后,所有应用了该模板的网页文档将自动进行更新。

4.4.1　创建模板

用户可以从无到有创建空白的模板,然后在其中制作模板内容,也可以将现有的网页存储为模板。当创建模板后,Dreamweaver 8 会自动在用户的本地站点目录中添加一个名为 Templates 的文件夹,然后将这些模板文件存储到该文件夹中。

在创建模板的时候,可以指定模板文档中哪些部分是可编辑区域(可以在应用该模板的文档中进行再编辑,以加入新的内容),哪些部分是锁定区域(不能在应用该模板的文档中进行再编辑)。在新建文档中应用模板后,在可编辑区域内进行相应的编辑,最后保存为需要的网页文档即可。

案例 4-3　创建"UBPA. html"页面,介绍上海世博会的城市最佳实践区的详细内容

1. 创建模板

(1)打开本书提供的素材网页"UBPA. html"文件,如图 4-44 所示。

图 4-44　素材网页"UBPA. html"效果

（2）选择【文件】|【另存为模板】命令，打开【另存为模板】对话框。在对话框中设置保存位置和保存名称"moban"，如图 4-45 所示。

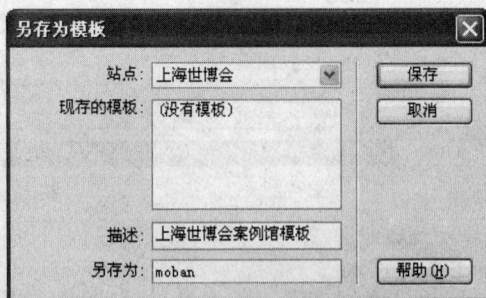

图 4-45　【另存为模板】对话框

（3）设置完成后，单击【保存】按钮，弹出【提示】对话框，提示是否更新页面中的链接，如图 4-46 所示。单击【是】按钮，Dreamweaver 8 会自动更新链接，并将文件保存为模板文件。

图 4-46　【提示】对话框

知识拓展

Dreamweaver 8 会自动将模板文件保存在站点目录下的 Templates 文件夹中，其扩展名为".dwt"。

2.创建可编辑区域

新创建的模板网页中，所有区域都默认为锁定区域，所以要在模板中定义一些可编辑区域，否则，在文档中应用了模板后，将无法进行编辑。

（1）选中页面内容区域的"上海案例馆"文字所在的单元格，然后单击插入栏的【常用】选项卡中的【模板】按钮右侧的下拉按钮 ，在弹出的下拉列表中选择【可编辑区域】命令，将打开【新建可编辑区域】对话框。

（2）在对话框中设置可编辑区域的名称为"name"，如图 4-47 所示。然后单击【确定】按钮，即可将选择的区域设置为可编辑区域。

图 4-47　【新建可编辑区域】对话框

（3）选中"基本信息"内容所在的单元格，将其设置为可编辑区域，并设置名称为

"information"。按照同样的方法，将"展览概况"内容所在的单元格也设置为可编辑区域，设置名称为"general"。设置完成后的页面如图4-48所示，最后保存模板文件。

图 4-48　页面效果

4.4.2　应用模板

创建好模板后，就可以在网页中应用设置好的模板了。在应用了模板的网页中，可以在可编辑区域中进行文档的编辑修改操作，但是，在先前模板中设置为锁定区域的部分是不能编辑的。应用模板的操作步骤如下：

（1）新建一个文件，单击菜单栏中【窗口】|【资源】命令，打开【资源】面板。在【资源】面板的左侧单击【模板】按钮，进入模板分类。在其中可以看到刚创建的"moban"模板文件，如图4-49所示。

图 4-49　【资源】面板

（2）在【模板】分类中选择"moban"模板文件，单击面板中的【应用】按钮，在文档中应用选择的模板。

（3）对可编辑区域中的内容进行修改编辑，达到需要的效果后，执行保存操作，即可完成新网页的制作。新网页的效果如图 4-50 所示。

图 4-50　应用模板的页面效果

（4）对模板文件进行修改。双击【成都案例馆】按钮，打开 Flash 按钮的编辑对话框，设置【链接】文本框的内容为"./UBPA_chengdu.html"，【目标】选择"_self"，如图 4-51 所示，设置完成后，单击【确定】按钮。

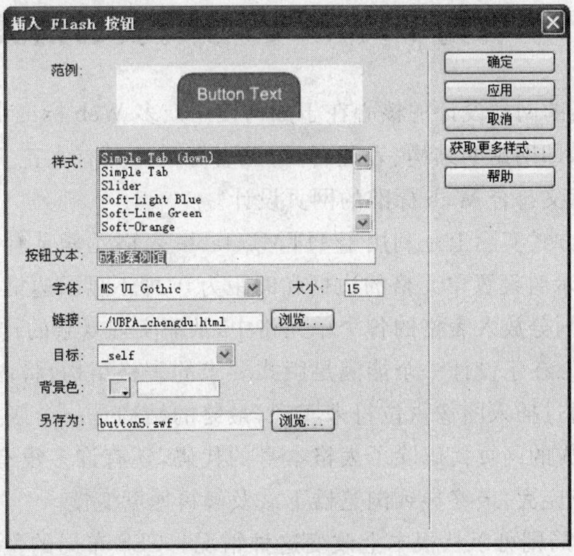

图 4-51　修改模板文件

（5）执行【文件】|【保存】命令，弹出【更新模板文件】对话框，如图 4-52 所示，对话框中列出了所有基于该模板的网页。单击【更新】按钮，Dreamweaver 8 将根据模板的改动，自动更新这些网页。

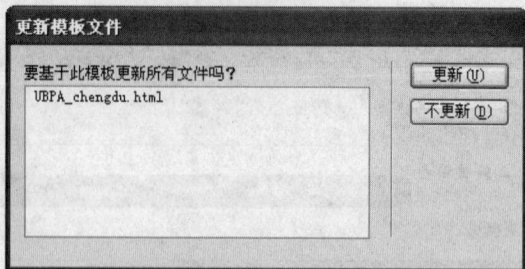

图 4-52　【更新模板文件】对话框

（6）更新完毕后，弹出【更新页面】窗口，显示更新的结果，如图 4-53 所示。

图 4-53　【更新页面】窗口

4.5　利用 DIV＋CSS 制作页面的案例

基于 Web 标准的网站设计的核心在于如何使用众多 Web 标准中的各项技术来达到表现与内容的分离，即网站的结构、表现、行为三者分离。只有真正实现了结构分离的网页设计，才是真正意义符合 Web 标准的网页设计。

传统表格布局方式实际上是利用了 HTML table 表格元素具有的无边框特性，由于 table元素可以在显示时设置单元格的边框和间距为 0，即不显示边框，因此可以将网页中的各个元素按版式划分放入表格的各个单元格中，从而实现复杂的排版组合。

表格布局的核心在于设计一个能满足版式要求的表格结构，将内容装入每个单元格中，间距及定格则通过插入图像占位符来实现，最终的结构是一个复杂的表格，不利于设计与修改。最后生成的网页代码除了表格本身的代码，还有许多没有意义的图像占位符及其他元素，文件量庞大，最终导致浏览器下载及解析速度变慢。

而使用 CSS 布局则可以从根本上改变这种情况。CSS 布局的重点不再放在table 元素的设计中,取而代之的是 HTML 中的另一个元素 DIV。DIV 可以理解为一个"块",语法上以<DIV>开始,以</DIV>结束,DIV 的功能仅仅是将一段信息给标记出来用于后期的样式定义。通过 DIV 的使用,可以将网页中的各个元素划分到各个 DIV 中,成为网页中的结构主体,而样式表现则由 CSS 来完成,这也就实现了 CSS 布局的表现与内容的分离。不仅如此,应用 CSS 布局还可以充分提高代码的利用率,效率也大大提高。

下面案例分为四个部分对页面进行制作:首先分析页面,制作出整个页面的大体布局;然后制作页面的顶部导航部分;接着制作页面左侧导航部分;最后制作数据表格,完成整个页面的制作,页面效果如图 4-54 所示。

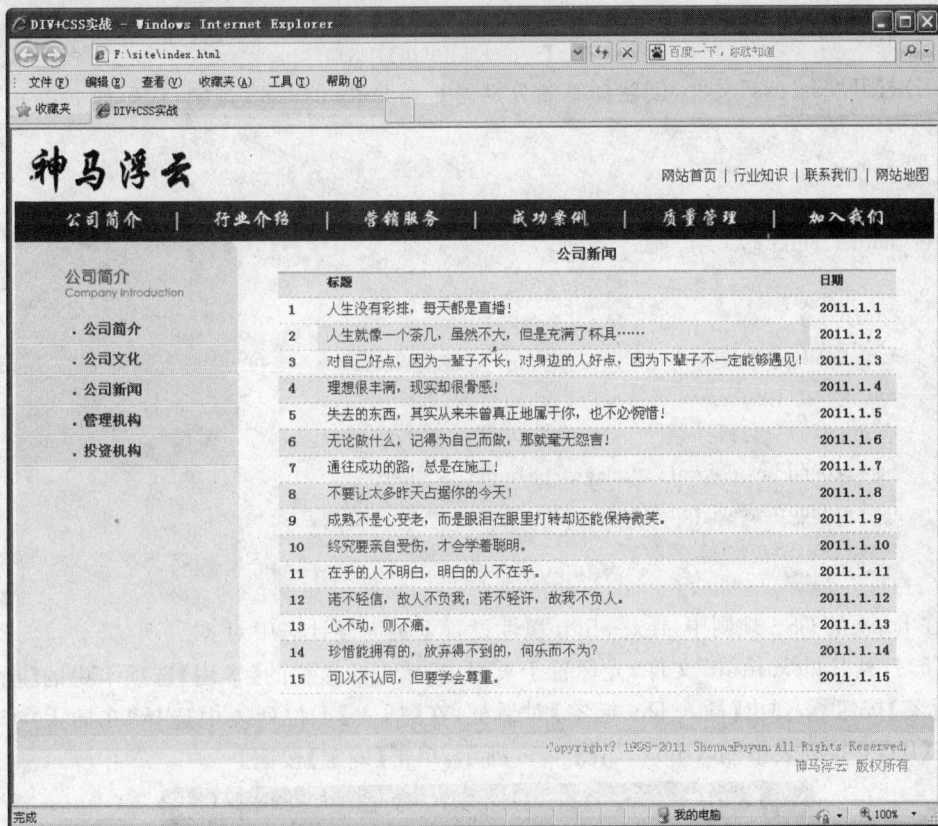

图 4-54　页面效果图

操作步骤如下:

1.制作页面布局

(1)新建页面"index.html",并准备好相应的图片素材。

(2)执行菜单栏中【文件】|【新建】命令,弹出【新建文档】对话框。在【常规】标签的【类别】列表中选择"CSS 样式表",单击【创建】按钮,即可完成 CSS 样式表文件的创建。将文件保存在站点目录下的 style 文件夹中,并将文件保存为"Div.css"。用同样的方法,再另创建一个"css.css"文件,同样保存到 style 文件夹中。

(3)执行菜单栏中【窗口】|【CSS 样式】命令,打开【CSS 样式】面板。单击面板右下角的【附加样式表】按钮,弹出【链接外部样式表】对话框,将刚刚创建的"Div.css"文件链

接到"index. html"文件,如图 4-55 所示。同样的操作,将"css. css"文件也链接到"index. html"文件。

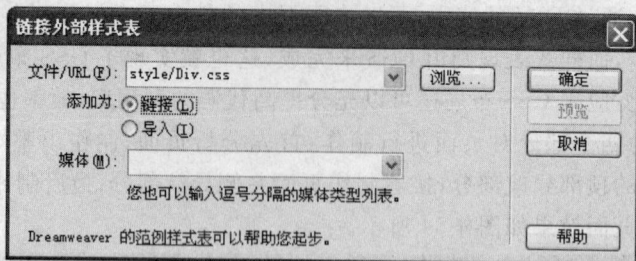

图 4-55　【链接外部样式表】对话框

(4)打开"css. css"文件,创建标签名分别为 * 和 body 的 CSS 规则,代码如下:

```
* {
    margin: 0px;
    padding: 0px;
    border: 0px;
}
body {
    font-family: "宋体";
    font-size: 14px;
    color: #474747;
    background-image: url(../images/bg1.gif);
    background-repeat: repeat-x;
    text-align: center;
}
```

在 body 的 CSS 规则中,text-align 属性设置了页面设计居中对齐。

(5)打开"index. html"文件,光标置于页面中,单击插入栏的【常用】选项卡中的【插入 Div 标签】按钮,弹出【插入 Div 标签】对话框,在【插入】下拉列表中选择"在插入点"选项,在【ID】下拉列表中输入 box,如图 4-56 所示,单击【确定】按钮。

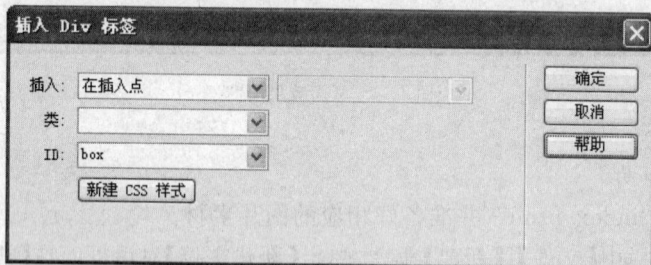

图 4-56　【插入 Div 标签】对话框 1

(6)打开"Div. css"文件,创建一个名为 #box 的 CSS 规则,代码如下:

```
#box {
    text-align：left；
    width：936px；
    margin：0 auto；
}
```

（7）光标移至 box 块中，将文本内容删除，单击【插入 Div 标签】按钮圈，弹出【插入 Div 标签】对话框，在【插入】下拉列表中选择"在开始标签之后"选项，在后面的标签下拉列表中选择"<div id="box">"选项，在【ID】下拉列表中输入 top，如图 4-57 所示，单击【确定】按钮，在 box 块中插入 top 块。

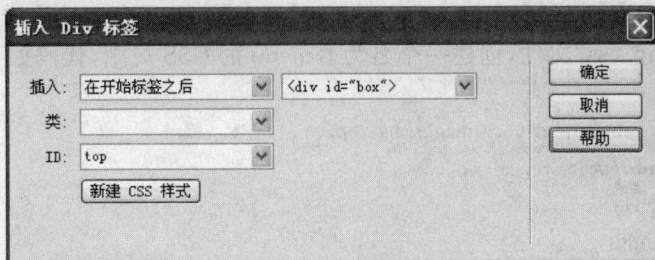

图 4-57　【插入 Div 标签】对话框 2

（8）打开"Div.css"文件，创建一个名为 #top 的 CSS 规则，代码如下：

```
#top {
    height：41px；
    width：936px；
    margin-top：10px；
    margin-bottom：20px；
}
```

（9）光标移至 top 块中，将文本内容删除，单击【插入 Div 标签】按钮圈，弹出【插入 Div 标签】对话框，在【插入】下拉列表中选择"在开始标签之后"选项，在后面的标签下拉列表中选择"<div id="top">"选项，在【ID】下拉列表中输入 logo，单击【确定】按钮，在 top 块中插入 logo 块。

（10）打开"Div.css"文件，创建一个名为 #logo 的 CSS 规则，代码如下：

```
#logo {
    float：left；
    height：60px；
    width：200px；
}
```

（11）光标置于页面中，单击【插入 Div 标签】按钮圈，弹出【插入 Div 标签】对话框，在【插入】下拉列表中选择"在开始标签之后"选项，在后面的标签下拉列表中选择"<div id="logo">"选项，在【ID】下拉列表中输入 top_link，单击【确定】按钮，在 logo 块后插入top_link 块。

（12）打开"Div.css"文件，创建一个名为♯top_link 的 CSS 规则，代码如下：

```
#top_link {
    line-height: 18px;
    float: right;
    width: 280px;
    margin-top: 30px;
}
```

（13）光标置于页面中，单击【插入 Div 标签】按钮▦，弹出【插入 Div 标签】对话框，在【插入】下拉列表中选择"在开始标签之后"选项，在后面的标签下拉列表中选择"＜div id＝"top"＞"选项，在【ID】下拉列表中输入 menu，单击【确定】按钮，在 top 块后插入 menu 块。

（14）打开"Div.css"文件，创建一个名为♯menu 的 CSS 规则，代码如下：

```
#menu {
    background-image: url(../images/bg2.jpg);
    background-repeat: repeat-x;
    height: 40px;
    width: 936px;
    font-size: 20px;
    font-family: "华文行楷";
    color: #FFFFFF;
    line-height: 40px;
    text-align: center;
}
```

（15）光标置于页面中，单击【插入 Div 标签】按钮▦，弹出【插入 Div 标签】对话框，在【插入】下拉列表中选择"在开始标签之后"选项，在后面的标签下拉列表中选择"＜div id＝"menu"＞"选项，在【ID】下拉列表中输入 left，单击【确定】按钮，在 menu 块后插入 left 块。

（16）打开"Div.css"文件，创建一个名为♯left 的 CSS 规则，代码如下：

```
#left {
    background-image: url(../images/bg3.gif);
    background-repeat: repeat-x;
    float: left;
    height: 470px;
    width: 227px;
}
```

（17）光标移至 left 块中，将文本内容删除，单击【插入 Div 标签】按钮▦，弹出【插入 Div 标签】对话框，在【插入】下拉列表中选择"在开始标签之后"选项，在后面的标签下拉列表中选择"＜div id＝"left"＞"选项，在【ID】下拉列表中输入 list，单击【确定】按钮，在 left 块中插入 list 块。

（18）打开"Div.css"文件，创建一个名为♯list 规则，代码如下：

```
#list {
    background-image: url(../images/bg4.gif);
    background-repeat: no-repeat;
```

```
    text-align: center;
    height: 193px;
    width: 227px;
    padding-top: 72px;
}
```

(19)光标置于页面中,单击【插入 Div 标签】按钮▥,弹出【插入 Div 标签】对话框,在【插入】下拉列表中选择"在开始标签之后"选项,在后面的标签下拉列表中选择"<div id="left">"选项,在【ID】下拉列表中输入 main,单击【确定】按钮,在 left 块后插入 main 块。

(20)打开 Div.css 文件,创建一个名为 #main 的 CSS 规则,代码如下:

```
#main {
    background-color: #FFFFFF;
    height: 470px;
    width: 669px;
    padding-left: 40px;
    float: left;
}
```

(21)光标移至 main 块中,将文本内容删除,单击插入栏的【常用】选项卡中的【表格】按钮,在弹出的【表格】对话框中设置表格的属性,表格大小为 16 行 3 列,单元格边距、单元格间距均设为 0,标题为"公司新闻"。设置完成后,单击【确定】按钮,在页面中插入表格。在页面中选中刚刚插入的表格,在【属性】面板上的【表格 Id】下拉列表中输入表格的 Id 为"table01"。

(22)打开"Div.css"文件,创建一个名为 #table01 的 CSS 规则,代码如下:

```
#table01 {
    margin: 0px;
    padding: 0px;
    width: 629px;
    border: 0px;
}
```

(23)光标置于页面中,单击【插入 Div 标签】按钮▥,弹出【插入 Div 标签】对话框,在【插入】下拉列表中选择"在开始标签之后"选项,在后面的标签下拉列表中选择"<div id="main">"选项,在【ID】下拉列表中输入 bottom,单击【确定】按钮,在 main 块后插入 bottom 块。

(24)打开"Div.css"文件,创建一个名为 #bottom 的 CSS 规则,代码如下:

```
#bottom {
    line-height: 20px;
    color: #9D9F9C;
    background-image: url(../images/bg5.gif);
    background-repeat: no-repeat;
    text-align: right;
    clear: left;
```

```
    height：50px；
    width：910px；
    padding-top：20px；
    padding-right：26px；
}
```

（25）完成整个页面的布局，保存页面，并保存外部样式表文件。整个页面的布局图如图 4-58 所示。

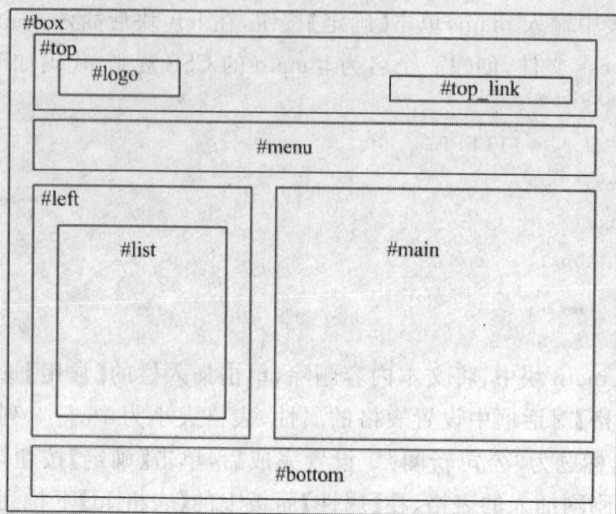

图 4-58　页面布局图

2．制作页面顶部导航

（1）光标移至 logo 块中，将文本内容删除，插入图像"images/logo.gif"。

（2）光标移至 top_link 块中，将文本内容删除，输入相应的文本内容，本例中输入"网站首页|行业知识|联系我们|网站地图"。

（3）转换到代码视图中，增加<span></span>代码，完善后的代码如下：

```
<div id="top_link">网站首页<span>|</span>行业知识<span>|</span>联系我们
<span>|</span>网站地图</div>
```

（4）打开"Div.css"文件，创建一个名为＃top_link span 的 CSS 规则，代码如下：

```
# top_link span {
    margin-right：5px；
    margin-left：5px；
}
```

（5）光标移至 menu 块中，将文本内容删除，输入相应的文本内容，本例中输入"公司简介|行业介绍|营销服务|成功案例|质量管理|加入我们"。

（6）转换到代码视图中，增加<span></span>代码，完善后的代码如下：

```
<div id="menu">公司简介<span>|</span>行业介绍<span>|</span>营销服务
<span>|</span>成功案例<span>|</span>质量管理<span>|</span>加入我们</div>
```

（7）打开"Div.css"文件，创建一个名为＃menu span 的 CSS 规则，代码如下：

```
#menu span {
    margin-right: 30px;
    margin-left: 30px;
}
```

（8）完成页面导航制作，保存页面，并保存外部样式表文件。

3. 制作页面左侧导航

（1）光标移至 list 块中，在该块中输入相应的文本内容，本例中输入"公司简介、公司文化、公司新闻、管理机构、投资机构"，选中刚刚输入的文本内容，单击【属性】面板上的"项目列表"按钮 ☷。

（2）打开"Div.css"文件，创建一个名为 #list li 的 CSS 规则，代码如下：

```
#list li {
    font-weight: bold;
    background-image: url(../images/left1.gif);
    background-repeat: no-repeat;
    background-position: bottom;
    text-align: left;
    list-style-type: square;
    text-indent: 70px;
    list-style-image: url(../images/left2.gif);
    line-height: 30px;
}
```

（3）完成页面左侧导航制作，保存页面，并保存外部样式表文件。

4. 制作数据表格

（1）在页面中插入表格时，已经设置了表格的标题内容，对应的页面代码如下：

```
<table cellpadding="0" cellspacing="0" id="table01">
    <caption>
        公司新闻
    </caption>
......
```

（2）打开 css.css 文件，创建一个名为 caption 的 CSS 规则，代码如下：

```
#caption{
    line-height: 30px;
    font-weight: bold;
    font-size:14px;
    color: #164283;
}
```

（3）光标移至表格中，转换到代码视图中，修改表格第 1 行单元格的代码，修改后代码如下：

```
……
</caption>
<thead>
    <tr>
        <th id="tablelist" scope="col"></td>
        <th id="title" scope="col">标题</td>
        <th id="time" scope="col">日期</td>
    </tr>
</thead>
……
```

<thead>、<tbody>和<tfoot>标签使设计者能够将表格划分为逻辑部分。例如可以将所有列标题放在<thead>标签中,这样就能够对这个特殊区域单独地应用样式表。行和列的标题应该使用<th>标记而不是<td>标记,表格标题可以设置值为 row 或 col 的 scope 属性,定义它们是行标题还是列标题。

(4)打开"Div. css"文件,创建名为♯ tablelist、♯ title 和♯ time 的 CSS 规则,代码如下:

```
♯ tablelist {
    width: 30px;
}
♯ title {
    text-align: left;
    width: 490px;
    padding-left: 10px;
}
♯ time {
    text-align: left;
    padding-left: 10px;
}
```

(5)打开"css. css"文件,创建一个名为 thead 的 CSS 规则,代码如下:

```
thead {
    font-family: "宋体";
    font-size: 12px;
    line-height: 32px;
    font-weight: bold;
    color: ♯164185;
    height: 30px;
    background-image: url(../images/table1. gif);
    background-repeat: repeat-x;
}
```

(6)转换到代码视图中,在表格中加入<tbody>标签标识出表格中的数据部分,代码如下:

```
……
</table>
<tbody>
    <tr>
        <td > </td>
        <td > </td>
        <td > </td>
    </tr>
……
</tbody>
</table>
```

（7）打开"css. css"文件，创建一个名为 td 的 CSS 规则，代码如下：

```
.td {
    line-height：25px；
    padding-left：10px；
    border-bottom-width：1px；
    border-bottom-style：dashed；
    border-bottom-color：#CCCCCC；
}
```

（8）在各个单元格中输入相应的数据内容，打开"css. css"文件，创建名为 font01 和 font02 的 CSS 规则，代码如下：

```
.font01 {
    font-weight：bold；
}
.font02 {
    font-weight：bold；
    color：#164186；
}
```

返回设计页面中，选中表格第 1 列的文本内容，在【属性】面板上的【样式】下拉列表中选择"font01"样式应用。选中第 3 列的文本内容，在【属性】面板上的【样式】下拉列表中选择"font02"样式应用。

（9）打开"css. css"文件，创建一个名为 odd 的 CSS 规则，代码如下：

```
.odd {
    background-color:#F5F5F5；
}
```

返回设计页面中，选中表格中的偶数行，在【属性】面板上的【样式】下拉列表中选择"odd"样式应用。此时，偶数行的代码如下：

```
<tr class="odd">
    <td class="font01">2</td>
    <td class="odd">人生就像一个茶几,虽然不大,但是充满了杯具……</td>
    <td class="font02">2011.1.2</td>
</tr>
```

(10)光标移至 bottom 块中,输入相应的文本内容。

(11)完成页面的制作,保存页面,并保存外部样式表文件,在浏览器中预览整个页面。

本章实训

制作信息反馈表单

本实训中信息反馈表单的制作,主要通过插入不同的表单对象来完成。通过本实训,学习和掌握创建表单的基本方法。本实训的效果图如图 4-59 所示。

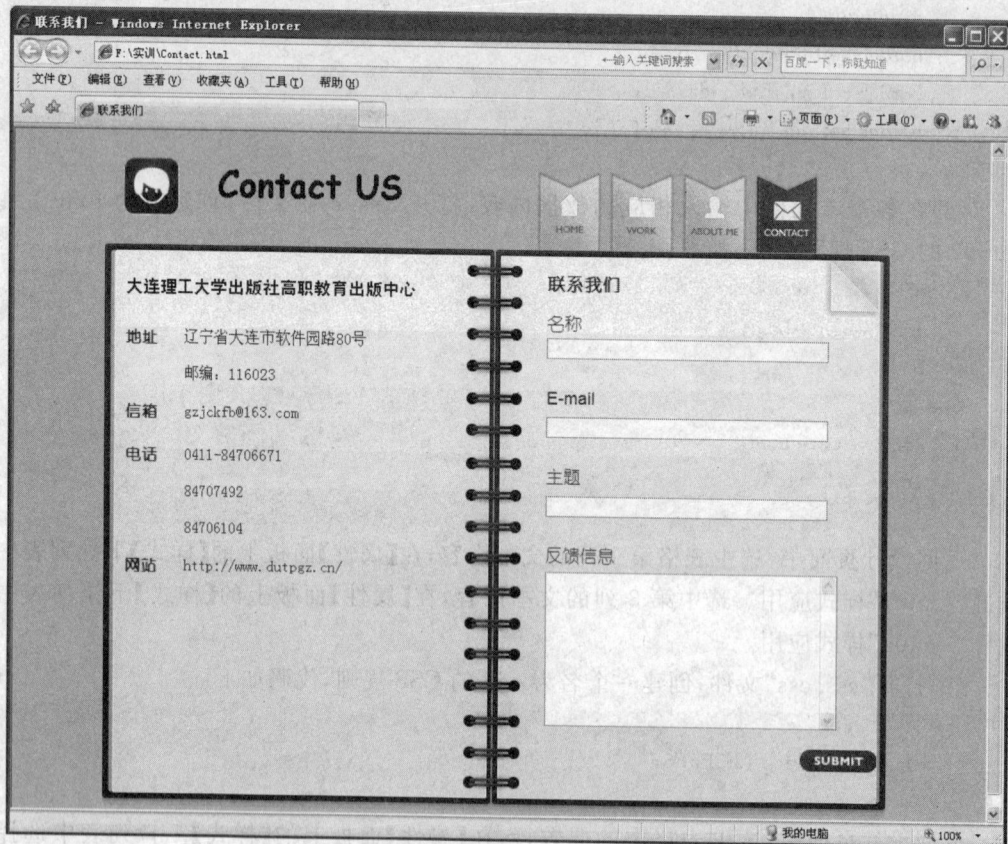

图 4-59　信息反馈表单效果图

操作步骤如下:

1.新建页面"Contact.html",并准备好相应的图片素材。

2.设置页面属性。打开"Contact.html"文件,在【页面属性】对话框中设置"左边距"、

"上边距"均为 0 像素；设置页面背景颜色为"♯CCCC33"（浅绿色），并设置页面标题为"联系我们"。

3.将光标定位在页面的空白处，插入一个 1 行 2 列的表格，表格宽度为 820px，边框粗细、单元格边距、单元格间距均设为 0。

4.选中刚刚插入的表格，在【属性】面板中设置表格 Id 为"表格 1"，设置表格的对齐方式为"居中对齐"。

5.设置表格 1 的第 1 列单元格的宽度为 380px，并在单元格中插入图片"images/Contact. gif"。

6.设置表格 1 的第 2 列单元格的水平对齐方式为"居中对齐"，垂直对齐方式为"底部"，并在单元格中依次插入图片（提示：4 张图片中间加入了 5px 的图像占位符）。表格 1 的效果如图 4-60 所示。

图 4-60　表格 1 效果图

7.在表格 1 下方插入一个 1 行 1 列的表格，表格宽度为 820px，边框粗细、单元格边距、单元格间距均设为 0。

8.选中表格，在【属性】面板中设置表格 Id 为"表格 2"，设置表格的对齐方式为"居中对齐"，表格高度为 570px，并设置表格的背景图像为"images/boek. png"。

9.设置表格 2 的单元格的背景图像为"images/boek_inhoud. png"。

10.在表格 2 的单元格中插入一个 1 行 3 列的表格，表格宽度为 800px，边框粗细、单元格边距、单元格间距均设为 0。

11.选中表格，在【属性】面板中设置表格 Id 为"表格 3"，设置表格的对齐方式为"居中对齐"，表格高度为 500px。

12.设置表格 3 的第 1 列单元格的垂直对齐方式为"顶端"，并在单元格中插入一个 8 行 2 列的表格，表格宽度为 93%，边框粗细、单元格边距、单元格间距均设为 0。

13.设置表格 3 的第 3 列单元格的垂直对齐方式为"顶端"，并在单元格中插入一个 13 行 1 列的表格，表格宽度为 100%，边框粗细、单元格边距、单元格间距均设为 0。表格 3 的效果如图 4-61 所示。

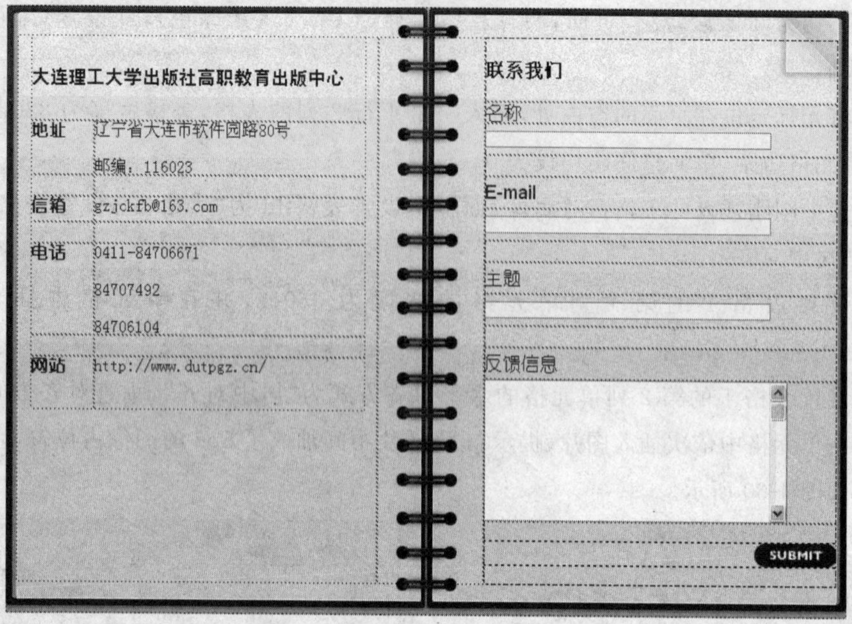

图 4-61　表格 3 效果图

14. 保存页面,在浏览器中预览页面。

思考与练习

一、选择题

1. "动作"是 Dreamweaver 预先编写好的(　　)脚本程序,通过在网页中执行这段代码就可以完成相应的任务。

A. VBScript　　　　B. JavaScript　　　　C. C++　　　　D. JSP

2. 当鼠标移动到文字链接上时显示一个隐藏层,这个动作的触发事件应该是(　　)。

A. onClick　　　B. onDblClick　　　C. onMouseOver　　D. onMouseOut

3. CSS 表示(　　)。

A. 层　　　　B. 行为　　　　C. 样式表　　　D. 时间线

4. 能够设置成口令域的是(　　)。

A. 只有单行文本域　　　　　　　B. 只有多行文本域

C. 单行、多行文本域　　　　　　D. 多行"Textarea"标识

5. 在 Dreamweaver 8 中,超链接标签具有四种不同的状态,下面不属于标签状态的是(　　)。

A. 活动的链接 a:active　　　　　B. 当前链接 a:hover

C. 链接 a:link　　　　　　　　　D. 没有访问过的链接 a:unvisited

6. 鼠标单击的 JavaScript 事件是(　　)项。

A. OnMouseUp　　　B. OnLoad　　　C. OnClick　　　D. OnKeyPress

7. 在 Dreamweaver 8 中,模板文件扩展名为(　　)。

A..lbi　　　　　　B..jpg　　　　　　C..dwt　　　　　　D..lby

二、填空题

1. 在 Dreamweaver 8 中,行为由_____、_____和_____组成。

2. 动作是由预先编好的_____脚本程序组成,这些代码将执行特定的任务。

3. 在 Dreamweaver 8 中,用户创建的模板文件存放在本地站点的_____文件夹中。

三、简答题

1. 在 Dreamweaver 8 中,模板文件的拓展名是什么?

四、操作题

1. 试用表单制作留言薄页面,并使用 CSS 样式来设置网页的外观。

第二部分　Fireworks 8

Fireworks 8 是 Macromedia 公司针对网页图像设计而推出的网页图形编辑软件,它是一款既可以处理网页图像和网页动画,又可以编辑网页的软件,随着其功能的不断增强,该软件受到越来越多的网页制作者的喜爱。

第 5 章

Fireworks 8 基本操作

教学目标

通过对本章的学习,应掌握 Fireworks 8 绘图工具的使用;基本图像的绘制和编辑;图像文字的处理;图像特殊效果的处理等技能。

内容提要

1. Fireworks 8 入门介绍软件界面组成、文档操作、绘图工具的使用,通过制作网页 LOGO 的案例来了解 Fireworks 8 的强大功能。

2. 图像的绘制和编辑介绍网页图像的编辑技巧,通过制作导航栏图像案例和制作网页图像案例来熟练掌握网页图像的编辑方法。

3. 创建网页特效文字介绍网页中的文字编辑,通过对文字编辑的练习来掌握网页图像中各种文字效果的处理方法。

4. 编辑特效图像介绍处理图像时常用的工具——滤镜,通过制作特效相框的案例来掌握滤镜的使用方法。

5.1　Fireworks 8 入门

作为一款强大的网页图像处理软件,Fireworks 8 具有绘制编辑各种网页元素、设计特效艺术字、用滤镜对图像进行特效处理等功能。

5.1.1　Fireworks 8 简介

1. Fireworks 8 工作界面

在桌面上选择【开始】|【程序】命令,从【程序】菜单中选择【Macromedia】|【Macromedia Fireworks 8】选项,即可打开 Fireworks 8 的用户界面,如图 5-1 所示。单击窗口中【新建 Fireworks 文件】命令,弹出【新建文档】对话框,如图 5-2 所示。单击【确定】按钮,则创建了一个新文档,进入 Fireworks 8 编辑文档工作界面,如图 5-3 所示。

Fireworks 8 的工作界面主要由菜单栏、工具栏、【工具箱】面板、【属性】面板、浮动面板和画布等六部分组成。其中【工具箱】面板为绘制编辑图形提供各类工具。画布则是图像编辑区域,所有编辑内容不应超出编辑区域。

图 5-1　Fireworks 8 用户界面

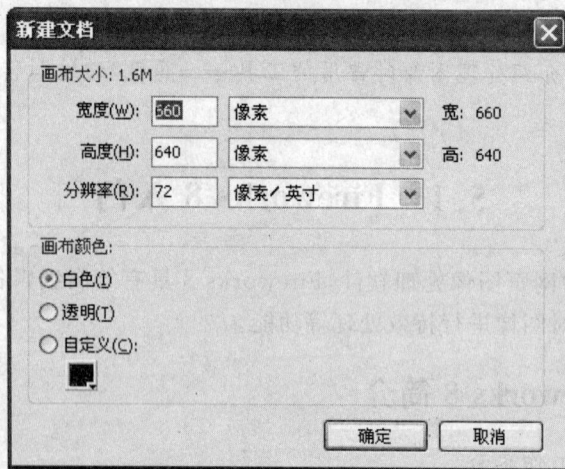

图 5-2　【新建文档】对话框

2. 文档操作

（1）创建和保存文档

除了在用户界面中新建文档外，还可以在菜单中执行【文件】|【新建】命令，打开【新建文档】对话框。在该对话框中设置画布的宽度和高度的数值，默认情况下使用像素作为单位。【分辨率】选项通常并不需要设置，因为它对文件中的效果影响不大。另外还可以根据需要设置画布的颜色。Fireworks 8 的工作文件格式为"＊.png"，也就是说以这种格式

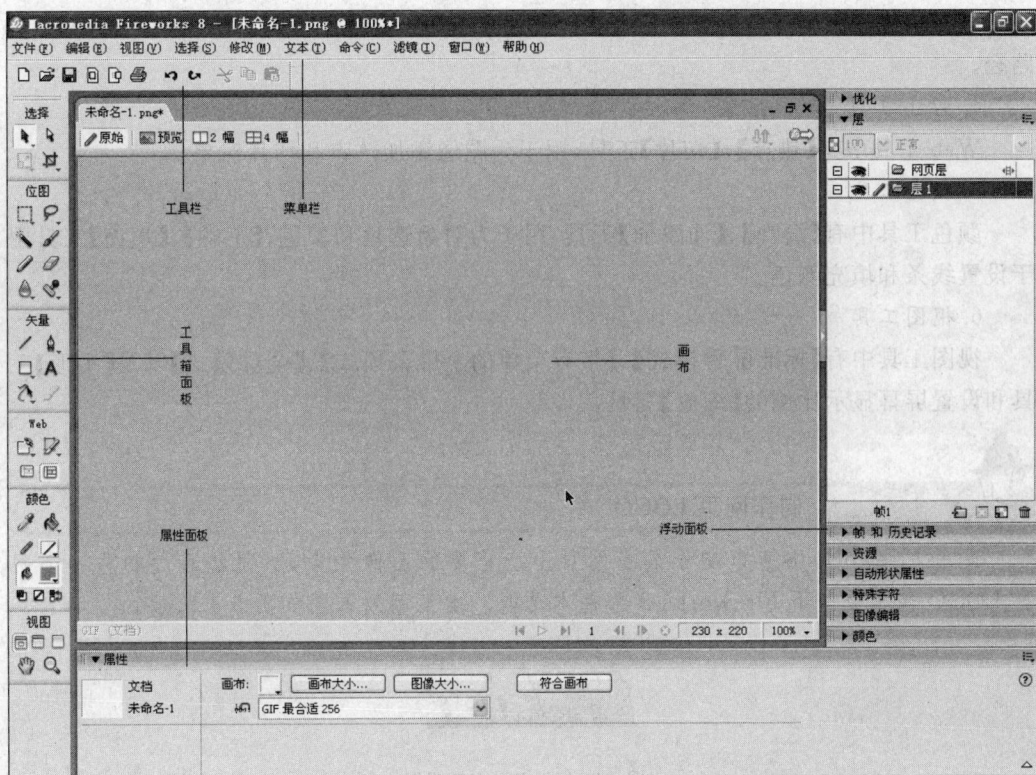

图 5-3　Fireworks 8 工作界面

保存文件时,编辑过程中的各种编辑信息都会保存下来(即源文件),以后再打开该文件还可以继续编辑。

(2)打开文档

在 Fireworks 8 中可以打开很多种格式的图像文件,包括 BMP、JPEG、TIF 和 GIF 动画等文件。但如果使用【文件】|【打开】命令打开这类非 PNG 格式的文件时,将基于原图像创建一个新的 PNG 文档。只有打开 PNG 格式的文件,才可以继续对原图像的编辑。

5.1.2　Fireworks 8【工具箱】面板

Fireworks 8 的【工具箱】面板是由六部分不同类型的工具区域组成,其中包括:

1.选择工具

选择工具中有【指针】工具、【部分选定】工具,用于选择、移动对象;【缩放】工具、【裁剪】工具用于缩放、裁剪对象。

2.位图工具

位图工具中有【选取框】工具、【套索】工具、【魔术棒】工具,用于选取位图对象;【刷子】工具、【铅笔】工具用于绘制位图形状;【橡皮擦】工具用于擦除位图图像;【模糊】工具用于修改位图图像;【橡皮图章】工具用于复制位图图像。

3.矢量工具

矢量工具中有【直线】、【钢笔】、【矩形】工具,用于绘制矢量图形(路径);【文本】工具用于在画布中添加文本对象;【自由变形】工具用于修改矢量路径;【刀子】工具用于切割矢量路径。

4.Web 工具

Web 工具中有【热点】、【切片】工具,用于为图像添加热点和切片对象。

5.颜色工具

颜色工具中有【滴管】、【油漆桶】工具,用于为对象选色和着色;【笔触】、【填充】工具用于设置线条和填充颜色。

6.视图工具

视图工具中有【标准屏幕模式】、【带有菜单的全屏幕模式】、【全屏模式】以及【手形】工具和设置屏幕显示比例的【缩放】工具。

案例 5-1　制作网页 LOGO

使用 Fireworks 8 可以制作很多网页上所需要的图像元素,下面就通过制作一个网页 LOGO 来领会一下 Fireworks 8 的基本功能。本案例效果图如图 5-4 所示。

图 5-4　网页 LOGO 效果图

操作步骤如下:

(1)创建一个新文档,在【工具箱】面板中选择【文本】工具 A,然后在画布上拖出文本框,并输入文字“世博”。选中文字对象,并在【属性】面板中设置字体为华文琥珀、字号为35、倾斜等属性,如图 5-5 所示。

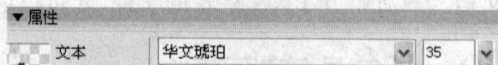

图 5-5　设置文本效果图

(2)在【属性】面板中分别选择【填充】■、动态【滤镜】滤镜: +.- 按钮,为文字添加颜色和发光效果,具体设置参数见图 5-6 所示。

(3)用同样的方法完成第二组文字,并放置到相应位置,如图 5-7 所示。

(4)在【工具箱】面板上选择矢量工具中的【星形】工具☆星形,在画布上拖出星形,并在【属性】面板中设置图形的填充颜色和笔触颜色,如图 5-8 所示。

(5)将编辑好的星形再复制四个,然后用【工具箱】面板中的【缩放】工具 (或者在菜单中执行【修改】|【变形】|【数值变形】命令),分别调整五个星形的角度和大小,再放置到相应位置,如图 5-9 所示。

(6)在【工具箱】面板上选择矢量工具中的【矩形】工具□,依照文字宽度和高度绘制

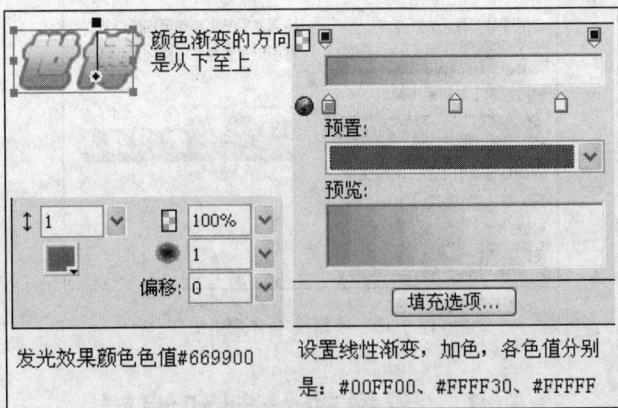

图 5-6　设置颜色、发光效果参数

图 5-7　两组文字效果图

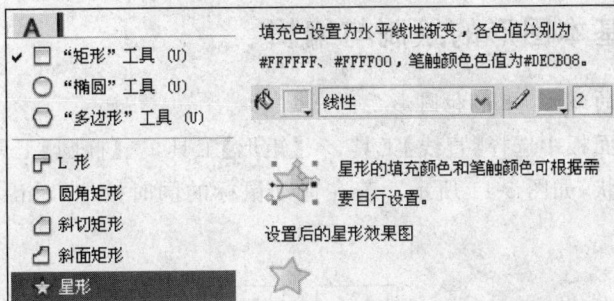

图 5-8　设置星形填充色和笔触颜色参数

使用缩放工具调整图形角度和大小　使用使用菜单命令调整图形角度和大小

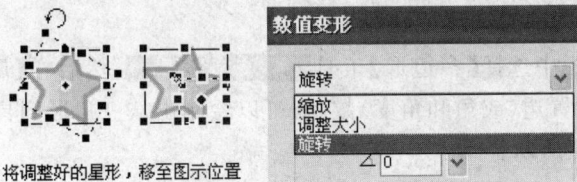

将调整好的星形，移至图示位置

图 5-9　调整星形的角度和大小

一个矩形，再使用【工具箱】面板上【缩放】工具组中的【倾斜】工具 将矩形倾斜成文字的角度，为图形设置好填充色后将图形移至文字下方相应位置处，右击图形，在快捷菜单中执行【排列】|【移到最后】命令完成本案例，如图 5-10 所示。

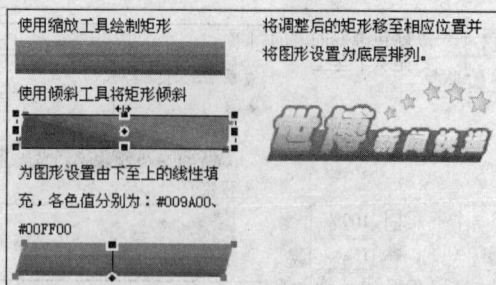

图 5-10 编辑文字背景矩形

5.2 图像的绘制和编辑

在编辑图像文档过程中,图形的绘制和编辑是最基本的。Fireworks 8 中提供了多种矢量绘制工具,使用这些工具可以方便地绘制与编辑矢量图形,以及为矢量图形设置填充图案、笔触和动态滤镜等,并且还可以处理位图图像。

5.2.1 基本图形的绘制与编辑

1. 绘制基本的线形、矩形和圆形

在【工具箱】面板中选择【直线】工具 ∕ 、【矩形】工具 □ 、【椭圆】工具 ○ ,可以在画布上快速绘制基本形状,如图 5-11 所示。若在拖动鼠标的同时按住"Shift"键,则会得到非常标准的图形。

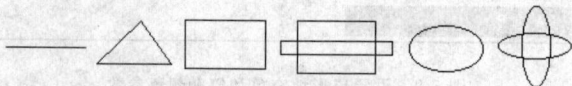

图 5-11 绘制基本图形

2. 绘制基本的多边形和星形

在【工具箱】面板中选择【多边形】工具 ,然后在【属性】面板中选择多边形(或星形),再设置边(或角和角度)数,则可以绘制出从三角形到具有 360 条边的多边形或星形,如图 5-12 所示。

图 5-12 绘制基本的多边形和星形

3. 绘制自动形状

自动形状是 Fireworks 8 提供的一些非常方便的预先设定好的矢量图形,与其他对象不同,选定的自动形状除了具有普通对象的操作手柄外,还具有菱形的控制点。每个控制点都与形状的某个特定属性关联。将指针移到某个控制点上,可看到描述该控制点所控制的属性的工具提示,如图 5-13 所示。

图 5-13　自动形状、控制点

4.使用【钢笔】工具 🖊 绘制路径

【钢笔】工具 🖊 不仅可以绘制直线路径也可以绘制曲线,所以要绘制一个复杂形状的图形,【钢笔】工具非常实用,用它可以绘制出封闭的不规则的曲线路径,也可以绘制出不封闭的折线。在绘制过程中,【钢笔】工具是逐点来绘制路径,也就是说,【钢笔】工具需要不断地按下、释放鼠标才能绘制出曲线图像。如果要改变相邻节点之间曲线的形状,只需要用【部分选定】工具 ▷ 调整路径上节点的位置,或切线的方向,就可以做出不同的曲线形状,以绘制心形为例,完成过程见图 5-14 所示。

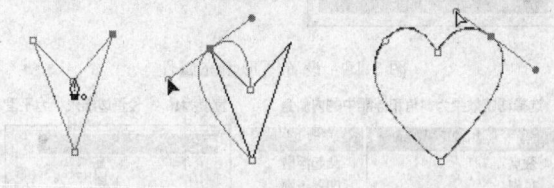

图 5-14　使用钢笔工具绘制心形

5.设置描边、填充和动态滤镜

使用【绘图】工具绘制的矢量路径只是一些简单而平淡的图形,要想为这些路径和区域添加上丰富多彩的色调效果,必须对这些矢量图形设置描边颜色和填充颜色。还可以通过设置动态滤镜为图形加上立体效果。下面通过对矢量图心形的设置来分别予以说明。

(1)为矢量图形设置描边

在画布上选择要改变描边颜色的图形,然后在【属性】面板中设置描边颜色、笔尖大小、描边类型,如图 5-15 所示。

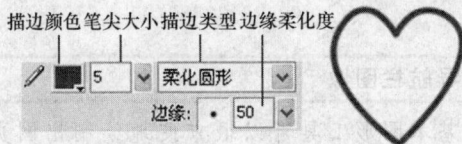

图 5-15　设置图形描边属性

(2)为矢量图形设置填充颜色

选择要设置填充颜色的图形,描边颜色设为无色 ☑,然后在【属性】面板中选择填充类型、渐变颜色,如图 5-16 所示。

(3)为矢量图形设置动态滤镜效果

选择要设置动态滤镜的图形,在【属性】面板上选择滤镜 滤镜: ✚,然后设置滤镜类型及相关参数,如图 5-17 所示。

选择填充类型

无

实心
网页抖动

渐变
图案

填充选项...

放射状

设置填充类别 设置渐变类别 编辑渐变颜色

渐变

放射状

编辑...

边缘: 消除锯齿   0

纹理: DNA   0%

透明

设置渐变起始颜色   设置渐变终止颜色

预置:

预览:

设置后的效果图

图 5-16   设置图形填充属性

选择滤镜效果为斜角和浮雕中的内斜角   宽度为10   设置边缘形状为平滑

斜角和浮雕   内斜角

杂点   凸起浮雕
模糊   凹入浮雕
调整颜色   外斜角
锐化
阴影和光晕

平滑

10   75%

3

135

凸起

Eye Candy 4000 LE
Alien Skin Splat LE

再为图形设置投影效果   设置后的效果图

阴影和光晕

内侧发光
内侧阴影
发光
投影
纯色阴影

Eye Candy 4000 LE
Alien Skin Splat LE

图 5-17   为图形设置动态滤镜效果

案例 5-2   制作导航栏图像

使用 Fireworks 8 的基本图形工具可以很方便地绘制出网页中所需要的图形元素，
下面就通过制作一个导航栏图像来予以说明。本案例效果图如图 5-18 所示。

首　页   展馆展示   规划建设   世博活动

图 5-18   导航栏图像效果图

操作步骤如下：

(1)选择矢量工具中的【圆角矩形】工具 □ ，绘制一个 36px×36px 的圆角矩形；

(2)选择【指针】工具 ，选中矩形，并在【属性】面板中设置填充颜色和纹理，如图 5-19
所示。

设置填充色为#0066CC

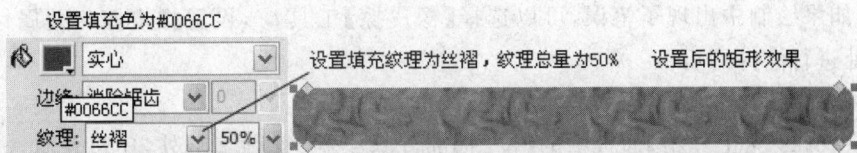

图 5-19　为圆角矩形设置填充颜色和填充纹理

（3）在【属性】面板中给矩形分别添加外部投影和内侧阴影效果，如图 5-20 所示。

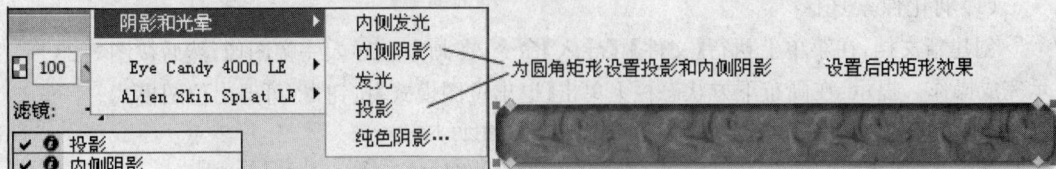

图 5-20　为圆角矩形添加效果

（4）选择【文本】工具 **A**，在圆角矩形内拖出文本框并添加文字"首页"，设置字体、字号和颜色。

（5）选择【直线】工具绘制分割线，并设置凸起浮雕效果，如图 5-21 所示。

图 5-21　添加文字和分割线

（6）在圆角矩形中依次添加其余文字和分割线，即可完成本案例。

5.2.2　位图的操作

1.绘制位图

位图是由像素组成的图形，如同马赛克中的瓷片一样拼合在一起就组成了图像。照片、扫描的图像以及用绘画程序创建的图形都属于位图图形。在 Fireworks 8 中绘制或编辑位图图形需要使用工具箱面板中的位图工具进行操作。下面通过绘制花朵图形来予以说明。

（1）在【工具箱】面板中选择【铅笔】工具 ✐（或【刷子】工具 ✐）并在【属性】面板上设置铅笔属性，然后在画布上绘制花朵图形，如图 5-22 所示。

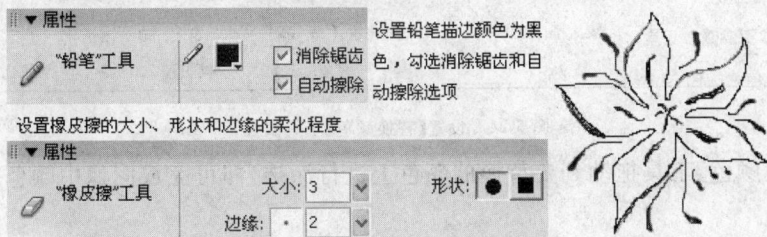

图 5-22　使用铅笔和橡皮擦工具绘制位图图形

（2）如果绘制中出现了笔误，可以选择【橡皮擦】工具 ⌀ ，设置橡皮擦相关属性，然后在笔误处进行涂抹即可。

2.编辑位图

Fireworks 8【工具箱】面板中的【位图】部分除绘制、绘画工具外，还包含有选择和编辑位图像素的工具，编辑位图时需要熟练和灵活地使用这些工具。下面通过对一些位图的处理来予以说明。

（1）羽化像素选区

创建新文档，在菜单上执行【文件】|【导入】命令，在画布上导入一幅图像，然后按图 5-23 所示完成操作。提示：在画布下方状态栏上单击【退出位图模式】按钮 ⊗ ，可退出位图模式。

在工具面板上选择选取框工具，然后在属性面板上设置边缘羽化度为36

在图像上创建选择区域，点击复制按钮。退出位图模式，点击粘贴按钮。

图 5-23　设置羽化效果

（2）为图像替换颜色

使用【替换颜色】工具可以方便地将图像中原有的颜色替换成新的颜色。在画布上导入一幅图像，在【工具箱】面板上选择【替换颜色】工具 ，并在【属性】面板上设置【替换颜色】工具的相关属性，如图 5-24 所示。其中，若选择"彩色化"复选框，则是用"替换"颜色替换"更改"颜色。若取消选择"彩色化"可以用"更改"颜色对"源"颜色进行涂染，并保持一部分"更改"颜色不变。

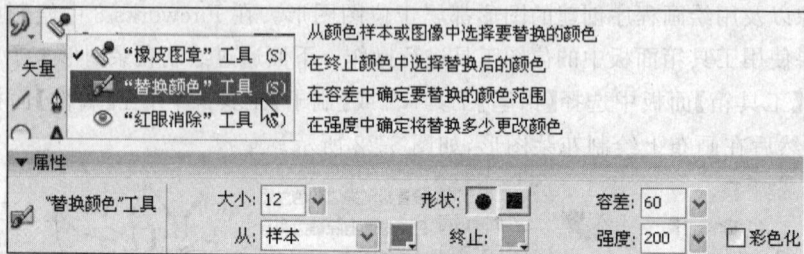

图 5-24　设置【替换颜色】工具属性

将【替换颜色】工具拖动到要替换的颜色上进行涂抹，即可完成图像中颜色的替换，如图 5-25 所示。

（3）使用【橡皮图章】工具克隆图像

【橡皮图章】工具可以克隆位图图像的部分区域，可以将位图某一处的像素复制到图

图 5-25　【替换颜色】效果

像中的另一处区域，这在修饰位图时非常实用。如要修复有划痕的照片或去除图像上的灰尘时，就可以复制照片的某一颜色相近的像素区域，然后用克隆的区域替代有划痕或灰尘的点。

在画布上导入一幅图像，在【工具箱】面板上选择【橡皮图章】工具 ，并在【属性】面板上设置【橡皮图章】工具的相关属性，其中，图章"大小"的设置可根据要修复的像素区域的大小而定，"边缘"数值的大小可设置克隆区域的边缘羽化程度，如图 5-26 所示。

图 5-26　设置【橡皮图章】工具属性

将【橡皮图章】工具拖动到图像中与要修复的像素颜色相近的像素区域，单击鼠标左键，然后在要修复的像素区域上进行涂抹，即可完成图像的修复。如果图像中同时有几处像素区域需要修复，可将鼠标移至图像中的另一颜色像素区域，先按下"Alt"键再单击鼠标左键，可继续进行克隆，如图 5-27 所示。

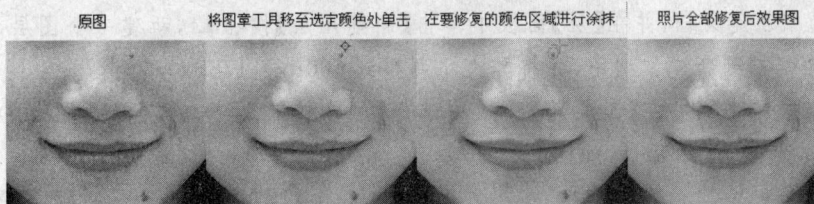

图 5-27　使用【橡皮图章】工具修复图片

（4）为图像设置蒙版效果

蒙版就是利用一个图像对象（称为遮罩对象）将另一个图像对象（称为被遮罩对象）遮住，使得被遮罩对象只能通过遮罩对象才能显示。利用蒙版来编辑位图可以在不破坏原图像的基础上，在对象上实现许多种创意效果。

在画布上导入一幅图像，使用【椭圆】工具在该图像上绘制两个圆形，按下"Shift"键后，单击两个圆形将两个圆形同时选中并剪切，再选中位图图像，然后执行【编辑】|【粘贴为蒙版】命令，即可得到一个矢量蒙版效果。使用文本同样也可以作为蒙版对象，如图 5-28 所示。

图 5-28　创建矢量蒙版效果

案例 5-3　编辑网页图像

Fireworks 8 的位图处理功能可以将许多漂亮的图片编辑成网页中所需要的图像,下面就通过对两个图片的处理过程来予以说明。本案例效果图如图 5-29 所示。

图 5-29　编辑网页图像效果图

操作步骤如下:

(1)新建一个大小为 410px×218px 的文档,并打开两个素材图像,如图 5-30 所示。

(2)选中新建文档,并在【层】面板中单击【新建图层】按钮 ,新建一个图层。将素材 1 中的图像复制到新建文档中,并将其大小调整到 160px×178px,移至画布左侧。

(3)选中素材 2,并在【工具箱】面板中选择【魔术棒】工具 (或【套索】工具),单击图像背景将其选中,删除背景,如图 5-31 所示。

图 5-30　图像素材

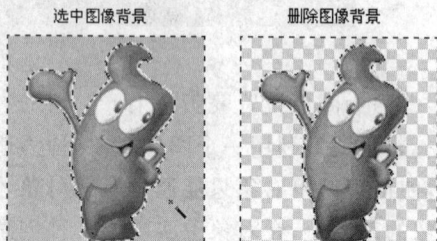

图 5-31　去掉图像背景

(4)单击【退出位图模式】按钮 ,退出位图模式。用【指针】工具 选中"海宝"对象,并将其复制到新建文档中,调整大小后,移至画布右侧,如图 5-32 所示。

(5)使用【直线】工具在"海宝"下方绘制一水平直线,并用【文本】工具分别在画布上输入文字,如图 5-29 所示。

（6）选中画布中世博会会徽对象，复制并粘贴，移至"海宝"对象位置处，调整其大小，在【层】面板上将该层透明度调整到 6%，即可完成本案例制作，如图 5-33 所示。

图 5-32　在画布中调整图像大小　　　　图 5-33　设置图层透明度

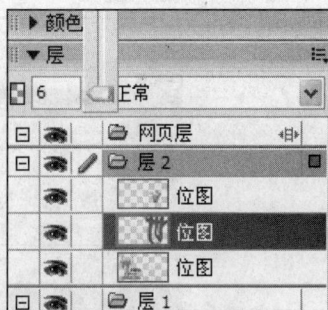

5.3　创建网页特效文字

网页图像中的另一个关键元素就是文本，Fireworks 8 提供了丰富的文本功能，不仅可像其他文字处理软件一样编辑文字，而且还可以为文字设置笔触、填充和效果等属性。将文本附加到路径、将文本转换为路径等功能更是大大扩展了其设计空间。

5.3.1　使用文本

1. 创建文本对象

在【工具箱】面板上选择【文本】工具 **A**，然后在【属性】面板中设置字体、字号、颜色、字间距等相关属性，在画布中拖鼠标创建文本块并输入文字，即可完成文本的输入，输入完文本后在文本块外单击或按"Esc"键，如图 5-34 所示。

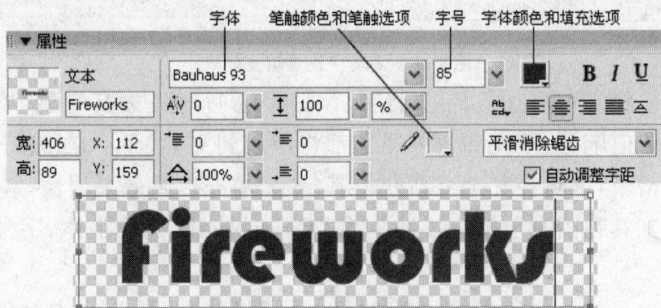

图 5-34　设置文本相关属性

在【属性】面板中，如果再为文字设置笔触颜色和填充颜色会使文字更具特色，单击笔触选项或填充选项则可在对话框中为文本对象设置笔触或填充，同时还可设置笔触或填充的相关属性选项，如图 5-35 和图 5-36 所示。

2. 将文本附加到路径

使用 Fireworks 的文本编辑工具可以将文本沿着绘制好的路径排列，并且不改变文

设置笔触属性

选择笔触类型

无
基本
喷枪
毛毡笔尖
毛笔
水彩
油画效果
炭笔
虚线
蜡笔
铅笔
随机
非自然

毛笔
基本

笔尖:　　　　　　　↔ 6
纹理: DNA　　　　0%
路径外
☐ 在笔触上方填充

高级…

设置后文本的效果

图 5-35　为文字设置笔触效果

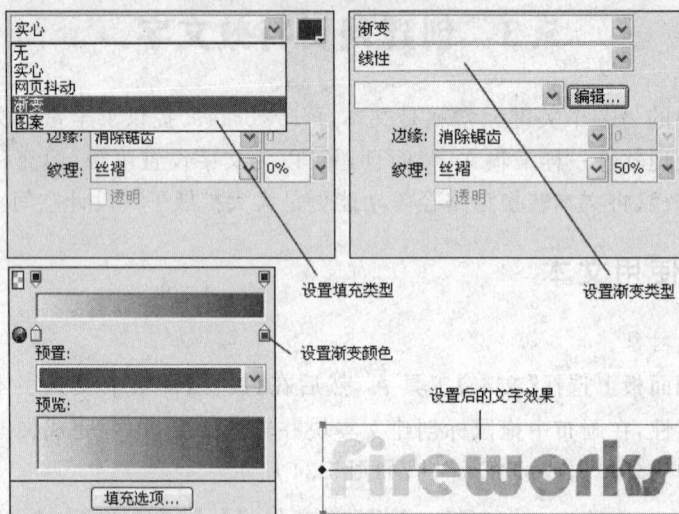

实心

无
实心
网页抖动
渐变
图案

边缘: 消除锯齿
纹理: 丝褶　　　0%
☐ 透明

渐变
线性

编辑…

边缘: 消除锯齿　　0
纹理: 丝褶　　　50%
☐ 透明

设置填充类型

设置渐变类型

预置:
预览:

填充选项…

设置渐变颜色

设置后的文字效果

图 5-36　为文字设置填充效果

本的其他属性。但将文本附加到路径上后,该路径会暂时失去其笔触、填充以及效果属性。随后应用的任何笔触、填充和效果属性都将应用到文本,而不是路径。如果以后将文本从路径上分离出来,该路径又会重新获得其笔触、填充以及效果属性。

　　选择【文本】工具在画布上输入文本对象"Fireworks",设置字体、字号及颜色等相关属性。

　　选择【钢笔】工具在画布上绘制曲线路径。用【指针】工具将文本对象和曲线路径选中,然后在菜单中执行【文本】|【附加到路径】命令,即可将文字附加到路径之上,在【属性】面板中设置文字的对齐属性为齐行。如果要改变路径上文字的方向,可在菜单中执行【文本】|【方向】命令设置文字的排列方式,如图 5-37 所示。

　　3.将文本转换为路径

　　将文本附加到路径使其具有路径的特点,是灵活使用文本的一种方法,此外还可以直接将文本转换为路径,这样就可以用所有矢量编辑工具来编辑该文字对象。但同时也改

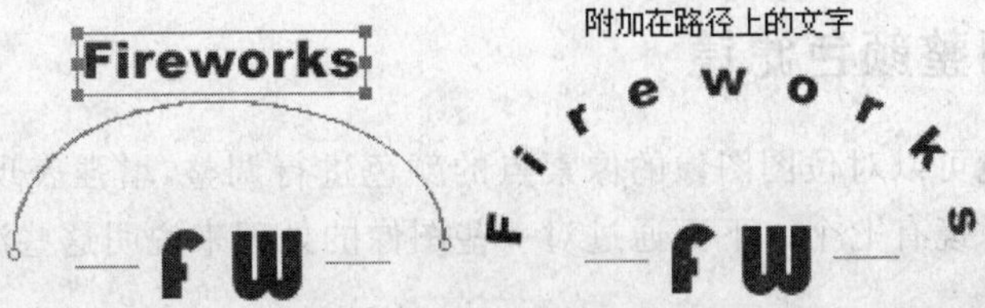

附加在路径上的文字

图 5-37　将文本附加到路径

变该对象的文本属性，无法再将它作为文本进行编辑，并且这一过程是不可逆的。只能通过撤销操作才能回到原始状态，如图 5-38 所示。

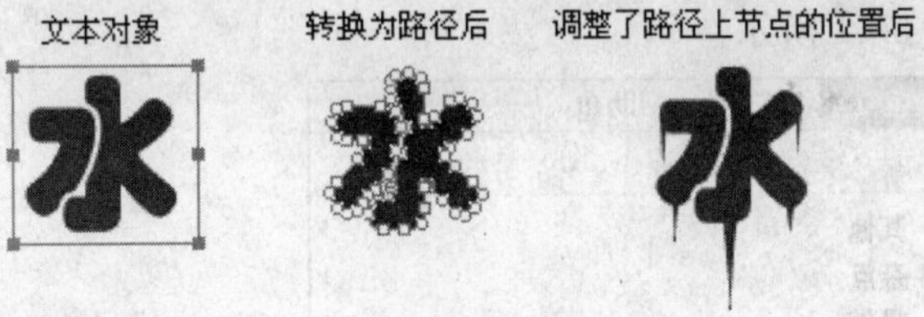

文本对象　　转换为路径后　　调整了路径上节点的位置后

图 5-38　将文本转换为路径

5.3.2　使用样式

在菜单中执行【窗口】|【样式】命令，即可在画布右侧打开【样式】面板。Fireworks 8 中提供了许多预定义的样式，并且还可以添加、更改和删除样式。在画布中选中对象（可以是矢量图形对象或文本对象）后，在【样式】面板中单击某种样式即可将该样式应用于选中的对象上。这要比给对象上设置笔触、填充、动态滤镜要简洁得多，如图 5-39 所示。

文本对象使用样式前、后的效果

图 5-39　对文本对象使用样式

5.4　编辑特效图像

Fireworks 8 提供的动态滤镜功能可以对矢量对象、导入的位图图像和文本对象进行加工处理，从而得到较好的艺术效果。动态滤镜包括：斜角和浮雕、纯色阴影、投影和光晕、调整颜色、模糊和锐化。可以通过菜单项中的【滤镜】命令或直接从【属性】面板中将动态滤镜应用于所选对象。

5.4.1 调整颜色滤镜

调整颜色滤镜可以对位图图像的像素点的颜色进行调整,增强表现力。Fireworks 8 提供的调整颜色滤镜有七个。下面通过对一些图像的处理来说明这些滤镜的使用及执行效果。

1. 亮度/对比度

在画布中导入一幅图像,选中图像区域,在菜单中执行【滤镜】|【调整颜色】|【亮度/对比度】命令,打开相应对话框。调整"亮度"、"对比度"的数值,即可改变选中区域的亮度和对比度,如图 5-40 和 5-41 所示。

图 5-40 【滤镜】菜单

调整前   调整后

图 5-41 调整图像的亮度/对比度

2. 色相/饱和度

所谓色相就是指色彩的颜色,调整色相就是调整图像的颜色;饱和度是指图像颜色的彩度(鲜艳程度),将一个彩色图像的饱和度降为零时,图像就变成了灰度图像,增加饱和度时就增加了其鲜艳程度;亮度是图像的明暗程度。选中图像或图像区域后,在菜单中执

行【滤镜】|【调整颜色】|【色相/饱和度】命令,打开【色相/饱和度】对话框,拖动"色相"、"饱和度"和"亮度"上的滑块即可以改变图像的色相、饱和度和亮度,如图 5-42 所示。

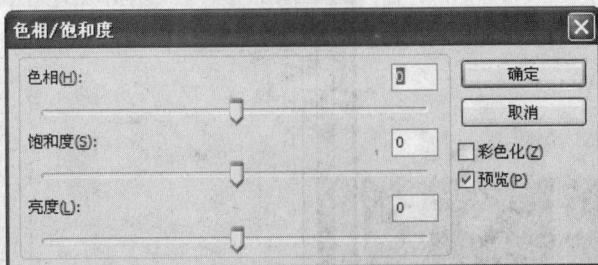

图 5-42　【色相/饱和度】对话框

3. 色阶

在菜单中执行【滤镜】|【调整颜色】|【色阶】命令,打开【色阶】对话框,如图 5-43 所示。此命令可以调节图像的亮部、中间调和暗部的色域,调整色调层次。左侧有两个区域用来设置图像的输入和输出色阶,拖动滑块可改变它们的数值。在对话框的右侧有三个吸管形状的按钮,它们分别可以取"亮部颜色"、"中间调颜色"和"暗部颜色"。如果在此对话框中单击"自动"按钮,相当于执行"自动色阶"命令。如图 5-44 所示,为执行色阶命令后的效果图。

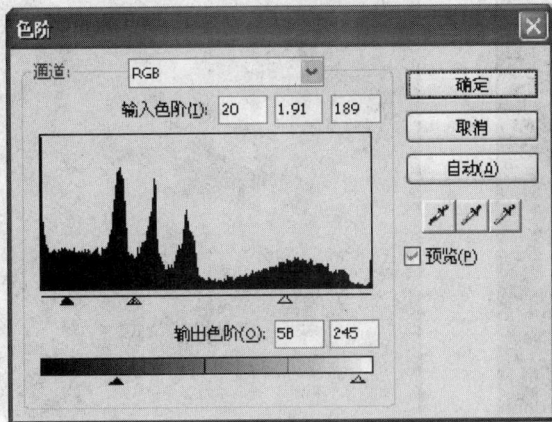

图 5-43　【色阶】对话框

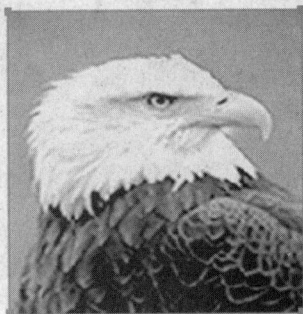

图 5-44　执行色阶命令后的效果

4. 曲线

该命令可以精确地调节图像的亮度和对比度,也可以调整图像的色彩,所以是一个综合性的调整命令。

在菜单中执行【滤镜】|【调整颜色】|【曲线】命令,打开【曲线】对话框。曲线的横坐标表示原来的色调(输入色调),纵坐标表示调整后图像的色调(输出色调)。调整前曲线为一条与坐标轴成 45°角的直线,表示图像的输入色调与输出色调相同。

使用【曲线】命令编辑图像色调的方法是:用鼠标单击曲线上的某一点,然后拖曳该点就可以改变曲线的形状。曲线往右下角弯曲,图像就会变暗;曲线往左上角弯曲,图像就会变亮,如图 5-45 所示,为执行【曲线】命令前、后的效果图。

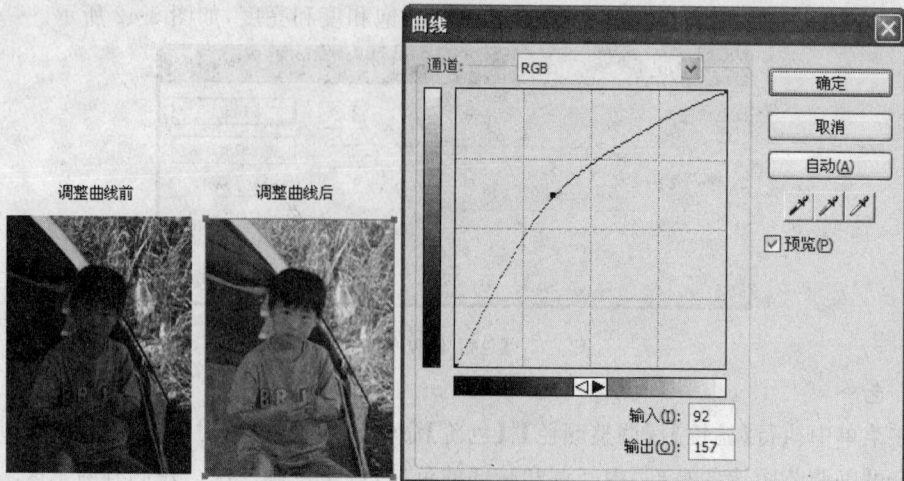

图 5-45　使用曲线调整色调

5.反转

该命令可以把图像中所有像素的颜色变为它们的互补色,色彩反相的作用范围可以是整幅图像,也可以是图像中的某一区域。只要选好区域,然后执行【滤镜】|【调整颜色】|【反相】命令即可完成色彩的反转操作,如图 5-46 所示。

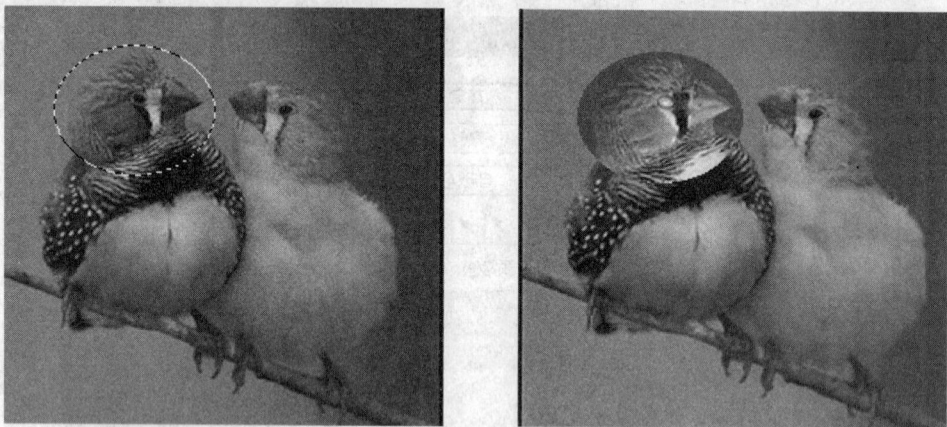

图 5-46　使用反转命令

5.4.2　模糊滤镜

模糊滤镜用于对图像进行模糊处理,模糊类型共有六个选项,其中【模糊】选项只能用于模糊位于图像边缘上的图像;【进一步模糊】选项模糊的范围比【模糊】选项更大;【高斯模糊】选项可以自由控制模糊的强度;【放射状模糊】和【缩放模糊】模糊选项是由内向外过渡的模糊;【运动模糊】则类似于由于运动抖动而产生的模糊。

导入一幅原始图片,选中图像区域,执行【模糊】菜单下的【模糊】命令就可产生模糊效果。通过下面图例可显示出各种模糊滤镜所产生的效果,如图 5-47 所示。

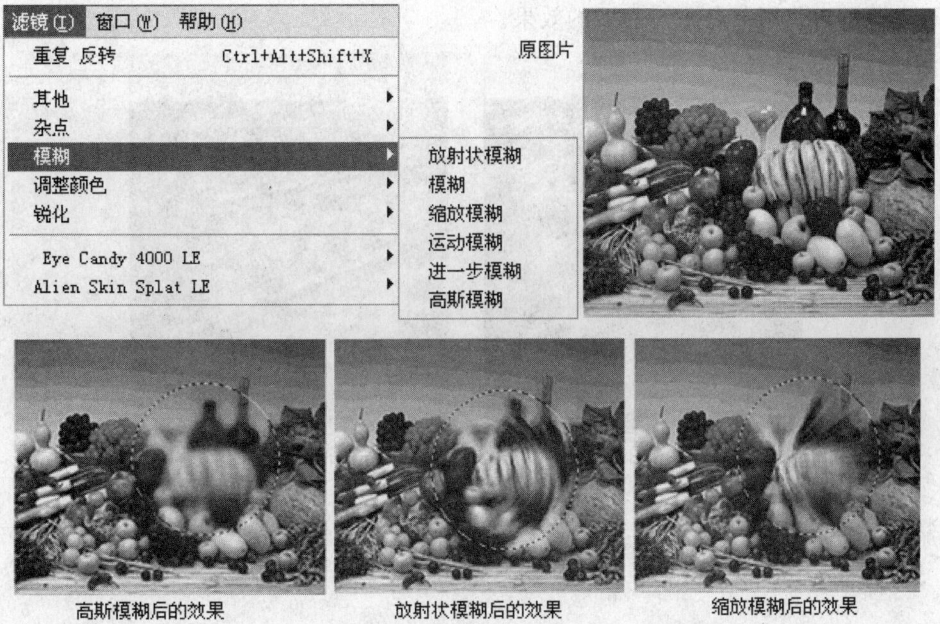

图 5-47　使用模糊滤镜

5.4.3　锐化滤镜

锐化滤镜与模糊滤镜效果相反，可使图像中选中区域模糊的地方变得清晰。锐化类型共有三个选项，【锐化】、【进一步锐化】和【锐化蒙版】，这三者之间的区别只是锐化的程度不同。如图 5-48 所示为使用锐化蒙版滤镜效果。

图 5-48　使用锐化蒙版滤镜效果

5.4.4　杂点滤镜

杂点滤镜就将图像的选择区域填加上杂点效果。在图像编辑中，杂点是指组成图像的像素中随机出现的不同颜色。当将某个图像的一部分粘贴到另一图像时，这两个图像中随机出现的不同颜色的差异就会表现出来，从而使两个图像不能顺利地混合。在这种情况下，可以在一个图像或两个图像中添加杂点，使这两个图像看起来好像来源相同。如

图 5-49 所示为使用杂点滤镜前后的效果。

原图像　　　　　　　　　　　　使用杂点滤镜后的效果

图 5-49　使用杂点滤镜

5.4.5　其他滤镜

除上述滤镜外，在【其他】选项中还有两个滤镜，"查找边缘"滤镜和"转换为 Alpha"滤镜。查找边缘滤镜可以滤掉图像中的彩色填充部分，而图像中颜色边缘转换为彩色，从而勾勒出图像的边缘，如图 5-50 所示。

用椭圆选框工具在原图上选择区域　　　　　使用查找边缘滤镜后的效果

图 5-50　使用查找边缘滤镜效果

转换为 Alpha 滤镜可以将选中区域的彩色图像部分转换为透明蒙版的 Alpha 灰度图像，如图 5-51 所示。右图被转换为 Alpha 滤镜处理后，使得在下层的文字透过图片显示出来。

案例 5-4　使用滤镜制作特效相框

Fireworks 8 提供的动态滤镜除上述介绍的图形图像处理功能外，还可以在图形制作方面体现出特殊的功能，下面就通过制作一个相框图像来予以说明。本案例效果图如图 5-52 所示。

操作步骤如下：

(1)在位图工具中选择【椭圆选取框】工具 ◯ ，在【属性】面板中设置工具的羽化度为

原图片将下层文字遮住　　　　使用Alpha滤镜后文字透过图片

图 5-51　使用转换为 Alpha 滤镜

图 5-52　特效相框效果图

8,绘制一个 245px×200px 的椭圆形区域,然后按下"Alt"键,在该区域中再绘制一个 169px×124px的椭圆形区域将这一选择区域去除(提示:按下"Shift"键,可在原选区上再添加选区,按下"Alt"键可在原选区中去除新绘制的区域。),如图 5-53 所示。

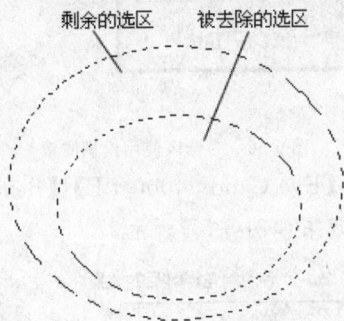

剩余的选区　　被去除的选区

图 5-53　使用滤镜制作特效相框

　　(2)选择【油漆桶】工具 ,并设置渐变填充,填充类型选为"缎纹",设置填充色后用油漆桶工具单击剩余选区,颜色设置及效果如图 5-54 所示。

　　(3)在菜单中执行【滤镜】|【杂点】|【新增杂点】命令,在弹出的杂点设置框中进行设置,设置杂点数量及添加杂点后的效果如图 5-55 所示。

　　(4)在菜单中执行【滤镜】|【模糊】|【放射状模糊】命令,在弹出的设置框中设置模糊参数,应用放射状模糊后的效果如图 5-56 所示。

#FFFFFF　#ADAA9C　#319A00

填充后的效果

预置：

预览：

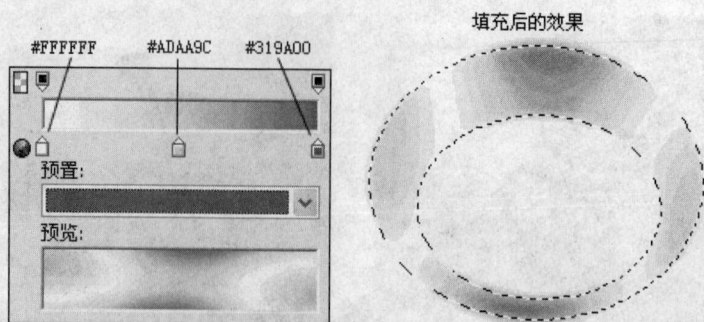

图 5-54　为选区设置填充色

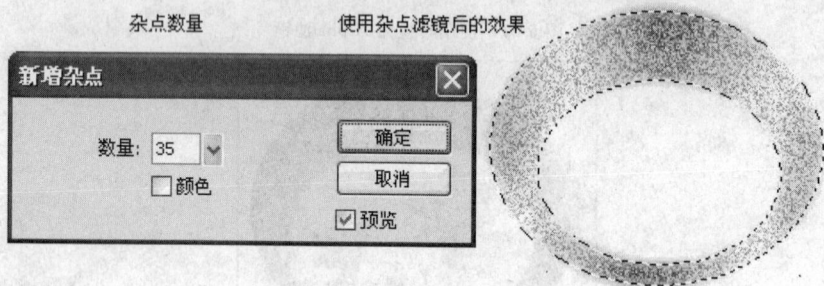

杂点数量　　　使用杂点滤镜后的效果

新增杂点

数量：35

□ 颜色

确定

取消

☑ 预览

图 5-55　为选区使用杂点滤镜

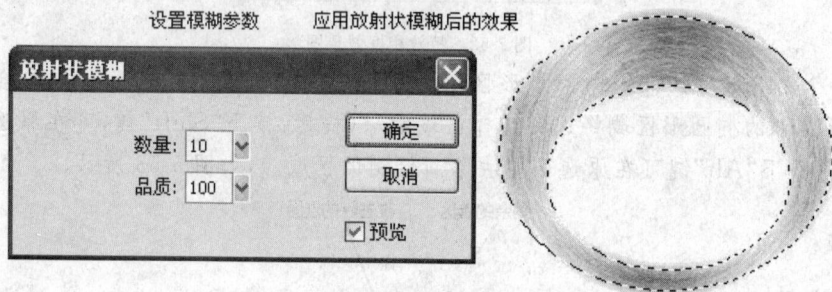

设置模糊参数　　应用放射状模糊后的效果

放射状模糊

数量：10

品质：100

确定

取消

☑ 预览

图 5-56　为选区使用模糊滤镜

(5)在菜单中执行【滤镜】|【Eye Candy 4000 LE】|【Bevel Boss】命令为选区添加斜角浮雕效果，设置的基本参数及效果如图 5-57 所示。

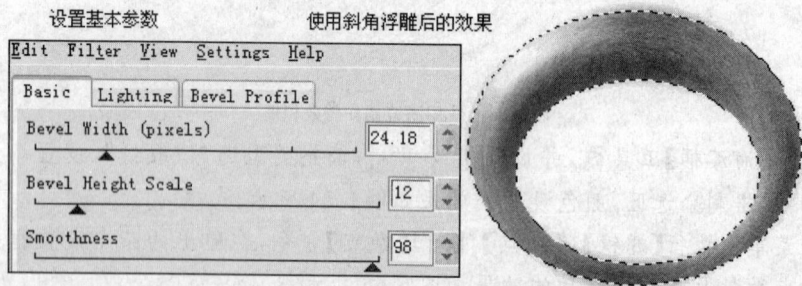

设置基本参数　　　使用斜角浮雕后的效果

Edit Filter View Settings Help

Basic　Lighting　Bevel Profile

Bevel Width (pixels)　24.18

Bevel Height Scale　12

Smoothness　98

图 5-57　为选区添加斜角浮雕效果

（6）在该滤镜的【Lighting】光照选项中设置光源参数，应用此滤镜后的效果如图 5-58 所示。退出位图编辑模式后，将准备好的图片移至其中即可完成本案例制作。

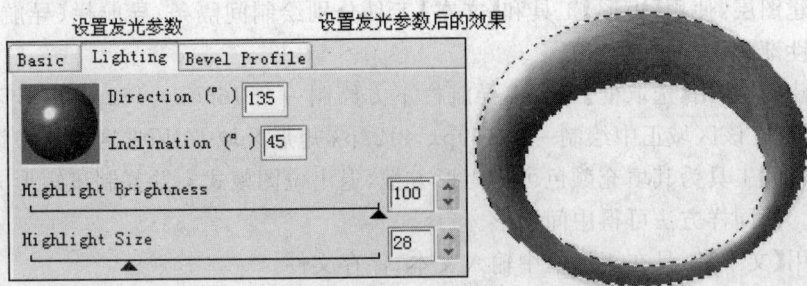

图 5-58　为选区设置发光参数

本章实训

旅游网页制作

本实训通过对导入图像的编辑、图层的设置、图形的制作与颜色填充、文字的处理等操作，制作一个旅游网页。其效果图如图 5-59 所示。

图 5-59　网页效果图

操作提示：

1. 创建一个 600px×350px 的文档，在位图工具中选择【选取框】工具，在文档的右上角绘制出一个 122px×122px 的矩形区域，并使用【油漆桶】工具为其填充颜色，然后退出位图模式。

2. 选择【椭圆】工具在矩形区域内绘制圆形，并选择【文本】工具输入文字；将文本附加到路径上，对齐方式为齐行；使用【直线】工具绘制斜线。

3. 新建图层，导入图像素材（世博会会徽），并设置图像大小为 122px×122px，移至画布左上角。

4. 新建图层，导入图像素材（世博会主题馆），并设置图像大小为 356px×122px，移至两图形之间。

5.新建图层,导入图像素材(世博会吉祥物),调整图像大小和位置,在【层】面板上设置其透明度为48%。

6.新建图层,使用【矩形】工具和【文本】工具分别绘制间隔条、导航栏(导航栏填充色设置为线性渐变,方向为垂直)。

7.新建图层,用【选取框】工具在导航栏下方绘制一个166px×150px矩形区域,然后按下"Alt"键在该区域正中绘制一个140px×122px矩形区域,在原选区中减去该区域后,使用【油漆桶】工具为其填充颜色可得矩形方框,退出位图模式。并复制该矩形方框,分别移至两端。用同样方法可得中间图形。

8.使用【文本】工具在矩形框中输入文本,保存文件。

思考与练习

一、选择题(单选和多选)

1.Fireworks源文件的扩展名为:　　　　　　　　　　　　　　　　　　　(　　)

A..JPEG　　　　　B..GIF　　　　　C..PNG　　　　　D..PSD

2.若要通过单击选择对象,要执行什么操作:　　　　　　　　　　　　　　(　　)

A.将【指针】工具移到对象的路径或定界框上,然后单击。

B.单击对象的边缘或填充。

C.在【图层】面板中选择对象。

D.在【库】面板中选择对象。

3.如何将各个所选对象组合起来,然后将它们作为单个对象处理:　　　　　(　　)

A.选择"编辑→组合"命令。　　　　　B.选择"修改→组合"命令。

C.选择"编辑→取消组合"命令。　　　D.选择"修改→取消组合"命令。

4.关于图案填充下列说法正确的是:　　　　　　　　　　　　　　　　　　(　　)

A.可以添加自定义图案。

B.Fireworks附带了多种图案填充,包括布纹、叶片和木纹等。

C.图案填充可以对位图进行填充。

D.图案填充只能使用PNG格式的图案进行填充。

5.文本块是一个:　　　　　　　　　　　　　　　　　　　　　　　　　　(　　)

A.带有手柄的矩形。　　　　　　　　B.带有手柄的椭圆形。

C.带有条状外框的矩形。　　　　　　D.带有条状外框的椭圆形。

6.【橡皮图章】工具的作用是:　　　　　　　　　　　　　　　　　　　　(　　)

A.复制和粘贴图像。

B.克隆位图图像的部分区域,以便可以将其压印到图像中的其他区域。

C.填充图像。

D.选取图像的一部分。

二、填空题

1.Fireworks界面上常见的浮动面板有_____、_____、_____、_____等。

2. Fireworks 中提供了三种视图模式,分别是_____、_____、_____。

3.【钢笔】工具与_____配合使用,用于绘制_____。

三、简答题

1. 在 Fireworks 中完成图像编辑后,有几种保存文件的形式? 各有什么用途?

2. 在编辑图像时,如何调出和隐藏各功能面板?

3. 如何为图形添加填充效果、笔触效果?

四、操作题

1. 使用【工具箱】面板中的工具编辑基本矢量图形,并练习添加各种效果。

2. 使用编辑工具练习编辑位图图像。

第6章 Fireworks 8 使用进阶

第 6 章

教学目标

图像在网页中占有特殊的地位，图像的优化对浏览网页更具有重要的影响；按钮和导航栏在网页中是不可缺少的元素，更能影响网页整体的风格；网页动画在网页中更起着重要的作用。本章将主要解决上述各类问题。

内容提要

1. 通过学习应掌握使用 Fireworks 8【切片】工具切割图像的目的和方法、用【切片】和【热点】工具使图片具有良好的互动性、掌握对图像进行合理的优化和导出的方法。通过制作导航栏交换图像案例来熟悉为切片对象设置行为的方法。

2. 通过学习应掌握 Fireworks 8 中各类元件的创建过程和编辑方法、运用实例编辑网页图像，并能熟练掌握网页按钮和导航栏的制作过程。通过制作特色导航栏案例来熟悉在网页中灵活制作导航栏的方法。

3. 通过学习应掌握 Fireworks 8【帧】面板和【层】面板的使用，能够制作帧帧动画和选择动画。通过几则动画案例的制作进一步熟悉利用【帧】面板和【层】面板制作动画的方法。

6.1 网页中图像的处理

使用【切片】工具和【热点】工具是使图片产生互动性的基础，一些尺寸较大的图片经过【切片】工具分割后，下载速度会快很多。网页中的许多特效都是通过对切片对象或热点对象设置行为实现的。

6.1.1 切片和热点

1. 使用切片

切片主要是用于图像的分割，就是将一幅尺寸较大的图像分割为一些小的图像切片，然后在网页中通过没有间距和宽度的表格重新将这些小的图像切片没有缝隙地拼接起来，成为一幅完整的图像。这样可以降低图像大小。使得图像在快速下载的同时保证视觉效果，并且还能制作交互效果，如翻转图像等，还可以对不同的切片创建不同的链接，而不需要在原图片上再创建热点。下面通过对画布上图像的分割来予以说明。

（1）在【工具箱】面板中选择【切片】工具，然后在图像上单击并拖曳鼠标绘制矩形即可创建出一个分割区域，连续绘制直至将图像分割完毕。绘制出的分割区域被半透明绿色所覆盖，称作切片对象。

（2）用【多边形切片】工具可以在图像上切割出多边形的区域，只是分割时需用鼠标勾绘出一个多边形区域。如果要调整分割区域的形状，可以使用【指针】工具选中切片后，调整顶点上节点的位置即可。如图 6-1 所示。

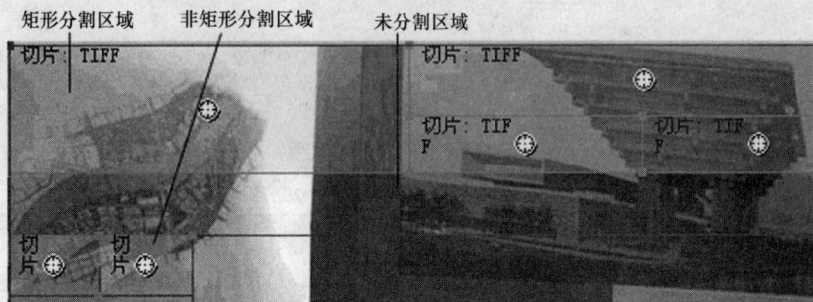

图 6-1　创建矩形切片和非矩形切片

（3）若要基于所选图像插入矩形切片，还可以在菜单中执行【编辑】|【插入】|【切片】命令，如果要同时为多个图像分别插入切片，则选择【多重】选项，可为每个所选图像分别创建一个切片对象。

2.导出切片

分割后的图像在应用于网页时要求各个部分都能按照原来的位置无缝隙地拼接起来，因此在导出文件类型设置时，保存类型要选择"HTML 和图像"类型。另外，在【导出】对话框内的【切片】下拉列表框中，要选择【导出切片】选项。如果图像的切片很多，在导出HTML 文档后，Fireworks 8 会自动为每个切片命名，使得目录中图片增多，不方便对站点中文件的管理。这时可以在对话框中选中"将图像放入子文件夹"复选框，这样导出的图像的每一个小部分，就会在默认状态下被自动地存入该目录下的 images 子文件夹中。在菜单中执行【文件】|【导出】命令，各选项设置完毕后，单击【导出】按钮，完成导出操作，如图 6-2 所示。

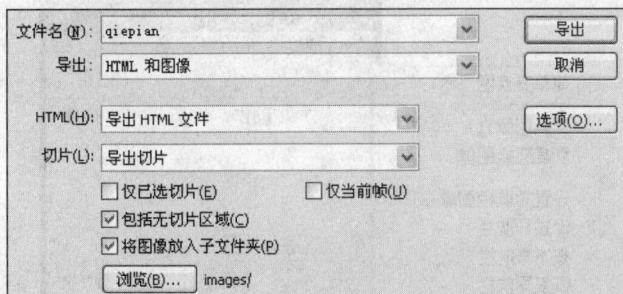

图 6-2　导出切片相关设置

3.使用热点

热点的作用就是在同一个图像上创建多个可以设置超链接的热区，如在一幅某城市的地图图像上,为各个地理名称设置热点后,就可以分别为其设置相应的超链接,从而迅速地打开相应的网页,这在网页设计中非常实用方便。在【工具箱】面板中,共有三种热点工具:【矩形热点】工具、【圆形热点】工具、【多边形热点】工具。创建热点时,只需选择相应的热点工具,就可以在图像上绘制相应的热点。选中某一热点后,就可以在【属性】面板上为其设置相应的超链接,如图 6-3 所示。

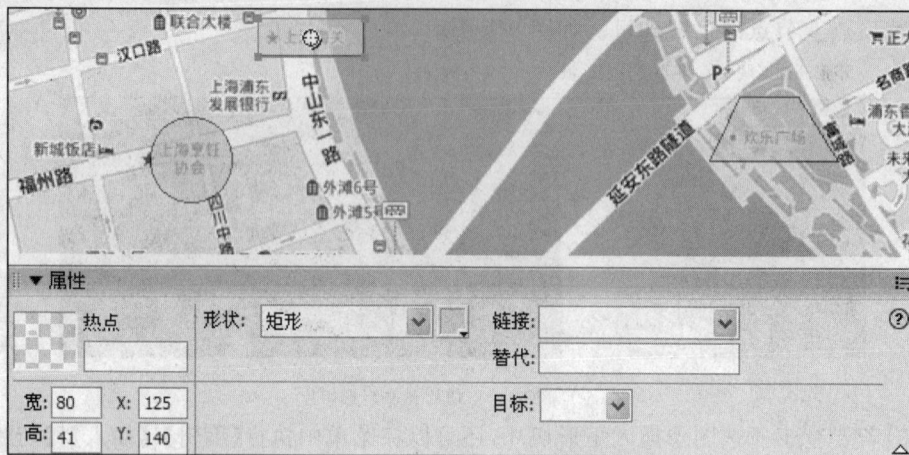

图 6-3 创建热点及超链接

6.1.2 为对象添加行为

在编辑网页图像过程中,切片和热点除用于分割图像和创建热区外,还可以用于创建图像的交互效果,这是网页设计中一个非常重要的环节。【行为】面板的作用是为文档中的某个对象添加交互效果,所谓交互效果就是当发生某些事件时,设置相应的动作。例如,当鼠标指向某个按钮或按下时(称这一过程为事件),相应图像所发生的变化(称这一过程为动作)。行为是由事件和动作组成。

为对象添加行为时,首先在菜单中执行【窗口】|【行为】命令,打开【行为】面板,如图 6-4 所示。

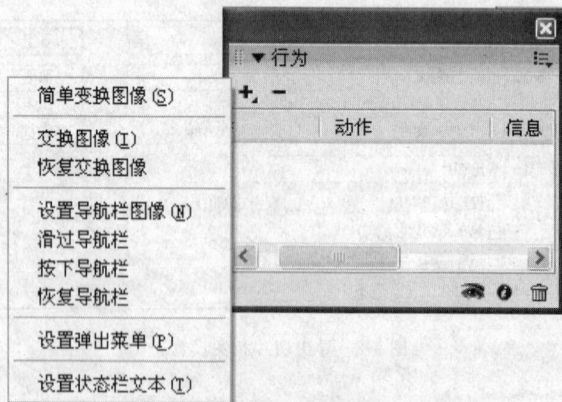

图 6-4 【行为】面板和【行为】选项

【行为】面板包含各种行为,可以将它们附着在切片或热区上。在文档中选中某个切片或热区时,其中心都会出现一个圆形控制柄,表示可以在上面添加行为。下面分别介绍几种行为的设置方法。

1.设置简单变换图像

所谓简单变换图像就是指两幅图像的翻转效果。需要指出的是,要设置变换图像效果,在当前文档中至少要有两幅图像分别在不同帧中。其中,第一帧中的对象将作为一般状态,第二帧中的对象将作为鼠标滑过所选切片时对象的翻转图像。操作步骤如下:

(1)新建文档,在菜单中执行【窗口】|【帧】命令,打开【帧】面板,如图 6-5 所示。

(2)单击【帧】面板中的【新建/重制帧】按钮,创建一个新帧"帧 2"。

(3)在【帧】面板上选中第一帧,然后在文档中导入一幅图像,作为一般状态的图像。并在菜单中执行【编辑】|【插入】|【矩形切片】命令,为该图像创建一个切片对象。

(4)选中第二帧,并在切片位置上导入另一幅图像(图像尺寸应调整为小于切片尺寸),作为交换图像。

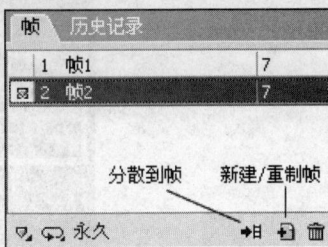

图 6-5　【帧】面板

(5)选中第一帧,并在画布上选中第一帧的切片,拖曳控制柄到切片左上角边缘,这时将出现一条蓝色的行为线,从切片的中心连接到切片的左上角,并弹出【交换图像】对话框,单击【确定】按钮,完成行为设置。如图 6-6 所示。

图 6-6　创建简单变换图像

(6)按下功能键"F12"预览交换图像效果。

在【交换图像】对话框中,"帧 2"是指交换图像来自【帧】面板中的第二帧。

案例 6-1   制作导航栏交换图像

浏览者上网时常通过导航栏上的文字来寻找要打开的网页,如果在网页上的指定位置为各导航按钮设置能反映相应链接网页内容的图像,则会使网页导航栏更加生动形象。本案例效果图如图 6-7 所示,当鼠标滑过各导航条时,在图片位置同时相应变换为该导航条所对应的网页图像。

图 6-7   创建导航栏交换图像

操作步骤如下:

(1)创建一个 400px×300px 文档,使用【矩形】工具和【直线】工具绘制背景图像。先绘制一个 370px×260px 的矩形,填充色为"#008800"(墨绿色);再从其中绘制左右两个矩形,填充色为"#EEFFEE"(淡绿色);

在左侧矩形下方绘制间隔直线,笔尖大小为 1px,笔触颜色同上。

(2)使用【文本】工具分别在图示位置处分别输入题目、导航栏文字和正文,并设置相应字体、字号和颜色。

(3)在菜单中执行【文件】|【导入】命令,在左侧矩形框内导入一幅图像。

(4)选择【指针】工具,框选整个图像将全部对象选中,然后在菜单中执行【编辑】|【插入】|【矩形切片】命令,并选择【多重】选项,可同时为每个对象分别创建一个切片。如图 6-8 所示。

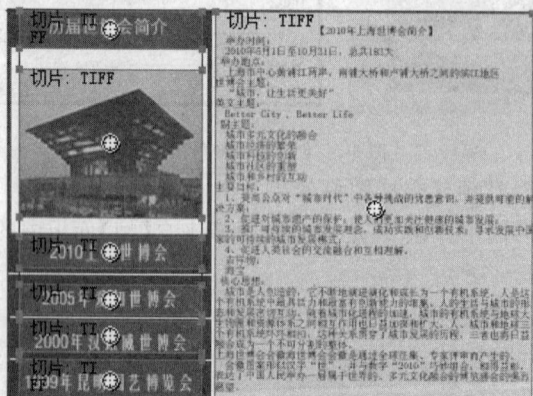

图 6-8   为对象创建切片

(5)打开【帧】面板,拖曳"帧 1"到【新建/重制帧】按钮上复制一帧"帧 2",重复此操作再复制"帧 3",如图 6-9 所示。

(6)打开【层】面板,单击"隐藏网页层"眼睛图标,隐藏所有切片对象,如图 6-10 所示。

图 6-9　在【帧】面板上复制帧　　　　　　　　图 6-10　隐藏切片对象

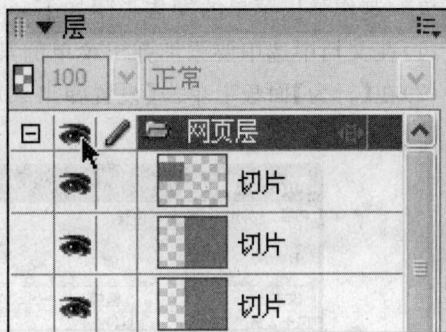

(7)在【帧】面板中选择"帧 2",并将画布中左侧矩形框中的图像删除,然后在该处导入一幅新图像。重复此操作,分别将"帧 3"至"帧 5"中的该处图像替换。

(8)在【层】面板上单击"隐藏网页层"眼睛图标,显示所有切片对象。并选中导航栏中的第一个导航条上的切片对象,拖曳控制柄到图像的切片对象的左上角边缘,在交换图像对话框中,选择交换图像来自"帧 2"。重复此操作,分别将另外几帧中的导航条切片对象设置交换图像(要注意交换图像所对应的帧)。

(9)如果要为各导航条设置超链接,可以在选中切片时,在【属性】面板上的【链接】文本框中设置链接对象的 URL。

(10)按下功能键"F12"预览交换图像效果。

2.设置状态栏文本

状态栏文本就是在浏览网页过程中,当鼠标指向网页中某一位置时,网页状态栏中相应出现的文字。这种网页特效通常是由 JavaScript 等脚本语言编写的小程序添加到网页的原代码中来实现的。在 Fireworks 8 中可以通过【行为】面板来实现这种效果,操作步骤如下:

(1)使用【切片】或【热点】工具,在图像上创建一个鼠标响应区。

(2)打开【行为】面板,单击添加【行为】按钮+,在【行为】选项中选择【设置状态栏文本】选项,在弹出的对话框中输入要显示的文本内容,单击【确定】按钮完成设置,如图 6-11 所示。

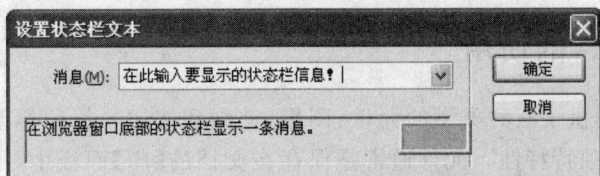

图 6-11　【设置状态栏文本】对话框

(3)按下功能键"F12"预览效果。当鼠标指向响应区时,状态栏中会显示出前面输入文本。

3.创建弹出菜单

弹出菜单主要应用于导航栏的各栏目中存在分栏目的情况,弹出菜单类似于一张表格,每个菜单项目就是一个表格单元,通过对表格单元的编辑,可以创建出各具特色的弹出菜单。制作弹出菜单的操作步骤如下:

(1)在文档中选中要添加弹出菜单的某个切片或热区。

(2)在【行为】面板上单击【设置弹出菜单】按钮,打开【弹出菜单编辑器】对话框,如图6-12所示。

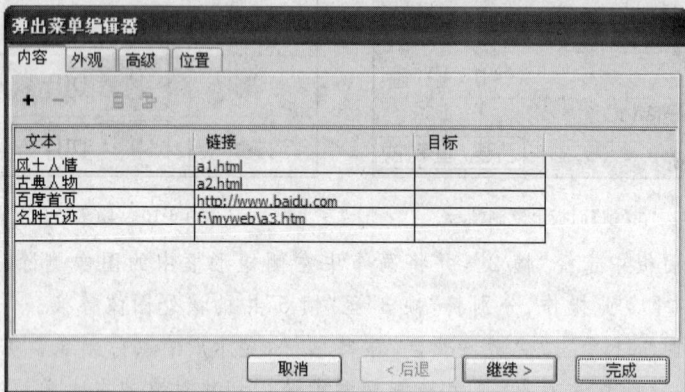

图 6-12 【弹出菜单编辑器】对话框

(3)在对话框中单击【添加菜单】按钮 ╋ ,在表格中输入作为菜单的文字内容,链接对象的 URL,以及在"目标"中选择链接对象的打开方式。

这里需要指出的是,导出切片时,导出文件应存在站点内默认的图像文件夹中,这样在链接单元格内可直接输入站点内所要链接的网页文件。

(4)在【外观】选项卡中,设置文本和单元格的外观属性;在【高级】选项卡中,设置单元格的宽度和高度等属性;在【位置】选项卡中,设置弹出菜单的相对位置。

(5)设置完毕后,单击【完成】按钮,按下功能键"F12"预览交换图像效果。

6.2 按钮和导航栏的制作

网页中各式各样的按钮和导航栏使网页更加生动和美观,掌握了元件的使用方法后,就可以轻而易举地制作出网页中形形色色的按钮和导航栏了。

6.2.1 元件的使用

Fireworks 8 提供了三种类型的元件:图形、动画和按钮。每种类型的元件都具有适合于其特定用途的独特特性。元件通常是保存在文档的【库】面板中,可以被多次引用到画布中。

实例是元件在画布中的表示形式,把元件从【库】面板中拖曳到画布上就创建了一个实例,当对元件对象进行编辑时,在文档中,所有该元件所对应的实例都将自动改变,以反映对元件所做的修改。

1. 创建元件

创建元件可以通过新建元件或转换为元件两种方法来完成,在菜单中执行【编辑】|【插入】|【新建元件】命令,打开【元件属性】对话框,如图 6-13 所示。指定元件类型并命名后,单击【确定】按钮,打开元件编辑器,如图 6-14 所示。

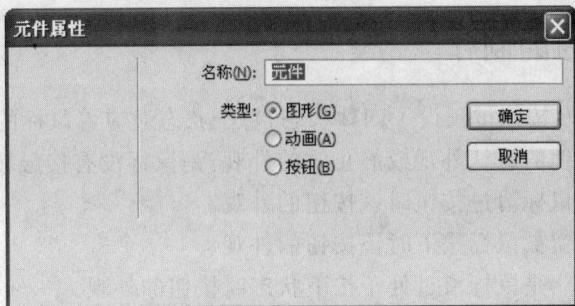

图 6-13　设置【元件属性】对话框

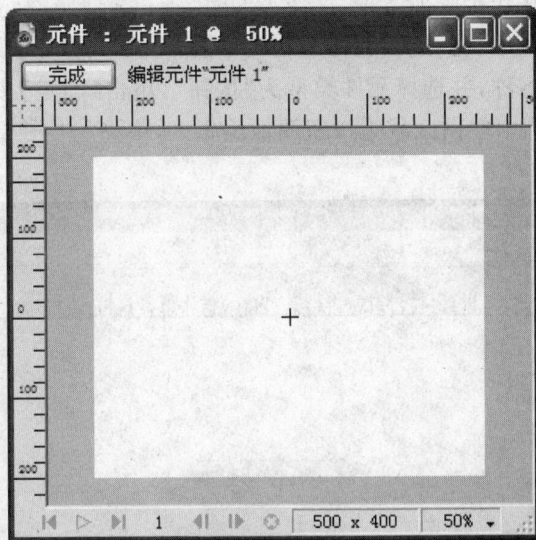

图 6-14　编辑元件窗口

在元件编辑器中编辑相应的图形对象,然后单击【完成】按钮,该元件的实例将出现在文档中,同时该元件被保存在【库】面板的元件列表中。

在文档中选中图形对象,然后执行【修改】|【元件】|【转换为元件】命令,在弹出的【元件属性】对话框中,指定元件类型并命名后,单击【确定】按钮,也可以直接将文档中的图形对象转换为元件。

2. 编辑元件和实例

如果需要修改某个元件的内容,可在菜单中执行【窗口】|【库】命令,打开【库】面板,如图 6-15 所示。双击需要修改的元件的预览图样,即可打开该元件的编辑窗口(也可以在文档中双击

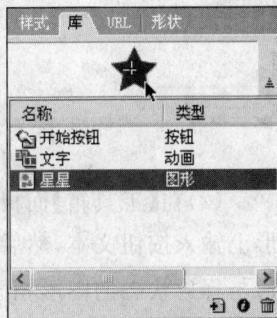

图 6-15　【库】面板

该元件所对应的实例）。在编辑窗口中修改完元件内容后，再次切换到文档窗口时，元件中所做的修改已经自动应用到所有该元件的实例中。

若要只编辑当前实例，可以在文档中右击该实例，从下拉菜单中执行【元件】|【分离】命令，断开该实例与元件之间的链接关系，即可以将当前实例还原成普通图形进行编辑。但这将永久中断两者之间的关系。

6.2.2　按钮的制作

在 Fireworks 中，按钮被预设了四种状态，每个状态对应着鼠标的一个动作，分别是：

释放状态：是按钮的默认外观或静止时的外观，是鼠标没有接触按钮时的状态。

滑过状态：是当鼠标滑过按钮时该按钮的外观。

按下状态：是按钮被鼠标按下时该按钮的外观。

按下时滑过状态：是鼠标滑过处于按下状态时按钮的外观。

通常，在网页中的按钮只创建两种或三种状态，下面通过制作有三种状态的按钮来说明按钮的制作方法。操作步骤如下：

（1）在菜单中执行【编辑】|【插入】|【新建元件】命令，打开【元件属性】对话框。在名称文本框中输入元件的名称，并选择元件类型为"按钮"，单击【确定】按钮，打开按钮编辑窗口，如图 6-16 所示。图中空白区域为按钮图像编辑区，中央的"＋"是定位点，要以"＋"为中心绘制图形。

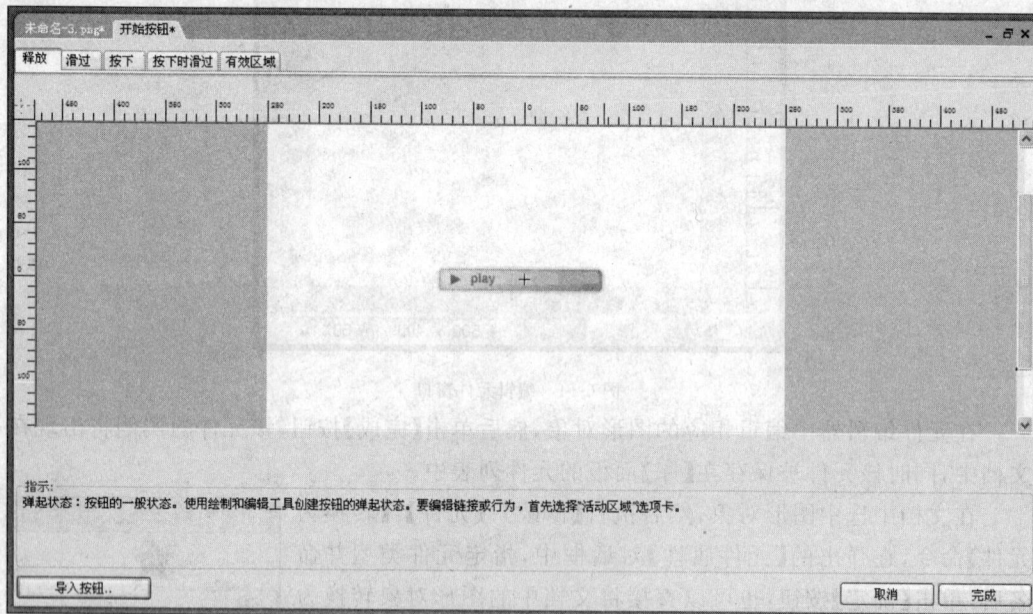

图 6-16　按钮编辑窗口

（2）在【工具箱】面板中选择【绘图】工具绘制按钮图形并编辑，再选择【文本】工具在图形上输入按钮文本，然后单击【滑过】选项卡，进入滑过状态的编辑。通常，滑过状态的图形与释放状态的图形相同，只是改变一下色彩。这时单击窗口中的 复制弹起时的图形 按钮，将释放状态的图形复制过来，调整图形的填充色和文字颜色，如图 6-17 所示。

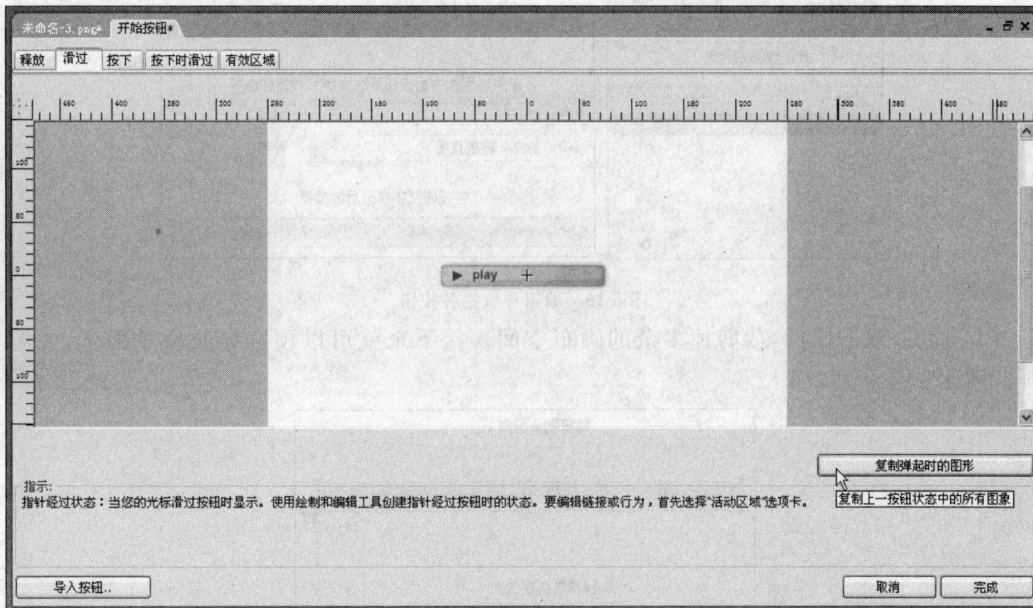

图 6-17　编辑按钮滑过状态

　　(3)单击【按下】选项卡，复制前一图像。然后，将图形向右下方稍微改变一下按钮的位置实现按下效果。

　　(4)单击【有效区域】选项卡，然后选中按钮所对应的切片，在【属性】面板中为按钮设置链接等属性，如图 6-18 所示。

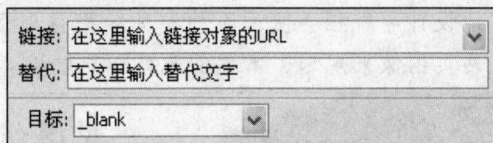

图 6-18　设置按钮链接属性

　　(5)完成对按钮的编辑后，在编辑窗口右下方单击【完成】按钮或直接关闭窗口，返回到文档窗口。

　　(6)按下功能键"F12"预览按钮效果。

6.2.3　导航栏的制作

　　掌握了制作按钮元件的方法后，制作导航栏就简单许多了。操作步骤如下：

　　(1)在元件编辑器中编辑按钮元件，完成对按钮元件的编辑后返回文档窗口。

　　(2)在菜单中执行【窗口】|【库】命令，打开【库】面板。创建若干个按钮元件的实例，并调整位置，如图 6-19 所示。

　　(3)由于各实例是由同一元件所创建，因此，各按钮上的文字都是相同的。可选中按钮后，在【属性】面板上的文本框中修改文字，即可将实例上的文字改变。

　　(4)在【工具箱】面板中选择【裁剪】工具 ，将导航栏有效区域框选，然后用鼠标指向

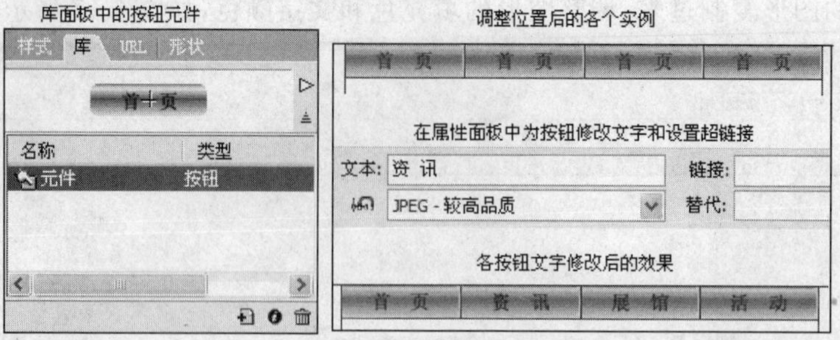

图 6-19　编辑导航栏各按钮

选中区域后，双击鼠标，裁剪掉多余的画布空间。接下来就可以预览导航栏效果了，如图 6-20所示。

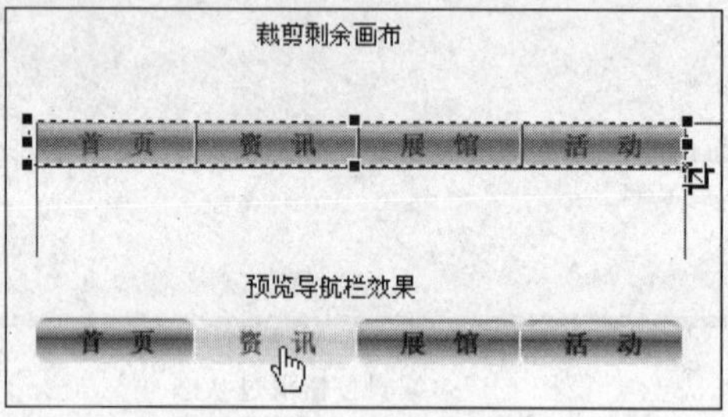

图 6-20　导航栏效果图

案例 6-2　制作特色导航栏

在网页设计中，合理地设计导航栏会使网页的整体效果得到很好的改善。导航栏的设计需要结合网页特点、网页图像来规划。本案例为路标导航栏，效果图如图 6-21 所示。

图 6-21　路标导航栏效果图

操作步骤如下：

(1)创建新文档，导入背景图像。

(2)在【工具箱】面板中选择【文本】工具，在图像右上角输入图示文本。

(3)使用【绘图】工具，在背景图像左侧绘制图示路标并填充颜色。

(4)在菜单中执行【编辑】|【插入】|【新建元件】命令，打开【元件属性】对话框。命名元件名称为"路标文字"，指定元件类型为"按钮"，单击【确定】按钮，打开按钮编辑窗口。

（5）在编辑区输入并编辑按钮文字"世博园"，依次编辑"滑过"、"按下"状态文字，关闭按钮编辑窗口返回文档中。

注意： 这里不需要按钮图像，所以只编辑按钮文字的三种状态。

（6）打开【库】面板创建按钮元件的实例，并将各实例分别移至导航图像中。在【属性】面板中修改各实例文字，为按钮设置链接。

（7）使用【缩放】工具调整各实例的方向。

（8）用【裁剪】工具，裁剪掉多余的画布空间。接下来就可以预览导航栏效果了

6.3　基本动画制作

网页中的动画图形可以增加其生气与活力，更会吸引浏览者的注意。在Fireworks 8中，可以创建许多生动的 GIF 动画，以及广告条、网页图标和卡通动画等。

6.3.1　【帧】面板、【层】面板的使用

GIF 动画是由一系列在不同的时间段快速并连续出现的静态图像所组成，由于人眼有 0.1 秒的视觉暂留，所以图像看上去就像是动了起来。而每一张图像就叫做"帧"，它是组成动画的基本单位。制作 Fireworks 8 动画，就是要完成每一帧中图像的制作。

1.【帧】面板

【帧】面板是 Fireworks 8 制作动画的核心工具，它主要用于帧的基本操作，如新建、复制、删除帧。在前面图 6-5 中对这些功能已经做出标识。使用【帧】面板可以创建多个帧，并且可以看到每个帧的内容。【帧】面板是创建和组织帧的地方。双击某帧可以重新命名该帧，用鼠标在【帧】面板上拖动帧可以改变各帧的播放次序。帧名字右侧的数字"7"是帧延时，就是从一帧到另一帧的停顿时间，双击该数字可以修改帧延时。

2.【层】面板

所谓图层就好比是一层透明的玻璃纸，把不同的图形对象绘制在不同的玻璃纸上，然后再将所有玻璃纸叠放在一起就形成了一幅完整的图案。

在 Fireworks 8 文档中，每一个图形对象都处在某一个层中，可以在创作图像前创建好所有图层，也可以在需要时添加。画布位于所有图层的下方，其本身并不是一个层，作用类似于背景。如图 6-22 所示为图层的示意图。

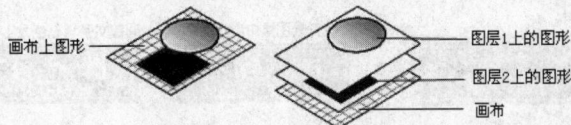

图 6-22　图层示意图

【层】面板显示了图层的所有相关信息，对图层的操作都是通过【层】面板来实现的。在菜单栏上，执行【窗口】|【层】命令，打开【层】面板，如图 6-23 所示。

在【层】面板中选择某层后，即可在画布中编辑该层图像对象，编辑图像时，可根据需

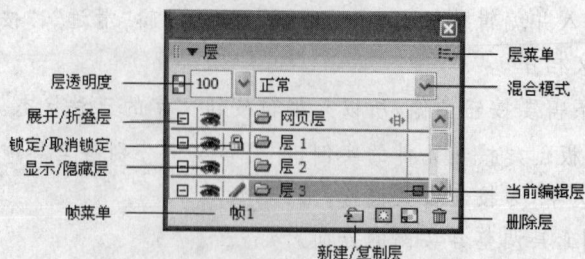

图 6-23 【层】面板

要将其他层隐藏或锁定。在制作动画过程中,如果每一帧都需要使用相同的背景图像,则可选中该层后,在层菜单中将该层设为共享层。

需要明确的是,动画是由多个帧中的图像组成,而每个帧中的图像又是由画布上各层的图像所组成。在【帧】面板中选择某帧后,就可以在画布上编辑该帧的图像了。分别将各帧图像编辑完成后,动画的制作过程也基本完成。

6.3.2 帧帧动画

帧帧动画的基本原理就是通过图形在不同帧间的切换来实现的,它的制作方法就是通过【帧】面板创建多个帧,然后在每帧上放置不同的图像。下面就通过几则案例来说明帧帧动画的制作方法。

案例 6-3 制作文字填充色滚动动画

本案例为文字填充颜色上下滚动的动画,运用逐帧编辑的方法编辑三帧具有不同填充色的文字,其效果如图 6-24 所示。

图 6-24 文字填充颜色上下滚动动画效果图

操作步骤如下:

(1)创建新文档,使用【绘图】工具为文字绘制背景图像,如图 6-25 所示。

(2)选择【文本】工具,在背景图像中输入文本,并设置线性填充,渐变方向为由上至下,如图 6-26 所示。

图 6-25 文字背景图像   图 6-26 为文字设置渐变色

(3)在菜单中执行【窗口】|【帧】命令,打开【帧】面板。在【帧】面板中,拖曳"帧 1"到"新建/重制帧"按钮上复制一帧"帧 2",重复此操作再复制"帧 3",如图 6-27 所示。此时,三帧完全一样。

(4)在【工具箱】面板中选择【指针】工具,选择"帧 2",并在画布中选择文本对象,用

【指针】工具调整填充手柄（调整渐变的起点和长度），用同样方法调整"帧 3"，如图 6-28 所示。至此，已经完成本动画的制作过程。

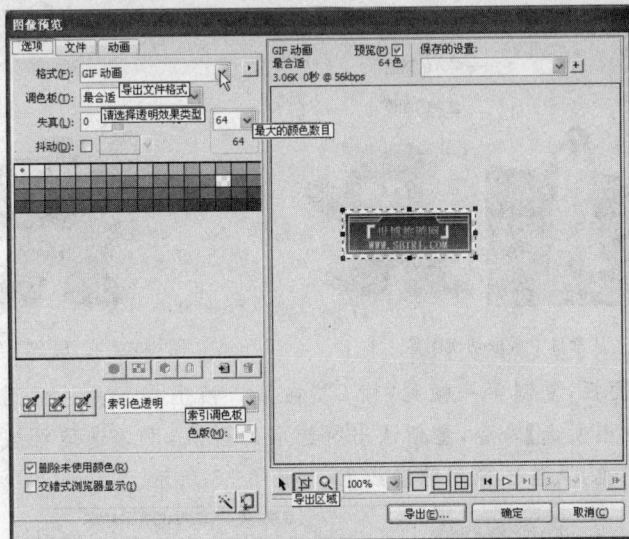

图 6-27　用"帧 1"复制两帧　　　　　　　　　图 6-28　调整"帧 2"和"帧 3"的填充手柄

（5）在菜单中执行【文件】|【图像预览】命令，打开【图像预览】对话框，如图 6-29 所示。

图 6-29　【图像预览】对话框

（6）在对话框中，设置导出文件格式为"GIF 动画"，并根据动画中所使用的颜色数来选择"最大的颜色数目"（最大的颜色数目的多少影响该动画文件的字节数，本案例选择的是 64），设置索引调色板为"索引色透明"（背景色为透明），调整导出区域至图示大小。

（7）完成上述对图像的优化设置后，单击【导出】按钮，将文件命名保存。按"F12"键可预览到文字填充颜色上下滚动的动画。

案例 6-4　制作图片变换过渡效果

本案例为图片切换过渡的动画，同样运用逐帧编辑的方法调整各帧中图片的位置。本案例中为保证各帧图片的位置在同一直线上，使用共享层画一辅助线，以便调整图片位置，将各帧调整后，再取消共享层并删除辅助线。本案例效果如图 6-30 所示。

操作步骤如下：

（1）准备图片素材若干，创建新文档，导入一幅图片。在【工具箱】面板中选择【选取框】工具，在图片上选取图像区域（为保证各切换图片尺寸相同，需先将选取区域保存，在菜单中执行【选择】|【保存位图所选】命令），复制后，退出位图模式并粘贴，删除原图像。如图 6-31 所示。

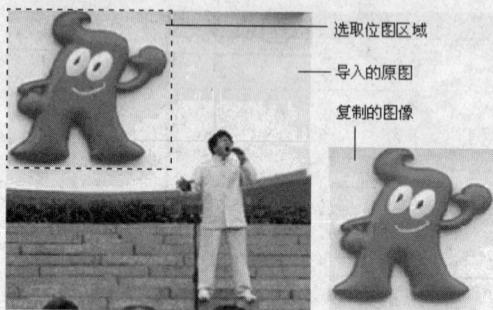

图 6-30　图片切换效果图

（2）打开【层】面板，新建一层（层 2），并在"层 2"上绘制辅助线，在【层】菜单中，将"层2"设置为共享层，再重新选中"层 1"，如图 6-32 所示。

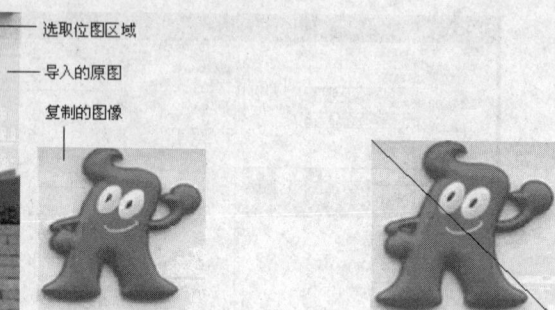

选取位图区域

导入的原图

复制的图像

图 6-31　从素材中截取切换图像

图 6-32　在"层 2"上绘制辅助线

（3）打开【帧】面板，复制第一帧到"帧 2"，在第二帧上导入另一幅图片。在菜单中执行【选择】|【恢复位图所选】命令，重新调出所选取的区域，用该选取区域在第二幅图片上复制同样尺寸的图像，调整图像到辅助线上，如图 6-33 所示。

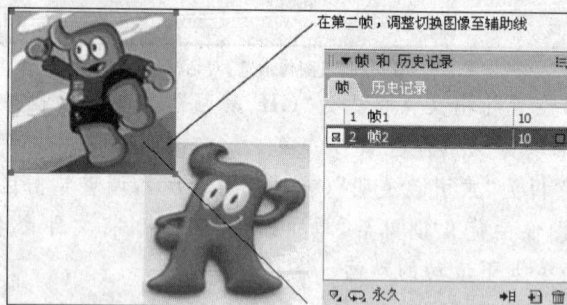

在第二帧，调整切换图像至辅助线

图 6-33　编辑第二帧图像

（4）复制第二帧到"帧 3"，并沿辅助线方向向右下方移动切换图像。依次编辑剩余各帧图像，直至与第一幅图像完全重合。

（5）完成各帧图像的编辑后，分别将各帧中的辅助线删除。然后，再用相同方法完成其他图像的切换，如图 6-34 所示。

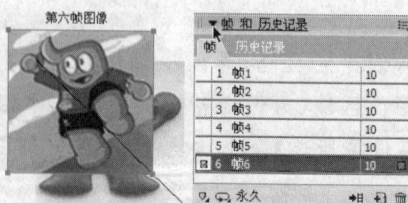

第六帧图像

图 6-34　编辑第六帧图像

（6）重新选中第一帧，在【工具箱】面板中选择【裁剪】工具 ，将画布剩余部分剪除。在【导出预览】对话框中，设置文件格式为 GIF 动画，导出并保存文件。按"F12"键即可预览到图片切换的动画。

提示：调整各图片尺寸时，如果不需要裁剪图片，可以直接在【属性】面板中将各图片设置成相同的尺寸。

6.3.3　使用动画元件制作动画

在 Fireworks 8 中，除用上述逐帧编辑的方法制作动画外，还可以使用动画元件来创建动画。对于这类动画来说，动画对象可以完成四种类型的动作，包括：直线运动、旋转、不透明度渐变和大小缩放。其制作原理是先在元件编辑器中制作动画元件的图形（也可以直接将画布上的图形转换成动画元件），然后在【动画】对话框中设置各动画属性。下面还是通过几则案例来说明这类动画的制作方法。

案例 6-5　制作海宝飞进世博会动画

本案例为海宝由空中飞入世博会的动画，通过在【动画】对话框中对动画元件的属性设置来实现的动画效果，本案例效果如图 6-35 所示。

图 6-35　使用动画元件编辑的动画

操作步骤如下：

（1）创建新文档，导入一幅图像作为本动画的背景图像，打开【层】面板，将此层设置为共享层，新建一图层（层 2）。

（2）在【层】面板中选择层 2，导入动画图像。并使用图形编辑工具（如【套索】工具等）编辑动画图像。然后，将动画图像移至背景图像的右上角。

（3）用【指针】工具选中动画图像，在菜单中执行【修改】|【元件】|【转换为元件】命令（或按功能键【F8】），调出【元件属性】对话框，设置元件属性为"动画"，如图 6-36 所示。

（4）单击【确定】按钮后，将动画图像转换成"动画元件"，同时弹出"动画"对话框，在对话框中，设置动画的相关参数，如图 6-37 所示。

（5）单击【确定】按钮，完成动画设置。在画布状态栏上，单击播放按钮 预览动画效果。如果动画位置不合适，可以在【帧】面板中选择第一帧后，再选中动画对象，然后，调整起始帧和最后一帧的图像位置即可。

提示：本动画也可以采用【修改】|【动画】|【选择动画】命令来完成。

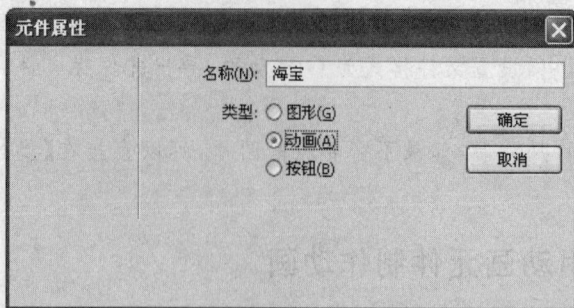

图 6-36 【元件属性】对话框

图 6-37 【动画】对话框

案例 6-6　遮罩文字动画

本案例为通过遮罩文字观看移动图像的动画效果。在 Fireworks 8 中提供了"补间实例"的功能,使用该功能制作动画,必须用同一图形元件的几个实例作为动画的关键帧,动画的中间帧则由软件自动生成。本案例的遮罩效果是由文字对象和背景图像元件通过在菜单中执行【修改】|【蒙版】|【组合为蒙版】命令所得到的(作为被遮罩的图像必须是图形元件),在遮罩文字下方移动的图像则是通过"补间实例"功能制作而成。其效果如图6-38所示。

图 6-38　遮罩文字动画

操作步骤如下:

(1)创建一个 400px×100px 文档,导入一幅图像作为背景,在【属性】面板中调整图像尺寸为 200px×100px,将背景图像复制并粘贴 1 次,将两幅图像位置调整至水平对齐后,在菜单中执行【修改】|【组合】命令将其组合,如图 6-39 所示。

(2)打开【层】面板,将层 1 重命名为"背景",新建一个图层并重命名为"遮罩文字",在此层输入文字"上海世博会",在【属性】面板设置字体为琥珀、字号为 36、颜色为白色(♯FFFFFF),并将文字置于文档中央,如图 6-40 所示。

图 6-39　制作背景图像　　　　　图 6-40　编辑文字

(3)选择背景图像,并按下功能键"F8",打开【元件属性】对话框,在其中选择"图形",将背景图像转化成"图形元件"。在【层】面板中,同时选择文字和图像,在菜单中执行【修改】|【蒙版】|【组合为蒙版】命令,使文字成为背景图像的蒙版,如图 6-41 所示。

图 6-41　遮罩文字效果

(4)在【层】面板中,单击背景图层中图形间的链接符号,取消图像和蒙版之间的链接关系后,选择蒙版对象,在【属性】面板中,选择"路径轮廓"选项。然后再复制背景层,如图 6-42 所示。

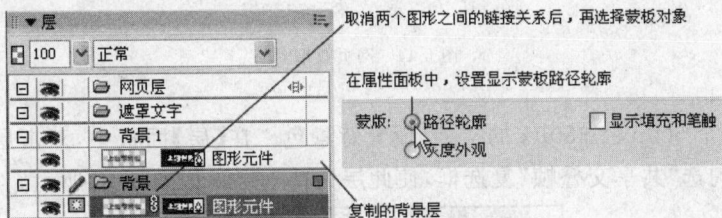

图 6-42　编辑并复制背景层

(5)在【层】面板的两个背景层中,左侧为图形元件对象(作为补间动画的两个关键帧),右侧为蒙版对象。将两个图形元件分别向左、右移动"20"个单位。

(6)同时选中两个图形元件对象,在菜单中执行【修改】|【元件】|【补间实例】命令,打开【补间实例】对话框,在其中设置步骤为"6",同时选择"分散到帧"复选框,此时【帧】面板中自动生成 8 帧图像,其中第 1 帧和第 8 帧图像为前面在【层】面板中编辑的两个图像并作为两个关键帧,中间 6 帧图像则由系统自动生成,如图 6-43 所示。

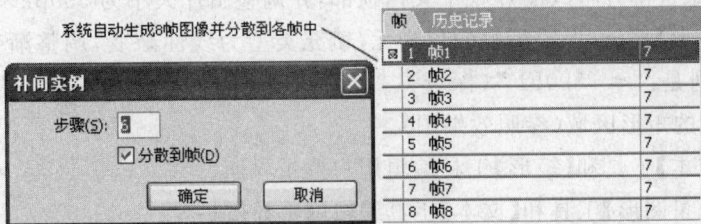

图 6-43　设置补间动画

(7)导出动画后,在预览窗口中查看动画效果,如果动画播放速度过快,可以在【帧】面板中,同时选中所有帧,双击右侧的数字,通过调整帧延时的数值来改变动画播放速度。

本章实训

在网页中编辑文字动画

本实训在完成网页编辑的基础上,利用补间动画功能在网页顶部添加遮罩文字动画。在编辑各网页元素时,要注意各个网页元素所在层。本案例效果图如图 6-44 所示。

图 6-44　网页效果图

操作提示:

1.创建一个 500px×350px 的文档,设置背景色。在【层】面板中,双击层 1 并重命名为"背景",再勾选"共享交叠帧"复选框,使此层为共享层。如图 6-45 所示。

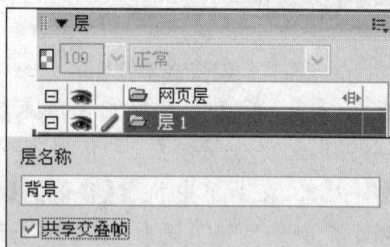

图 6-45　在【层】面板中为图层重命名并设置共享层

2.导入背景世博开幕式图片置于文档顶部,并调整图片大小为 500px×175px。

3.选择【矩形】工具,设置笔触颜色为无,填充类型为线性渐变,调整渐变方向为垂直(颜色色值分别是:"＃3890FF"(深蓝)、"＃FFFFFF"(白色)),在文档左侧绘制一个 140px×230px 的矩形区域(参照效果图)。

4.使用【文本】工具和【矩形】工具编辑用户登录界面。

5.使用【矢量图形】工具和【文本】工具编辑网页导航栏。

6.使用【文本】工具编辑正文,并导入相关图片。至此,完成网页的主体编辑,在【层】面板中,将背景层折叠并加锁。接下来为网页编辑文字动画。

⚠️ **注意:**以上所有网页元素的编辑都是在背景层中完成。

7.新建图层,并重命名图层为"遮罩文字",选择【文本】工具,在文档顶部输入文字"2010 上海世博会隆重开幕",设置字体为琥珀、字号为 35、颜色为黄色。

8.再新建图层,重命名为"动画层",在【层】面板中,将此层移至遮罩层下方。在【动画】层使用【椭圆】工具在左侧文字处绘制圆形,并将其转换为图形元件。

9.同时选中文字对象和图形元件,在菜单中执行【修改】|【蒙版】|【组合为蒙版】命令,使文字成为图形元件的蒙版。

10.在【层】面板中,单击【动画】层中图形间的链接符号,取消图像和蒙版之间的链接关系后,选择蒙版对象,在【属性】面板中,选择【路径轮廓】和【显示填充和笔触】选项,然后复制动画层(动画层 1)。

11.在【层】面板中,选中动画层 1 中的图形元件对象,移至右侧文字处。再复制动画层 1,重命名为动画层 2。

12.选中动画层 2 中的图形元件对象,移至左侧文字处。至此,已经完成制作动画所需要的三个关键帧图像。

13.在【层】面板中,同时选中三个动画层中的图形元件对象,在菜单中执行【修改】|【元件】|【补间实例】命令,在【补间实例】对话框中,设置步骤为"10",同时选择"分散到帧"复选框。文档中的遮罩动画制作完成。单击【播放】按钮 ▷ 预览动画效果,可以看到在文字上左右移动的图形。

思考与练习

一、选择题

1.下列关于切片说法正确的是：　　　　　　　　　　　　　　　　　　（　　）

A. 切片一旦创建,就无法删除　　　　B. 切片可以显示或隐藏

C. 可以在切片上使用热点　　　　　　D. 在切片上不能创建超接接

2.下面说法正确的是：　　　　　　　　　　　　　　　　　　　　　（　　）

A. 在位图对象上可以应用效果,但对路径对象却不能

B. 在位图对象上应用效果,通常只对位图

C. 一个对象只能添加一种效果

D. 可以将效果保存起来以后调用

3.对于矢量图像和位图图像,执行放大操作,则：　　　　　　　　　（　　）

A. 对矢量图像和位图图像的质量都没有影响

B. 矢量图像无影响,位图图像将出现马赛克

C. 矢量图像出现马赛克,位图图像无影响

D. 矢量图像和位图图像都将受到影响

4.下列关于"帧"描述正确的是：　　　　　　　　　　　　　　　　（　　）

A. 可以将对象从一个帧移到另一个帧

B. 通过创建多个帧可以生成动画

C. 每个帧也都有若干相关的属性

D. 通过设置帧延时或隐藏帧,可以在制作和编辑过程中使动画达到自己想要的效果

5.创建并优化了动画后,导出动画可以使用下列哪种文件格式: ( )

A．GIF　　　　　B．JPEG　　　　　C．PNG　　　　　D．Flash SWF

二、填空题

1.Fireworks 中可以利用元件制作动画,常见的元件类型有:_____、_____、_____。

2.创建元件可以通过_____、_____两种方法完成。画布上的每个实例与库中的元件都存在着_____关系。

3.编辑按钮元件时,通常只创建按钮的_____、_____、_____这三种状态。

三、简答题

1.使用何种工具可以将文字做变形处理? 如何制作路径文字?

2.可以用哪几种方法改变按钮对象中的文字及 URL 链接?

3.如何为导航栏上的按钮文字添加行为?

4.可以用哪些方法制作 Fireworks 8 动画?

5.优化图像是什么含义? 如何导出 Fireworks 8 图像和动画?

四、操作题

1.自己设计一个导航条,并添加相应的行为。

第 7 章

Fireworks 8 综合应用

教学目标

前面两章着重介绍了 Fireworks 8 的基本功能,叙述了制作网页元素和局部网页的方法。本章通过对完整网页的设计来介绍 Fireworks 8 综合应用的方法。

内容提要

1. 通过设计制作一个旅游网页来掌握用 Fireworks 8 制作网页的基本过程和方法。
2. 掌握用 Dreamweaver 8 与 Fireworks 8 结合制作网页的常用技巧和方法。

7.1 用 Fireworks 8 制作网站首页

通常在制作网页前,都应该为要制作的网页设计一个草图,也就是对页面要有一个整体设计,包括页面的总体结构、背景颜色、网页 LOGO 以及插图等。开始制作时,首先要对页面进行划分、设置背景色调、插入背景图像。然后再逐一编辑网页各部分内容,在编辑过程中,一定要注意图层的合理安排。本节使用 Fireworks 8 制作一个旅游网站的首页,网页最终的效果如图 7-1 所示。

图 7-1 旅游网站首页效果图

7.1.1　设计网页结构

（1）打开 Fireworks 8 软件，创建一个 1024px×768px 的新文档，画布颜色为白色。

（2）将【层】面板打开，并将层 1 改名为"网页背景"。在制作网页时，如果所需图层较多，则应合理地管理图层，这样更有利于对各图层中图像元素的修改。

（3）一个网页的色调应结合网站的内容及个人特点来设置。使用【矩形】工具在画布中绘制一个与文档大小相同的矩形。设置填充色类型为线性渐变，方向为上下。

（4）在该矩形的顶部再绘制另外一个大小为 1024px×120px 的矩形，填充方式与前者相同。作为网页顶部内容的底色。

（5）导入图像素材，并调整图像大小和位置，并将此层锁定。如图 7-2 所示。网页的基本结构制作完成。

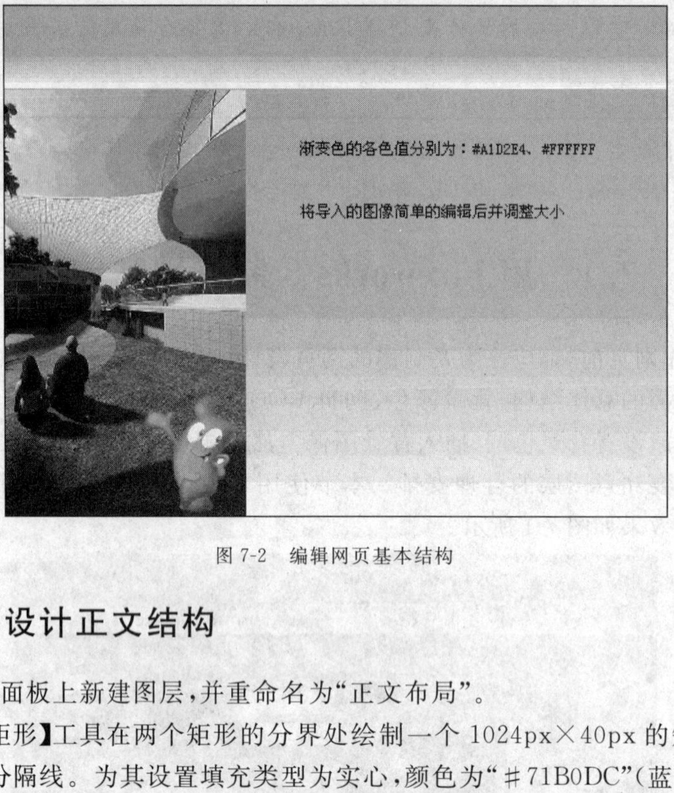

图 7-2　编辑网页基本结构

7.1.2　设计正文结构

（1）在【层】面板上新建图层，并重命名为"正文布局"。

（2）使用【矩形】工具在两个矩形的分界处绘制一个 1024px×40px 的矩形，作为顶部内容与正文的分隔线。为其设置填充类型为实心，颜色为"＃71B0DC"（蓝色）。

（3）在【工具箱】面板中选择【选取框】工具 □，并设置笔触颜色和填充颜色均为"＃80CCE4"（淡蓝色），在图示位置处绘制矩形选区。在菜单中执行【选择】|【将选取框转换为路径】命令，将矩形选区转换为路径。

（4）选中矩形路径，在【属性】面板中设置边缘为"羽化"，羽化总量为"10"，设置"不透明度"为"80％"，设置"混合模式"为"色彩增值"。完成设置后，矩形区域呈半透明状态。

（5）选中矩形，再复制一个新的矩形。在【属性】面板中，将新复制的路径按如下进行设置：填充颜色为白色、羽化总量为 14、不透明度为 100％、混合模式为正常。再将其适当缩放并调整位置,如图 7-3 所示。

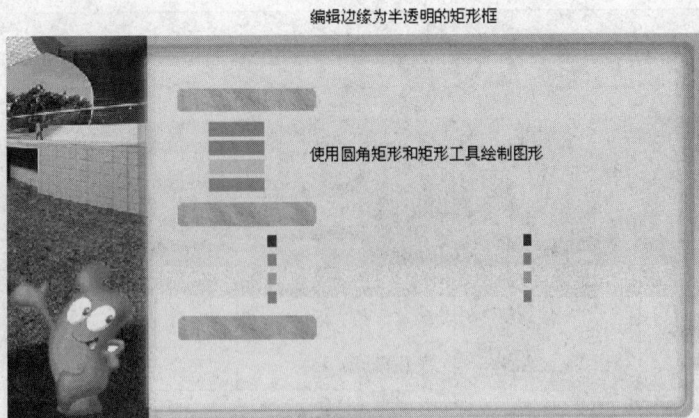

图 7-3　编辑放置正文的矩形框

(6)使用【圆角矩形】工具绘制圆角矩形,设置填充为实心,颜色值为"♯999999"(灰色),"纹理"为"羊皮纸",再调整到图示位置。

(7)使用【矩形】工具在圆角矩形间分别绘制小矩形框,并设置不同的颜色。在【层】面板中锁定此层,完成网页正文布局的制作。

7.1.3　制作登录框

(1)在【层】面板上新建图层,并重命名为"登录框"。

(2)在正文矩形框的顶部绘制圆角矩形框,填充色颜色值为"♯3391D7"(蓝色),作为登录框的底色。

(3)在登录框内再绘制两个较小的矩形,作为"用户名"和"密码"的输入框,两个矩形框的填充色为白色。

(4)在登录框内再绘制一个圆角矩形,移至右侧。设置水平线性填充,填充色色值为"♯33CCFF"(浅蓝色)、"♯0066CC"(深蓝色)。用于放置"登录"和"注册"文字。锁定此层,完成登录框的制作,如图 7-1。

7.1.4　添加文字和图片

(1)在【层】面板上新建图层,并重命名为"页面文字"。

(2)选择【文本】工具,在网页相应位置处添加网页标题和文字。添加文字和编辑文字的方法这里不再赘述,文字输入完成后,锁定此层。

(3)新建图层,并重命名为"网页图片"。

(4)在菜单中执行【文件】|【导入】命令,将预先准备好的网页图片素材导入到画布上,锁定此层,完成文字和图片的编辑。

7.1.5　切片及导出页面

(1)使用【切片】工具分别将各个导航栏按钮和链接对象切割,然后再切割其余部分。

如图 7-4 所示。

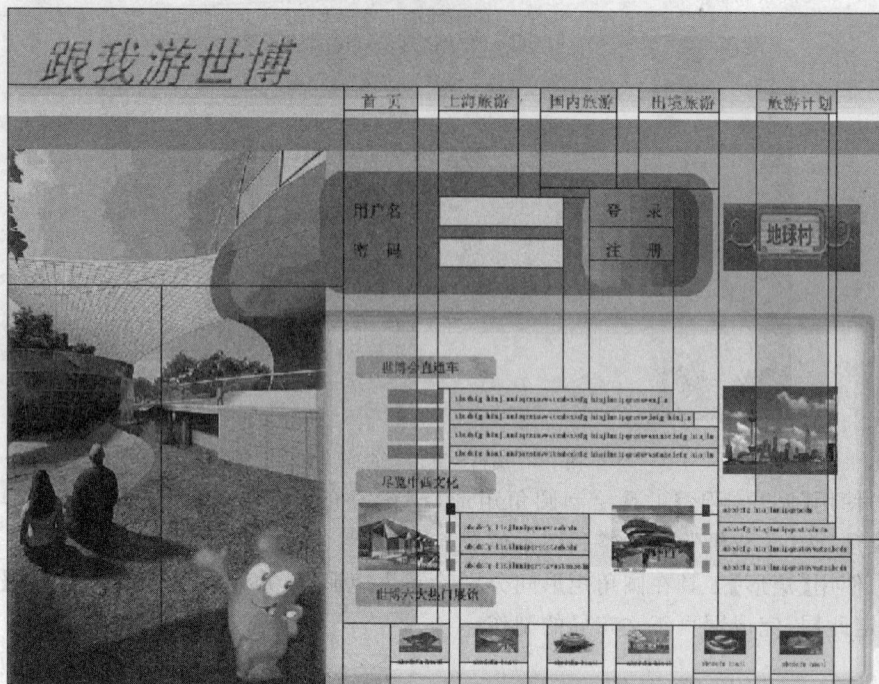

图 7-4 切割图像

(2)在菜单中执行【文件】|【导出】命令,打开【导出】对话框,如图 7-5 所示。按图示设置相关选项,将文件导出。然后,就可以在 Dreamweaver 8 中编辑制作页面了。按"F12"预览网页效果。

图 7-5 【导出】对话框

7.2 制作风景区网站的首页

Dreamweaver 8 和 Fireworks 8 在制作网页方面各有所长,它们之间具有非常好的兼容性。将二者结合起来制作网页时,会使网页制作更加得心应手。再加上它们之间独特的集成功能使得在 Fireworks 8 与 Dreamweaver 8 之间交替处理文件变得十分方便。本节使用 Dreamweaver 8 和 Fireworks 8 结合制作一个风景区网站的首页。网页最终效果如图 7-6 所示。

图 7-6　网页效果图

7.2.1　使用 Dreamweaver 创建页面

（1）打开 Dreamweaver 8 软件，在菜单栏中执行【文件】|【新建】命令，创建一个 HTML 空白页。

（2）在【属性】面板的【页面属性】对话框中，设置各边距参数均为 0px，如图 7-7 所示。

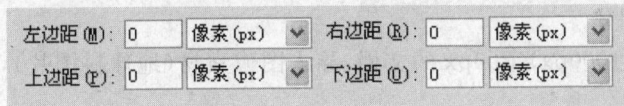

图 7-7　在【页面属性】对话框中设置边距参数

（3）在菜单栏中执行【插入】|【表格】命令，打开【表格】对话框，设置行数为 4，列数为 1，表格宽度为 1000px，边框粗细为 0px，单元格边距为 0。单击【确定】按钮创建表格，在【属性】面板中，命名表格为"表格 1"。

（4）保存网页文件，并最小化窗口。

7.2.2 使用 Fireworks 8 编辑网页元素

1.制作网页顶部图像及动画

（1）打开 Fireworks 8 软件，创建一个 1000px×60px 的新文档，使用【矩形】工具绘制一个与文档相同尺寸的矩形。

（2）导入图像素材（地球村图标），移至画布左侧。选中矩形，为矩形设置线性渐变填充色，渐变色可选择与图像素材相近的颜色（可使用【工具】面板中的【滴管】工具 ✎ 在图像素材上取色）至白色。

（3）用【文本】工具在矩形上输入文字，并编辑文字。如图 7-8 所示。在【层】面板上重命名此层为"背景层"，折叠并锁定此层。

图 7-8 编辑顶部图像

（4）新建一层，重命名此层为"动画文字层"。在画布中央处输入文字并编辑。

（5）为文字制作遮罩动画（可参照上一章实训），如图 7-9 所示。

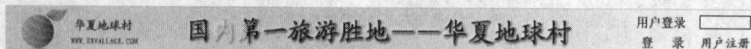

图 7-9 编辑顶部图像动画

（6）打开【图像预览】对话框，设置文件格式为"Gif"，并导出文件（导出文件类型为"HTML 和图像"，且保存在站点默认图像文件夹内）。

2.制作网页导航栏

（1）新建一个 1000px×30px 的文档，使用【矩形】工具绘制与文档相同尺寸的矩形。

（2）为矩形填充颜色，填充类型为实心，颜色值为"♯7AC300"（绿色）。

（3）创建按钮元件，制作导航栏，如图 7-10 所示。

图 7-10 导航栏图像

（4）打开【导出】对话框，导出文件（导出文件类型为"HTML 和图像"，且保存在站点默认图像文件夹内）。

3.制作网页图像

（1）新建一个 1000px×200px 的文档，导入图像素材（地球村图片），使用位图编辑工具编辑图像。

（2）使用【文本】工具输入文字并编辑，如图 7-11 所示。

图 7-11 网页图像

（3）打开【导出】对话框，导出文件（导出文件类型为"HTML 和图像"，且保存在站点默认图像文件夹内）。

7.2.3　编辑网页顶部内容

（1）还原 Dreamweaver 8 窗口，将光标置入"表格 1"第一行中，选择插入栏中 Fireworks HTML 工具，将已经编辑好的"顶部图像"插入表格中。

注意：插入的文件是导出文件中的 HTML 文件。

（2）将导航栏插入第二行中。

（3）第三行作为网页"空白"，将网页图像插入第四行中。

在上述网页编辑过程中，如果插入的网页图像仍需要修改，可直接在 Fireworks 8 中进行编辑，将文件保存后导出即可。相应网页中插入的图像已经自动修改，不需要再重新插入图像。

7.2.4　制作网页主体内容

1.创建网页主体内容的表格

（1）将光标置于顶部表格下方，打开【表格】对话框，设置行数为 1，列数为 3，表格宽度为 1000px，边框粗细为 0px，单元格边距为 0。单击【确定】按钮创建表格，在【属性】面板中，命名表格为"表格 2"。

（2）调整两侧单元格宽度为 200，分别为各单元格设置背景颜色。

（3）保存网页文件，并最小化窗口。

2.制作网页左侧导航栏

（1）还原 Fireworks 8 窗口，新建一个 200px×480px 的文档，设置画布背景色为透明。使用【圆角矩形】工具绘制一个与文档相同尺寸的圆角矩形，矩形的底部直角可以用【部分选定】工具 选中矩形后，用【刀子】工具 将底部圆角部分水平切割，然后，再单选被切割的部分删除即可。

（2）为矩形填充颜色，填充类型为实心，颜色值为"♯88CD03"（绿色）（可使用【滴管】工具在现有图像上取色）。

（3）创建按钮元件，制作纵向导航栏。制作按钮元件时，不必再为按钮绘制按钮图像，只需编辑三个状态下的按钮文字即可。

（4）在导航栏两侧及底部添加修饰图像，见网页效果图。

（5）打开【图像预览】对话框，设置"透明效果类型"为"索引色透明"，并导出文件（导出文件类型为"HTML 和图像"，且保存在站点默认图像文件夹内）。

（6）还原 Dreamweaver 8 窗口，将导航栏插入表格 2 的第 1 列单元格中。

3.制作网页右侧内容

（1）将光标置于表格 2 的第 3 列单元格中，打开【表格】对话框，设置行数为 2，列数为 1，表格宽度为 200px，边框粗细为 0px，单元格边距为"0"。单击【确定】按钮创建表格。在【属性】面板中，命名表格为"表格 3"。

（2）调整表格 3 两个单元格的高度见网页效果图。

（3）将光标置入"表格 3"第一行中，输入文字内容。各段内容间用水平线予以间隔。

（4）用标尺量出第二行单元格的高度，在 Fireworks 8 中编辑相同尺寸的图像并导出。

（5）选择插入栏中 Fireworks HTML 工具，将已经编辑好的图像插入单元格中。

4.制作网页中部内容

（1）将光标置于表格 2 的第 2 列单元格中，打开【表格】对话框，设置行数为 2，列数为 2，表格宽度为 600px，边框粗细为 0px，单元格边距为 10。单击【确定】按钮创建表格。在【属性】面板中，命名表格为"表格 4"。

（2）调整表格高度，在各单元格中输入文字并编辑文字。

（3）将光标置于表格 4 下方，创建 1 行 4 列的表格（表格 5），调整表格高度至表格 1 底边线。

（4）在 Fireworks 8 中编辑 4 幅与表格 5 各单元格相同尺寸的图像并导出，再将编辑好的图像插入各单元格中。

至此，网页的编辑全部完成，保存网页文件，预览网页。整个网页制作过程虽然步骤有些繁琐，但只要掌握网页制作的核心技术，应该说操作起来是十分方便的。其中包括：灵活地使用表格布局页面；合理地使用 Fireworks 编辑网页中所需要的网页元素；颜色的合理搭配等。理解并掌握了这些内容，制作上述网页可不必按步骤操作，完全可以自行设计并完成。

思考与练习

1.试说明使用 Fireworks 8 制作网页的基本步骤。

2.使用 Fireworks 8 自行设计一个网站的主页，如图 7-12。

第三部分　Flash 8

Flash 8 对于网页制作者来说是一个非常完美的工具,用它可以创建演示文稿、设计交互式页面和应用程序等内容。通常,使用 Flash 创作的各个内容单元称为应用程序,虽然它们可能只是很简单的动画,但是,通过添加图片、声音、视频和特殊效果等元素,也可以构建包含丰富媒体内容的 Flash 应用程序。随着其功能的不断增强,该软件亦受到越来越多的网页制作者的喜爱。

第8章

Flash 8 基本操作

教学目标

通过对本章的学习,应了解 Flash 动画制作基础知识,掌握 Flash 8 文档的基本操作、工具面板的使用、基本图形的绘制和编辑、元件的创建和使用等技能。

内容提要

1.熟悉 Flash 8 工作界面的组成,文档的相关操作,以及 Flash 动画的基础知识。了解 Flash 8 各功能面板的作用及面板的组成。

2.通过编辑简单的图形来熟悉 Flash 8 的图形编辑工具;熟练掌握 Flash 8【工具】面板中各种工具的使用方法。

3.熟练掌握 Flash 8 元件的创建与编辑的方法;掌握实例相关属性的设置;熟悉【库】面板的相关操作。

4.通过创建火柴人跑步动画的案例来进一步熟悉 Flash 元件的创建及其使用方法。

8.1 初识 Flash 8

Flash 8 是一种基于矢量的动画制作软件,具有制作编辑各种动画素材和动画编辑的功能。动画文件的输出格式为 * . swf,数据量小,图像质量高,既可插入到 HTML 网页中,也可以单独制作网页。该软件工作界面简洁,简单易学,便于掌握。

8.1.1 Flash 8 简介

1.Flash 8 工作界面

在桌面上选择【开始】|【程序】命令,从【程序】菜单中选择【Macromedia】|【Macromedia Flash 8】选项,即可打开 Flash 8 的用户界面,如图 8-1 所示。单击窗口中【Flash 文档】命令,则创建了一个新文档,进入 Flash 8 编辑文档工作界面,如图 8-2 所示。

Flash 8 的工作界面主要由菜单栏、工具栏、【工具】面板、【时间轴】面板、【属性】面板、【设计】面板和舞台等 7 部分组成。其中【工具】面板为绘制、编辑图形提供各类工具。舞台则是动画对象编辑区域,所有动画对象不应超出编辑区域。

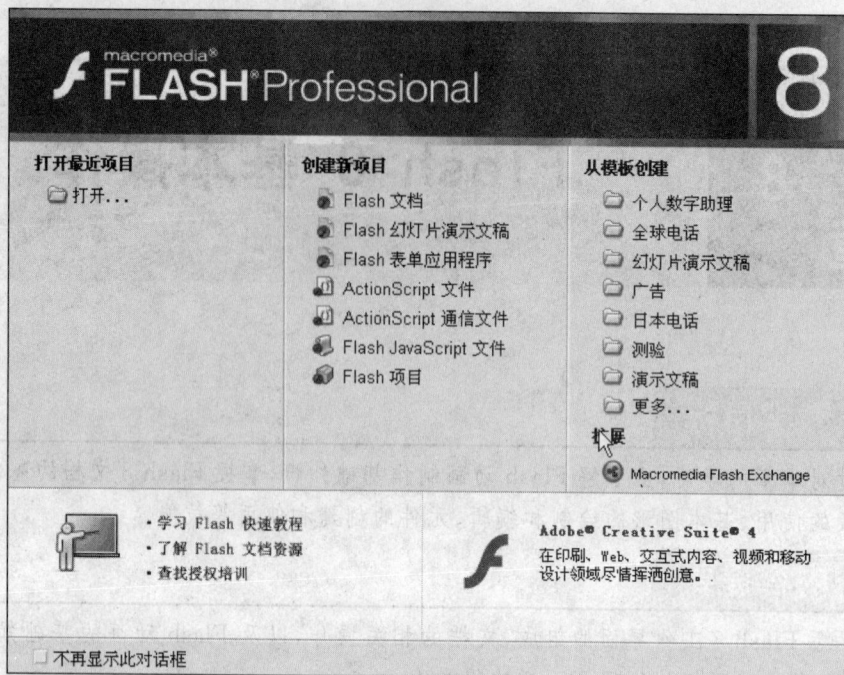

图 8-1　Flash 8 用户界面

图 8-2　Flash 8 工作界面

2．创建和保存文档

除了在用户界面中新建文档外，还可以在菜单中执行【文件】|【新建】命令创建新建文档。在【属性】面板中，可以设置文档的宽度和高度的数值，默认情况下使用像素作为单位，必须在舞台内编辑动画对象。另外还可以根据需要设置文档背景颜色。Flash 8 的文件格式为 ＊.fla ，也就是说以这种格式保存文件时，编辑过程中的各种编辑信息都会保存下来（即源文件），以后再打开该文件还可以继续编辑。

8.1.2　Flash 动画基础知识

1．【时间轴】面板

【时间轴】面板由两部分组成，左侧是【图层】面板，右侧是【帧】面板，它们各自的作用是：

（1）【帧】面板

【帧】面板可以调整动画的播放速度，并把不同的图形作品放在不同图层的相应帧里，以安排动画内容的播放顺序。帧面板上有许多小格子，每一格代表一帧，一帧可以放一幅图片，动画就是由许多帧组成的。每个帧格上有相对应的序号，帧上面有一条红色的线，叫时间指针，表示当前的帧位置。时间轴上还有一个红色播放头，用来显示当前帧的位置，舞台上相应显示该帧的图像。

（2）层面板

用于放置不同的动画对象，使得各层的动画对象互不干扰。配合【帧】面板可以在各层中分别为各自的动画对象创建动画。

2．帧

帧是动画的最基本单位，在动画中的每一帧都是一幅静止的图像。将一幅幅图像依次放置在各个帧中，再连续地播放就形成了动画。

3．场景

场景就是在某一背景下编辑的一段动画。通常，一个完整的动画影片都是由多个场景动画组合而成。用【场景】面板可以添加或删除场景，还可以调整各场景的播放顺序。如图 8-3 所示。在文档窗口中，编辑不同场景的动画时，可以通过【编辑场景】按钮切换各场景。

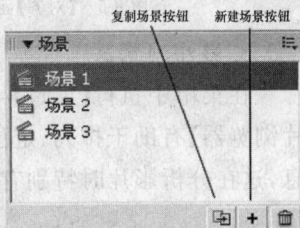

复制场景按钮　　新建场景按钮

图 8-3　【场景】面板

4．【工具】面板

Flash 8 中的【工具】面板与 Fireworks 8 的【工具】面板有许多相似之处，其中包含的绘图工具简单易用，功能强大。既可以绘制动画图形，还可以编辑导入的位图图像。

5．混色器

混色器用来设置图像填充颜色。如图 8-4 所示，为 Flash 8【混色器】面板。

6．对齐

在菜单中执行【窗口】|【设计面板】|【对齐】命令，打开【对齐】面板，【对齐】面板用于设置画布中动画对象的对齐属性，如图 8-5 所示。

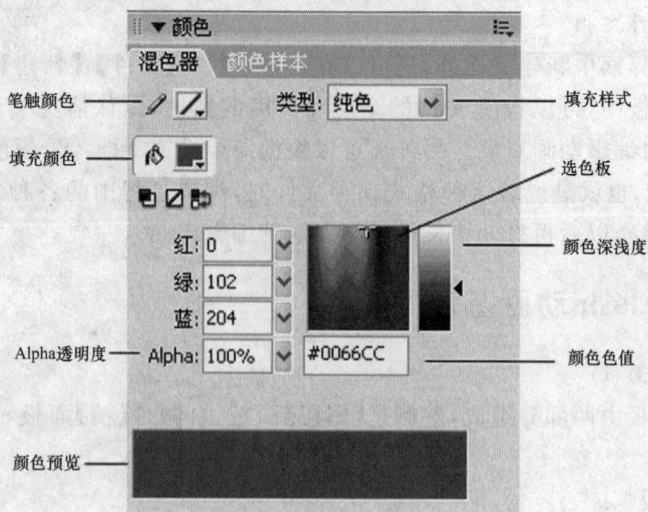

图 8-4　【混色器】面板

7. 变形

在菜单中执行【窗口】|【设计面板】|【变形】命令，打开【变形】面板，【变形】面板可以对选定的对象执行缩放、旋转、倾斜和创建副本等操作，如图 8-6 所示。

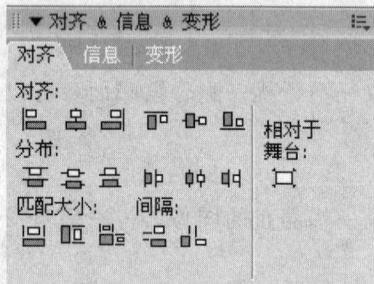

图 8-5　【对齐】面板

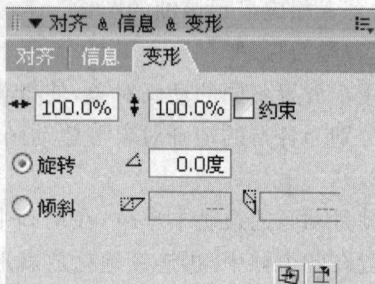

图 8-6　【变形】面板

8. 影片浏览器

在菜单中执行【窗口】|【其他面板】|【影片浏览器】命令，打开【影片浏览器】面板。【影片浏览器】有助于排列、定位和编辑媒体。通过分层树结构提供有关影片的组织和流的信息，这在分析影片时特别有用，如图 8-7 所示。

图 8-7　【影片浏览器】面板

8.2　绘制动画对象

Flash 8 所绘制的是矢量图形,具有文件小、响应快的特点,非常适合制作网页动画。

其清晰度与分辨率无关,无论放大或缩小都不会出现失真。所以在网页中,SWF 动画被越来越多地应用。

8.2.1　绘制简单的几何图形

Flash 8【工具】面板中的绘图工具包含有:【线条】、【钢笔】、【文本】、【椭圆】、【矩形】、【铅笔】和【刷子】等工具,其使用方法与 Fireworks 8 中绘图工具的使用方法基本相同,这里不再赘述。下面通过几个图形的制作来做一下简要说明。

1.绘制三维多边形图形(如图 8-8 所示)

(1)在【工具】面板中,选择【矩形】工具组中的【多边星形】工具。

(2)在【属性】面板中,单击【选项】按钮,弹出【工具设置】对话框,如图 8-9 所示。设置样式为"星形",边数为"6",单击【确定】按钮。然后,设置笔触颜色为黄色,填充颜色为红色。

图 8-8　三维六角形效果图　　　　图 8-9　多边形【工具设置】面板

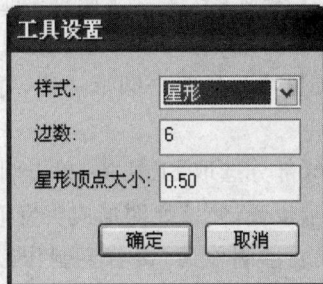

(3)按"Shift"键在舞台中央绘制正六角形。在工具面板中,选择【任意变形】工具(同 Fireworks 8【工具】面板中的【缩放】工具),双击六角形以同时选中笔触和填充,旋转六角形并调整其高度,如图 8-10 所示。

注意:Flash 8 所绘制的图形,图形的笔触和填充可以分别单独选中和编辑。这一点与 Fireworks 8 有所不同。

(4)在【工具】面板中选择【选择】工具,在舞台或工作区的空白处单击,以取消对图形的选择。

(5)按住"Shift"键,用鼠标分别单击舞台上六角形的六条边,以将其选中。然后,按下"Alt"键,用鼠标将选中的边稍向下移动,以拖动选中边的副本。在舞台空白处单击,取消对图形的选择,用【选择】工具将进入填充区域内的线条选中并删除,如图 8-11 所示。

图 8-10　绘制并编辑六角形

图 8-11　制作三维图形的底边

（6）在【工具】面板中，选择【线条】工具。在舞台上，从六角形到三维图形的底边绘制六条垂直线，再选择【颜料桶】工具，为线条包围的空白区域填充黄色。如图 8-12 所示。

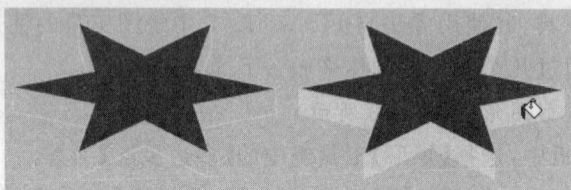

图 8-12　三维图形效果图

2. 制作人物侧面图形（如图 8-13 所示）

（1）选择【椭圆】工具，在【属性】面板中设置笔触颜色为"无"，填充颜色为"黑色"，在舞台上绘制一个正圆。

（2）用【钢笔】工具单击圆形边缘，并在图示位置处添加节点。

（3）选择【部分选取】工具，单击圆形边缘，并将新添加的节点移至图示位置，使该处图形成头发形状。如图 8-14 所示。

（4）完成发型制作后，接着要制作额头和眉峰。在眉峰位置处添加一个节点，在其下方再添加一个节点，调整该节点位置，完成额头和眉峰的制作。其他各部分图形可以依照图示节

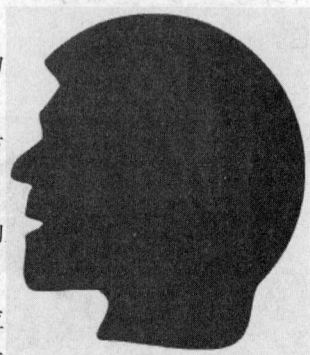

图 8-13　人物侧面图形效果图

圆形边缘各节点的位置　　　用钢笔工具在该处添加节点　　　用部分选取工具移动节点的位置

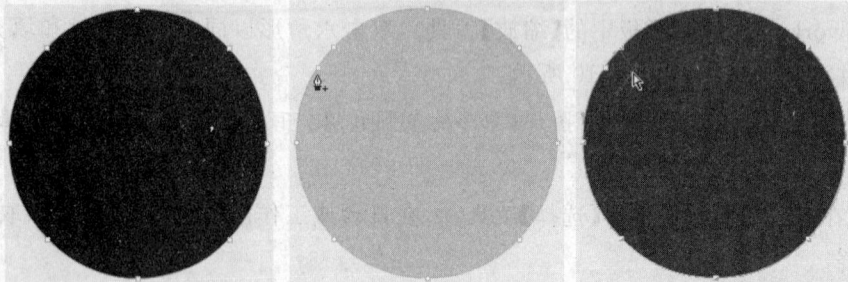

图 8-14　添加并调整节点

点位置依次添加、调整来完成。如图 8-15 所示。

图 8-15　图形各节点位置示意图

3.绘制火柴人组图(如图 8-16 所示)

在 Flash 中绘制图形时,经常要用到标尺、网络或辅助线做参照,以保证所绘制的图形在指定位置或高度上。

(1)菜单中执行【视图】|【标尺】命令,调出标尺。

(2)将鼠标指向标尺,按下鼠标左键,把辅助线从标尺处拖动到舞台上,这里使用了三条水平辅助线和一条垂直辅助线,调整各辅助线位置如图 8-17 所示。

图 8-16　火柴人组图

图 8-17　使用辅助线

(3)在【工具】面板中选择一种绘图工具(【钢笔】工具、【铅笔】工具或【刷子】工具),按图示绘制火柴人。

8.2.2　图形的编辑

Flash 8 的图形编辑工具包含有:【选择】工具、【部分选取】工具、【任意变形】工具、【填充变形】工具、【套索】工具、【墨水瓶】工具、【颜料桶】工具、【滴管】工具和【橡皮擦】工具。其功能与 Fireworks 8 中的图形编辑工具基本相同,只是工具名称和使用方法略有变化,在使用过程中非常容易掌握。下面通过编辑几个图形来做一下简要说明。

1.制作树叶(如图 8-18 所示)

(1)在【工具】面板中,选择【线条】工具,并设置其笔触颜色值为"♯309C30"(绿色),在舞台中央绘制一条斜线,用【选择】工具选中斜线,复制并粘贴。

(2)用【选择】工具在舞台空白处单击,取消对对象的选择。将【选择】工具指向斜线(这时【选择】工具下方会出现弧形标志),并拖动斜线成半片叶子的一段弧形,再将另一条斜线拖动出另一半弧形,按图示调整曲线位置成树叶形状,如图 8-18 所示。

图 8-18　树叶效果图

（3）选择【铅笔】工具，在【工具】面板下方设置铅笔选项为"平滑"，并设置其笔触颜色值为"♯00FF00"（浅绿色），为树叶绘制叶脉，如图 8-19 所示。

图 8-19   制作树叶轮廓

（4）选择【颜料桶】工具，为树叶填充颜色，颜色值为"♯309C30"（绿色），完成树叶的编辑。

注意：Flash 8 中的【选择】工具、【铅笔】工具与 Fireworks 8 中的【指针】工具和【铅笔】工具的不同之处。

2.编辑有不同光照效果的小球（如图 8-20 所示）

图 8-20   小球效果图

（1）在【工具】面板中，选择【椭圆】工具，并设置黑白放射状填充，笔触颜色为无。在舞台中央绘制一个正圆。

（2）选择【任意变形】工具，选中图形，按下"Shift"键并拖动控制点可以调整圆形大小。

（3）选择【填充变形】工具，选中图形，拖动渐变控制按钮即可得到不同的填充效果（填充颜色的渐变起点也可以用【颜料桶】工具在图形上直接点击来确定）。如图 8-21 所示。

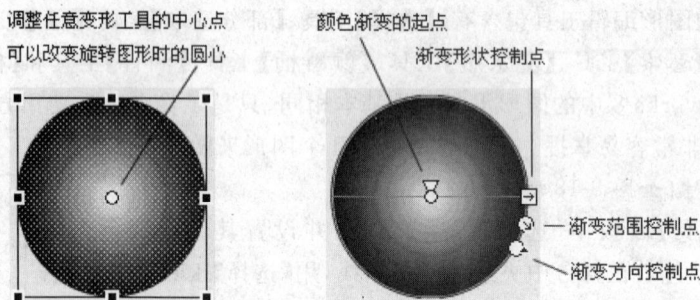

图 8-21   使用【任意变形】工具和【填充变形】工具

3.编辑特色文字

（1）在【工具】面板中，选择【文本】工具 A，在舞台上创建文字对象。并设置文字相关属性，效果图如图 8-22 所示。

图 8-22   特色文字效果图

（2）选中文本对象，在菜单中执行两次【修改】|【分离】命令，将文字打散。

（3）在菜单中执行【文件】|【导入】|【导入到舞台】命令，导入一幅位图。选中位图对象，打散位图。

（4）在【工具】面板中，选择【滴管】工具 🖊，单击打散的位图，指针将由滴管变为颜料桶，用颜料桶单击打散的文字对象，如图 8-23 所示。

用滴管工具在位图上取色

指针变为颜料桶后，在文字对象上点击，可以将位图色彩应用到文字对象上

图 8-23 为文字对象填充位图色彩

（5）用【选择】工具选中文字对象，在菜单中执行【修改】|【变形】|【封套】命令，对文本对象的整体形状进行调整。

（6）用【选择】工具选中单个文字，用【任意变形】工具调整文字方向和位置，如图 8-24 所示。

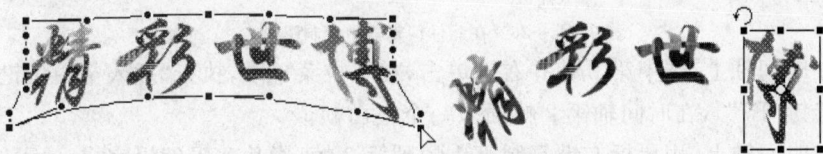

图 8-24 使用封套调整文本整体形状

（7）用【选择】工具选中全体文本对象，在菜单中执行【修改】|【组合】命令，将文本对象组合，使全部文本对象成为一个整体，完成特色文本的编辑。

8.3 元件、实例和库

元件是 Flash 中最重要也是最基本的元素，它在 Flash 中对文件的大小和交互能力起着重要的作用。要制作出丰富多彩的动画，就必须能够灵活地使用元件和实例。

8.3.1 元件的创建与编辑

Flash 元件与 Fireworks 元件相类似，Flash 元件分为影片剪辑、按钮和图形。也是被存放在【库】面板中，但与 Fireworks 元件相比较，Flash 元件更具表现力。创建元件可以通过新建元件、将舞台上的对象转换为元件来完成。

1.创建影片剪辑元件

（1）在菜单中执行【插入】|【新建元件】命令，打开【创建新元件】对话框，如图 8-25 所示。

图 8-25　【创建新元件】对话框

（2）为元件起名为"眼睛"，选择"影片剪辑"类型后，单击【确定】按钮，打开"元件编辑器"。

（3）在元件编辑器中，用【绘图】工具，在元件编辑器中心位置（"＋"）绘制眼睛图形，如图 8-26 所示。

图 8-26　在元件编辑器中绘制图形

（4）在时间轴上，选中第 2 帧并右键单击，在下拉菜单中，执行"插入空白关键帧"命令（或用功能键"F7"），在时间轴第 2 帧插入一个空白帧。

（5）在时间轴上，用鼠标右键复制第 1 帧到第 3 帧，影片剪辑编辑完成。

（6）单击时间轴上"场景 1"按钮，切换回场景 1。

（7）在菜单中，执行【窗口】|【库】命令，打开【库】面板，将"眼睛"元件拖拽到舞台。按组合键"Ctrl＋Enter"预览元件效果（眨眼）。

2.创建按钮元件

（1）打开【创建新元件】对话框，选择"按钮"类型，单击【确定】按钮，打开"按钮元件编辑器"。

（2）制作"弹起"状态的按钮图像，再将图像的几何中心与编辑器中心的"＋"标志对齐。如图 8-27 所示。

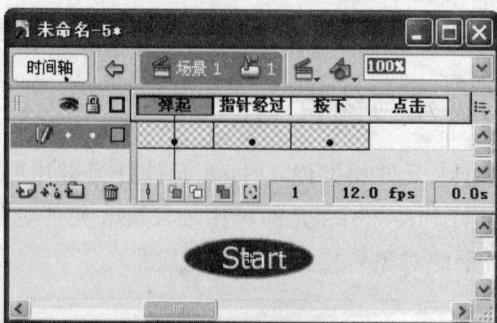

图 8-27　按钮元件编辑器

（3）选中"指针经过"帧,按功能键"F7",插入空白关键帧,打开【库】面板,将前面所创建的影片剪辑"眼睛"元件拖拽到中心位置。

（4）选中"按下"帧,按功能键"F7",插入空白关键帧,编辑"按下"状态按钮图像,如图8-28所示。

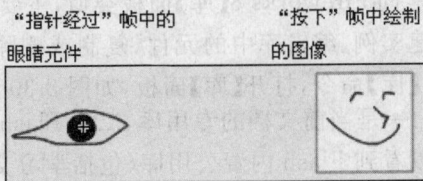

图 8-28　"指针经过"和"按下"状态中按钮对象

（5）单击时间轴上"场景 1"按钮,切换回场景 1。打开【库】面板,并将【库】面板中的按钮元件■按钮拖拽到舞台。按组合键"Ctrl＋Enter"预览元件效果(用鼠标指向按钮并按下时,可看到按钮的三个状态变换的效果:按钮图像→眨眼→人物图像)。

3. 创建图形元件

图形元件是可以用来重复使用的静态图像,而且也可以用到其他类型的元件中,它是三种 Flash 元件中最基本的类型。创建 Flash 图形元件与创建 Fireworks 图形元件方法基本相同,这里不再赘述。

如果要将舞台上的图形对象转换成元件,应先选中图形对象,然后在菜单上执行【修改】|【转换为元件】命令(或右键单击图形对象),打开【转换为元件】对话框,完成元件设置即可。

8.3.2　实例与库

实例就是位于舞台上的元件的副本,将【库】面板中的某个元件拖拽到舞台上,就创建了一个该元件的实例,同一个元件可以在舞台上创建无数个实例。制作动画时,实例是最基本的动画对象,可以在不同图层的任意帧上创建实例作为该帧的图像。在舞台上双击某实例对象可以直接进到该实例的元件编辑器中。

1. 实例的属性

每个元件实例都可以有独立于该元件的自己的属性。在舞台上选中某帧的一个实例后,在【属性】面板上显示出其相关属性,如图 8-29 所示。可以为该实例重新设置颜色(包括:色调、透明度和亮度)、大小、位置等;还可以重新定义实例的类型,例如把图形改为影片剪辑;可以为影片剪辑实例设置播放方式;也可以倾斜、旋转或缩放实例。所有这些设置都不会影响到元件本身。

图 8-29　图形元件的相关属性

此外,可以给影片剪辑和按钮的实例命名,这样,就可以在动作脚本中更改其相关属性。

如果要统一更改舞台上某一元件的所有实例,可以通过修改该元件来实现。如果要断开某一实例和元件之间的链接关系,可以在菜单中执行【分离】命令,将该实例还原成普通图形。这对于充分地改变实例而不影响任何其他实例非常有用。

2.库

Flash 8【库】面板的功能同 Fireworks 8【库】面板类似,主要用于管理文档中的各类元件。包括通过【库】面板创建实例、编辑库中的元件、复制或删除库中的元件、共享库资源等。在菜单中执行【窗口】|【库】命令,打开【库】面板,如图 8-30 所示。

Flash 8 的库包括两种:一是当前文档的专用库、二是 Flash 8 公用库。在菜单中选择【窗口】|【公用库】命令,可以看到 Flash 内置公用库(包括学习交互、按钮、类这三项)。在公用库的【按钮】选项中,提供了丰富的按钮元件,如图 8-31 所示。

图 8-30 【库】面板

图 8-31 Flash【公用库】-【按钮】

案例 8-1   跑步的火柴人

在元件编辑器中创建元件时,每种元件都有自己的时间轴。可以将帧、关键帧和层添加至元件时间轴,如同在场景中可以将元件添加至主时间轴一样。本案例效果如图 8-32所示。

图 8-32 跑步的火柴人效果图

操作步骤如下:

(1)创建新文档,在菜单中执行【插入】|【创建新元件】|命令,打开【新建元件】对话框,为元件起名为"跑步机",选择元件类型为"图形",单击【确定】按钮,打开元件编辑器。

(2)使用 Flash 8【工具】面板中的【绘图】工具绘制跑步机图形。

(3)完成图形元件编辑后,再打开【创建新元件】对话框,命名元件名称为"火柴人",选择元件类型为"影片剪辑",单击【确定】按钮,打开"元件编辑器"。

(4)在元件时间轴上,右击第 2 帧,在下拉菜单中,执行"插入空白关键帧"命令(或按功能键 F7),在时间轴第 2 帧插入一个空白关键帧。分别为第 3、4、5 帧插入空白关键帧,如图 8-33 所示。

(5)在元件时间轴上选中第一帧,在菜单中执行【视图】|【标尺】命令,调出标尺。在标尺处拖拽出辅助线,以保证在各帧中绘制火柴人时,有相同的高度及相同位置。

(6)使用 Flash 绘图工具绘制火柴人图形,如图 8-34 所示。完成第 1 帧图形绘制后,在元件时间轴上选中第 2 帧,在同一位置第 2 帧绘制火柴人跑步的相应图形。依次为元件时间轴上的第 3、4、5 帧绘制火柴人相应图形(参照图 8-16)。

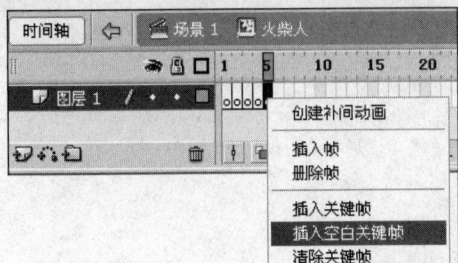

图 8-33 在时间轴上插入空白关键帧   图 8-34 为时间轴第 1 帧绘制火柴人图像

(7)单击时间轴上【场景 1】按钮,切换回场景 1。在菜单中执行【窗口】|【库】命令(或按功能键"F11"或组合键"Ctrl+L"),调出【库】面板。

(8)在舞台上创建"跑步机"元件的实例(即将"跑步机"元件拖拽到舞台上),再创建"火柴人"元件的实例。调整火柴人实例到跑步机实例上,完成本案例制作。

(9)按组合键"Ctrl+Enter"预览动画效果。

思考与练习

一、选择题

1. Flash 的源文件和导出文件的格式是: ( )

A..JPEG 和.GIF　　　B..FLA 和.SWF　　　C..BMP 和.PSD　　　D..PNG 和.GIF

2. 在 Flash 中,选择工具箱中的【滴管】工具,当单击填充区域时,该工具将自动变成什么工具: ( )

A.【墨水瓶】工具　　　B.【涂料筒】工具　　　C.【刷子】工具　　　D.【钢笔】工具

3. 按下( )键可以打开【创建新元件】对话框。

A. F11　　　　　　B. F8　　　　　　C.Ctrl+F11　　　　　　D.Ctrl+F8

4. 预览影片的快捷键是: ( )

A. Ctrl+Enter　　　　　　　　　　B. Ctrl+Shift+Enter

C. Ctrl+Alt+Enter　　　　　　　　D. Ctrl+Shift+Enter

5. 时间轴上用空心小圆点表示的帧是: ( )

A. 普通帧　　　　　B. 空白关键帧　　　　　C. 过渡帧　　　　　D. 关键帧

二、填空题

1.绘制椭圆时,按住_____键,可以绘制出一个正圆。在混色器中可以为图形填充纯色、线性渐变色和_____。

2.【填充变形】工具可以改变渐变的_____、_____、_____、_____。

3.创建 Flash 元件的方法有_____、_____两种。元件的类型有_____、_____、_____三种。

三、简答题

1.如何利用系统元件库及当前库来创建、编辑元件及实例?

四、操作题

1.练习使用【绘图】工具制作各种矢量图形。

2.利用元件库创建、编辑元件以及将位图导入到库。

第 9 章

Flash 8 基本动画制作

教学目标

通过对本章的学习,应系统掌握 Flash 8【时间轴】面板的基本组成和相关操作;掌握 Flash 8 动画制作常用的基本方法;熟悉遮罩动画的制作技巧;掌握为动画添加背景音乐的方法。

内容提要

1. 熟悉 Flash 8 时间轴面板的基本组成及各部分的作用,掌握帧、图层的相关操作。包括选择/移动帧、复制/粘贴帧、删除帧;插入关键帖、普通帧、空白关键帧;插入/删除层、隐藏/显示层、锁定/解锁等。

2. 熟练掌握制作 Flash 8 逐帧动画的基本方法。通过制作逐帧动画的案例来掌握制作 Flash 逐帧动画的常用技巧。

3. 熟练掌握制作 Flash 8 补间动画的基本方法和运动引导层的使用方法,通过制作补间动画的案例来掌握制作 Flash 8 补间动画的常用技巧。

4. 熟练掌握为动画添加背景声音的步骤,并了解在【属性】面板上编辑声音的基本方法,通过制作 MTV 案例进一步掌握 Flash 8 声音的使用技巧。

9.1 【时间轴】面板

Flash 8【时间轴】面板是制作动画的基本工具,通过时间轴上的帧和层把动画图像集合在一起并在一段时间内分别播放就构成了动画。掌握并能灵活地使用【时间轴】面板上帧和层的操作就可以制作出丰富的动画内容。

9.1.1 帧与时间轴

1. 帧类型

在 Flash 动画中有三种形式的帧:

(1)关键帧:在帧格中的黑色实心小圆圈代表关键帧,就是指一个有内容,或者说是有对象的帧。

(2)空白关键帧:在帧格中的白色空心小圆圈代表空白关键帧,就是指一个没有内容的关键帧。

（3）普通过渡帧：在两关键帧之间的，颜色、大小或位置等特征随过渡类型而发生变化的那些帧。

在时间轴的帧格中单击鼠标右键，可以使用快捷菜单中的命令执行各种帧操作，如插入关键帧（或F6）、插入普通帧（或F5）、插入空白关键帧（或F7）、复制帧和清除帧等。

2.【时间轴】面板

在【时间轴】面板上可以设置不同的动画类型，还可以调整动画的播放速度，把不同的图形对象放在不同层的相应帧里，可以安排动画内容的播放顺序。如图9-1所示为Flash【时间轴】面板。

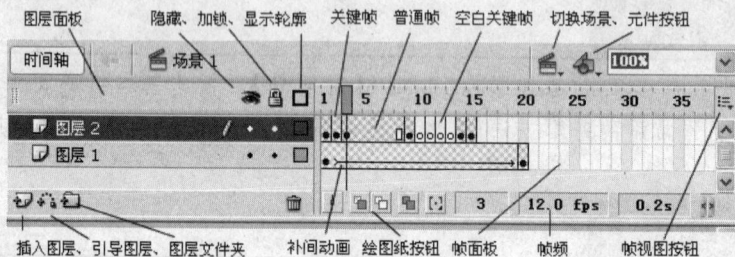

图9-1 【时间轴】面板

9.1.2 图层

Flash 8图层就像一叠透明的纸，每一张都保持独立，各个层上的内容相互没有影响，可以进行独立操作，同时又可以合成一个完整的动画。【图层】面板主要用于简化制作复杂的动画。在时间轴中，动画的每一个动作都放置在一个 Flash 8 图层中；每一层都包括一系列的帧。使用图层的优点就是能够很容易控制复杂的动画中的多个动画对象，使它们互不干扰。

Flash 8图层与 Fireworks 8 的图层相类似，图层的操作包括：新建层、选定层、删除层、复制层、锁定层、显示或隐藏层、重命名层等操作。还可以调整各层的位置、设置层属性、将层上的图形对象用轮廓显示等操作。

9.2 逐帧动画

逐帧动画是通过编辑每一帧中的动画对象而获得的动画效果。这类动画比较适合于每一帧中的图像有所改变而不仅仅是在舞台上移动的复杂动画。逐帧动画的优点是能够表现动画对象的变化细节，但由于每一帧都需要单独编辑制作，所以，它的缺点是费时费力。

9.2.1 逐帧动画创建原理

创建逐帧动画时，需要将每个帧都定义为关键帧，然后，为每个帧创建不同的图像。

如果动画中各帧的动画对象相同,只是动画对象的姿态、位置、颜色、大小等有所变化,则可以复制上一关键帧加以修改来完成该帧的编辑。

创建逐帧动画的具体方法是:

(1)在【时间轴】面板上选定创建动画的层,再选定该层上逐帧动画的起始帧。

(2)如果该帧不是关键帧,则需要按功能键"F7"插入一个空白关键帧,使之成为一个关键帧。

(3)在舞台上为该帧编辑图像。可以使用【绘图】工具绘制或导入图像素材等方法。完成图像编辑后,按功能键"F6"再复制一个关键帧。

(4)修改该帧的图像,依次完成各帧图像的编辑。

(5)按组合键"Ctrl+Enter",测试效果。

下面通过几则案例来说明逐帧动画的制作过程和制作技巧。

9.2.2　逐帧动画案例

案例 9-1　会写字的笔

无论创建哪一类 Flash 8 动画,首先都要做好动画素材的准备工作。包括背景图像、动画对象、元件等。然后再开始动画的制作。这一过程同拍摄电影、电视剧相类似,拍摄前要先做好布景、演员化妆、道具、台词等,然后开始拍摄。本案例效果如图 9-2 所示。

图 9-2　会写字的笔效果图

操作步骤如下:

(1)创建新文档,打开【创建新元件】对话框,为元件起名为"笔",选择元件类型为"图形",单击【确定】按钮,打开"图形元件编辑器"。

(2)使用 Flash 8【工具】面板中的【绘图】工具绘制"笔"的图形。绘制完成后,切换回场景。

(3)用【文本】工具在舞台上输入文字"2010 世界杯",并在【属性】面板中设置文字相关属性。

(4)将文本对象的位置调整到舞台中央,在菜单中执行【修改】|【分离】命令两次,将文本对象打散,使文本对象成为图形对象。

注意:此操作不可逆,即不能将图形对象再转换成文本对象,除非用"Ctrl+Z"撤销此操作。

（5）打开【库】面板，在舞台上创建"笔"元件的实例。根据文字调整笔的大小，将笔移至文字上方，以便于将笔拖拽到文字图像上。

（6）在时间轴上选中第2帧，按下"Shift"键后，再单击第85帧，按功能键"F6"，在被选中的所有帧中，同时插入关键帧。

（7）选中第1帧，开始对该帧图像的编辑工作。用【选择】工具单击舞台空白处，取消对所有对象的选择。再框选图像的大部分区域，仅留下数字"2"的起笔部分，如图9-3所示。

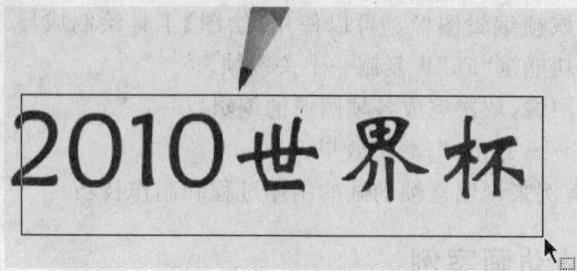

图 9-3　选择要删除的区域

（8）按"Delete"键，删除选中对象，用同样方法再删除下方漏掉部分。将笔拖拽到数字"2"的起笔处，完成第1帧的编辑。

（9）选中第2帧，编辑该帧图像。用同样方法删除文字图像的大部分区域，保留从数字"2"的起笔到图像顶点处的区域，将笔拖拽到该处，完成第2帧的编辑。

注意：在笔划的转折处，应多编辑若干帧。这样，动画效果会更细腻。

（10）使用【选择】工具和【橡皮擦】工具完成所有帧的编辑。

（11）按组合键"Ctrl＋Enter"，预览动画。如果动画播放速度过快，可在【属性】面板上减小动画的帧频以降低动画的播放速度。

案例 9-2　空中运球

在编辑动画图像时，为保证图像位置的准确，经常使用网格、标尺或绘制参考线做辅助。本案例在调整图像位置时，绘制了一条抛物线做辅助。完成各帧图像的编辑后，再将其删除。本案例效果如图9-4所示。

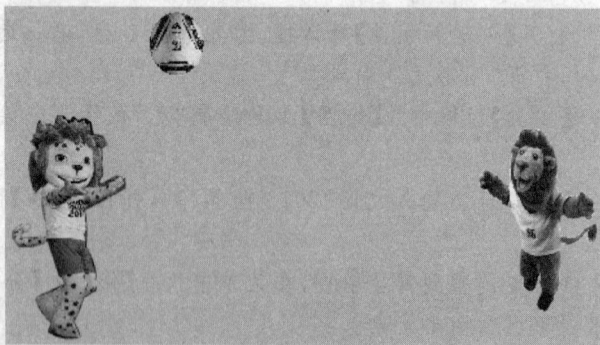

图 9-4　队员练头球效果图

操作步骤如下：

(1)创建新文档，打开【创建新元件】对话框，为元件起名为"队员甲"，选择元件类型为"图形"，单击【确定】按钮，打开"图形元件编辑器"。

(2)导入图像素材，使用编辑工具（【套索】、【橡皮擦】等工具）编辑图像。用同样方法创建队员乙、足球元件。完成编辑后，切换回场景。

(3)在【时间轴】面板上，重命名图层 1 为"辅助线"。选择【椭圆】工具绘制椭圆，再用【选择】工具选择圆形下半部分，并删除。

(4)插入新图层，并重命名为"足球"，选中该层第 1 帧。打开【库】面板，在舞台上创建足球元件的实例，并将足球移至曲线左端，如图 9-5 所示。

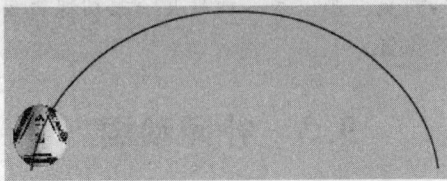

图 9-5　编辑足球层第 1 帧图像

(5)按"F6"插入关键帧，并将足球沿曲线移动一小段距离，完成足球层第 2 帧图像的编辑。用同样方法完成其他各帧图像的编辑，一直到足球运动到曲线右端。继续完成足球飞回到曲线左端的各帧图像的编辑。

(6)插入新图层，并重命名为"队员"，选中该层第 1 帧。在舞台上创建队员甲、队员乙元件的实例，分别将队员移至曲线两端。

(7)在【工具】面板中选择【任意变形】工具，选中队员甲。将图形的注册点拖拽到队员脚尖位置。使得在旋转图形时能以脚尖为圆心旋转。调整队员身体角度。如图 9-6 所示。

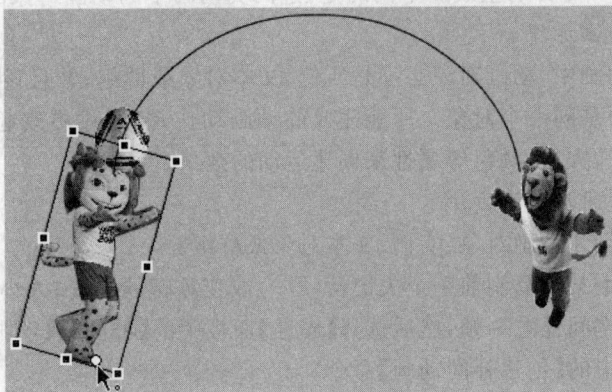

图 9-6　编辑队员层第 1 帧图像

(8)选中该层第 2 帧，按"F6"插入关键帧，继续调整队员身体的角度。用若干帧调整队员身体角度一直到身体还原。

(9)在队员层选中足球到达队员乙头部上方的相应帧，插入关键帧。用同样方法编辑队员乙身体的姿态。队员的身体姿态可以用"准备、顶球、还原"三帧来编辑。

(10)在队员层选中足球飞回到队员甲头部上方所对应的帧，插入关键帧。并将队员身体角度调整至准备姿态。完成动画一个周期的编辑。时间轴各层中帧的分布如图 9-7 所示。

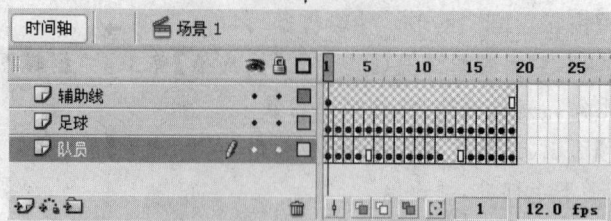

图 9-7　时间轴上各层中分布的帧

（11）将曲线层删除后，预览动画效果。如果某一帧图像需要调整，可拖拽播放头到问题帧，重新调整该帧图像的位置。

9.3　补间动画

同逐帧动画相比，补间动画能够弥补前者逐帧编辑图像的不足，创建补间动画只需要完成起始帖和结束帧中动画对象的编辑，而让 Flash 8 创建中间帧的图像。这类动画的优点是制作过程省时省力，动画效果连续；缺点是只能完成简单的动画动作。

9.3.1　动作补间动画

Flash 8 能生成两种类型的补间动画，一种是动作补间动画，另一种是形状补间。这两类动画的共同特点是：创建动画时只需要完成起始帧和结束帧这两帧动画对象的编辑，中间帧都是由 Flash 8 自动生成。不同的是：这两类动画中的动画对象的属性有所不同。

1. 动作补间动画原理

在动作补间动画中，动画对象必须是实例、文本对象或群组；并且，生成补间动画的相邻两个关键帧必须是同一个对象。所能完成的动画动作是：通过更改起始帧和结束帧这两帖中对象的位置、大小、颜色等属性来创建运动的效果。

2. 创建动作补间动画的方法

（1）在舞台上创建动画对象：实例、文本对象或群组。

（2）在时间轴上某帧复制前一个关键帧（F6），改变该帧的位置、大小或色调等属性。

（3）选中两帧之间任意一帧，然后选择【属性】面板中的【补间】|【动画】选项（或右击该帧，执行下拉菜单中的【创建补间动画】命令）。

案例 9-3　跳动的小球

制作动作补间动画时，一定要注意正确地选择层和帧，再进行其他操作。将不同的对象分别放置在各自的层中，可以使它们互不干扰。完成一层对象的编辑后，将该层锁定或隐藏，便于对其他层中对象的操作。本案例效果如图 9-8 所示。

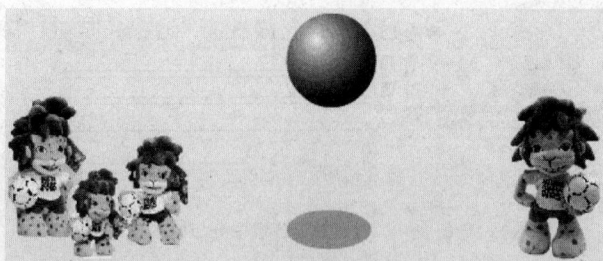

图 9-8　跳动的小球效果图

操作步骤如下：

(1)创建新文档,在【工具】面板中选择【椭圆】工具,设置笔触颜色为"无",填充颜色为黑白放射状,在舞台上绘制一个圆形。选择【颜料桶】工具,单击圆形左上部区域,将颜色渐变的起点调整至圆形左上方。

(2)用【选择】工具选中小球,并将其转换为图形元件。

(3)在【时间轴】面板上,将图层 1 重命名为"小球"。选中该层上的第 30 帧,按功能键"F6"插入一个关键帧。

(4)右击该层两个关键帧间的任意一帧,执行【创建补间动画】命令。

(5)选中第 15 帧,再插入一个关键帧,将该帧沿竖直方向向上移动一段距离。完成小球补间动画的制作,锁定此层。

(6)新建图层,并重命名为"投影"。选中此层第 1 帧,用【椭圆】工具在小球下方绘制椭圆图形作为小球的投影。设置笔触颜色为"无",填充颜色为浅黑实心,将其转换为图形元件。

(7)选中该层上的第 30 帧,按功能键"F6"插入一个关键帧。右击该层两个关键帧间的任意一帧,执行【创建补间动画】命令。

(8)选中第 15 帧,插入一个关键帧,用【任意变形】工具将该帧图像缩小。并在【属性】面板上设置其 Alpha 透明度为 28%,如图 9-9 所示。在【时间轴】面板上将该层拖拽到小球层之下,完成小球投影动画的制作,锁定此层。

图 9-9　设置投影透明度

(9)新建图层,并重命名为"吉祥物"。在菜单中执行【文件】|【导入】|【导入到舞台】命令,为动画导入背景图像,使用【编辑】工具编辑图像。在【时间轴】面板上,将此层拖拽至最底层,完成动画制作。本动画时间轴各层中帧的分布如图 9-10 所示。

注意:在时间轴上,正确的补间动画:两关键帧之间是用箭头表示。错误的补间动画:两关键帧之间是虚线。错误产生的原因有:动画对象不是元件,两个关键帧中的元件不是同一个元件。

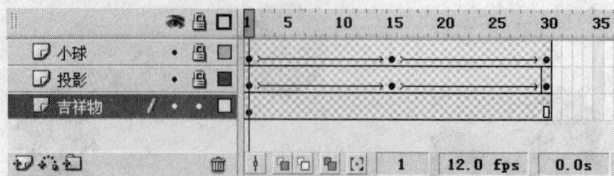

图 9-10 时间轴上各层中分布的帧

案例 9-4   滚动的足球

在上一案例中,动画对象所完成的动画动作有:位置变化、大小变化、色调变化。除此之外,还可以在【属性】面板上为移动的动画对象设置旋转属性。本案例效果如图 9-11 所示。

图 9-11 滚动的足球效果图

操作步骤如下:

(1)创建新文档,在舞台上导入足球图像或绘制足球图像。将足球图像转换为图像元件。

(2)将足球实例移至舞台左侧,并在时间轴 80 帧处插入关键帧。为两个关键帧创建补间动画。

(3)在时间轴中间 40 帧处,插入关键帧,并将该帧实例移至舞台右侧。

(4)选中第 1 帧和第 40 帧之间任意一帧,在【属性】面板上设置其旋转属性,如图 9-12 所示。同样,为第 40 帧和第 80 帧的补间设置"逆时针"、"3 次",完成足球动画。

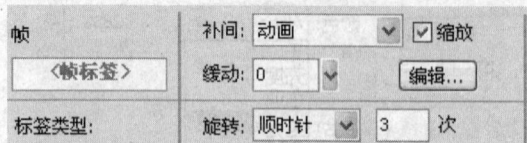

图 9-12 为补间动画设置旋转属性

(5)创建新层,选中该层第 1 帧,导入背景素材并编辑,将图像分别移至足球运动的两端。完成本案例制作。

3.使用运动引导层

前面两例中,动画对象的运动轨迹都是直线。通过运动引导层绘制路径,可以使补间实例、组或文本对象沿着这些路径运动。也可以将多个层链接到一个运动引导层,使多个对象沿同一条路径运动。链接到运动引导层的常规层就成为引导层。运动引导层的使用方法如下:

(1)先选择包含动画的图层,然后再单击【时间轴】面板上的【添加运动引导层】图标，Flash 会在所选的图层之上创建一个新图层,该图层名称的左侧有一个【运动引导层】图标 引导层。

(2)选中引导层第 1 帧,即可使用【钢笔】、【铅笔】、【直线】、【圆形】、【矩形】或【刷子】工具绘制所需的路径。

(3)选择包含动画的图层的第 1 关键帧,在舞台上拖拽实例使其中心点与路径线条的起点对齐(通过拖拽元件的注册点能获得最好的对齐效果)。如图 9-13 所示。

(4)用同样方法将包含动画图层的下一个关键帧与路径线条终点对齐。当播放动画时,动画对象将沿着运动路径移动。

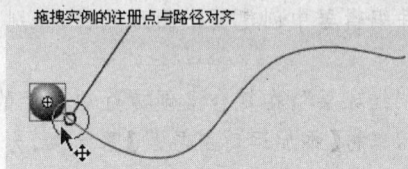

图 9-13　将动画实例拖拽到运动路径上

要把其他图层和现有运动引导层链接起来,共用一个运动路径,可以将该层拖拽到运动引导层的下面。则该图层上的所有对象将自动与运动路径对齐。如果要断开图层和运动引导层的链接,选中该层后,在菜单中执行【修改】|【时间轴】|【图层属性】命令,在【图层属性】对话框中,选择"一般"作为图层类型即可,如图 9-14 所示。

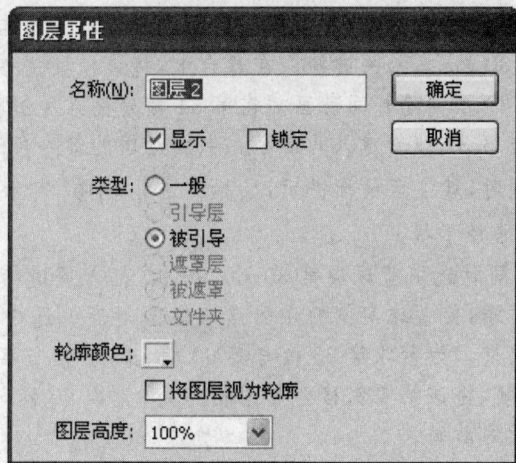

图 9-14　设置图层引导属性

案例 9-5　沿路径运动的小球

如果所绘制的路径是闭合曲线,则补间实例将选择近一些的路径到达终点。这时可以通过在中间添加关键帧,并调整关键帧的位置来控制补间实例的走向。本案例为两个小球接力沿 8 字路径运动,本案例效果如图 9-15 所示。

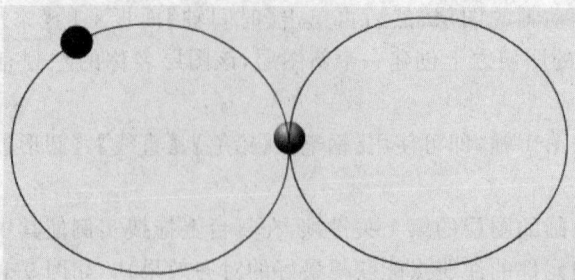

图 9-15　沿路径运动的小球效果图

操作步骤如下：

(1)创建新文档,在元件编辑器中创建两个图形元件,分别命名为红色球、蓝色球。切换到场景。

(2)将图层 1 重命名为"红球层",在舞台上创建红球元件的实例,并移至舞台左侧。

(3)在【时间轴】面板上,单击【添加运动引导层】图标 ,为红球层创建运动引导层。

(4)选中运动引导层中第 1 帧,用【椭圆】工具在舞台上绘制一个椭圆,复制该椭圆并移至右侧与其相切。由于本动画需要"120"帧,所以,在本层 120 帧处按功能键"F5",将图像扩展到第 120 帧。

(5)选中红球层第 1 帧,拖拽红球实例移至左侧椭圆左端,使红球实例的注册点与椭圆对齐。

(6)创建一个新层,将图层重命名为蓝球层。将蓝球层移至红球层之下。在舞台上创建蓝球元件的实例,并移至舞台中央,使蓝球实例的注册点与椭圆相切处对齐。

(7)选中红球层第 30 帧,插入关键帧。在舞台上,将该帧实例移至蓝球上方并与其相切,为红球第 1 帧与第 30 帧创建补间动画。在第 34 帧处插入关键帧,将该帧实例移至椭圆相切处,为第 30 帧与第 34 帧创建补间动画。完成红球的第一段运动动画。

注意:移动实例时,就注意鼠标提示,鼠标下方出现 ,表示可移动对象。鼠标下方出现 ,表示可改变路径形状。

(8)按下"Ctrl"键,同时选中蓝球层第 30、60、90 帧,插入关键帧。选中第 60 帧,将该帧实例移至右侧椭圆右端,使蓝球实例的注册点与椭圆对齐。选中第 90 帧,将该帧实例移至红球上方并与之相切。为蓝球第 30 帧与第 60 帧、第 60 帧与第 90 帧创建补间动画。在第 94 帧处插入关键帧,将该帧实例移至椭圆相切处,为第 90 帧与第 94 帧创建补间动画。完成蓝球一周运动的动画。

(9)在【时间轴】面板上,拖动播放头到 90 帧,观察蓝球能否沿路径逆时针完成一周运动,如果不能,应向下方调整第 60 帧实例(以保证下方路径为最近路线)。

(10)选中红球层第 90、120 帧,插入关键帧。再选中第 120 帧,该帧实例移至左侧起点下方,为红球第 90 帧与第 120 帧创建补间动画。完成红球一周运动的动画。

(11)按组合键"Ctrl+Enter",预览动画效果。

(12)为显示出小球的运动路线,可以创建一个新图层作为背景层,并将该层移至所有层的最下方。右击运动引导层第 1 帧,执行【拷贝帧】命令,再右击背景层第 1 帧,执行【粘贴帧】命令,将引导层图像复制到背景层上。完成本案例制作。本案例时间轴上帧的分布如图 9-16 所示。

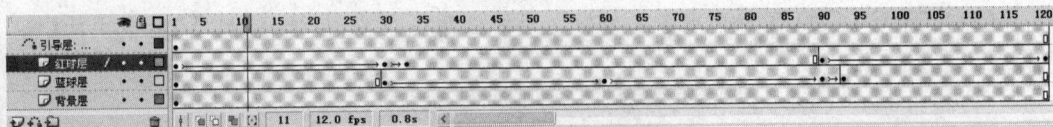

图 9-16　时间轴上各层帧的分布

9.3.2　形状补间动画

动作补间动画与形状补间动画的区别就在于前者的动画对象必须是实例、文本对象或群组，而后者的动画对象必须是形状。Flash 8 是矢量图形动画制作软件，用【工具】面板中的工具所绘制的图形都是矢量图形，都可以作为形状补间动画中的动画对象。Flash 8 中的文字或实例通过执行菜单中【修改】|【分离】命令或按快捷键"Ctrl＋B"将其打散。这对于文字、实例、或组合对象特别重要，打散后这些对象便可转换为形状。需要注意的是，因为实例和组合对象允许嵌套，所以，有的时候需要经过多次打散操作，才能将它们变成形状。

1．形状补间动画原理

创建形状补间动画除动画对象与前者不同外，其原理基本相同。编辑相邻两个关键帧中的动画图像，如大小、形状、颜色、位置等。再通过【属性】面板在两帧之间创建形状补间动画，从而在两帧之间产生动画效果。如从一个小的对象渐变为大的对象、由圆形变为方形、由一个文字变为另外一个文字等。

2．创建动作补间动画的方法

（1）在舞台上创建形状对象。

（2）在时间轴上某帧插入空白关键帧（F7），在该帧中创建另一个形状对象。

（3）选中两帧之间任意一帧，然后选择【属性】面板中的【补间】|【形状】选项。

案例 9-6　神奇的线条

形状补间动画的生成，是 Flash 8 对相邻两个关键帧的图像进行分析，进而自动生成的补间图像。一般情况下，两个关键帧的图像最好都是由线条勾画出来的，效果最佳。本案例效果如图 9-17 所示。

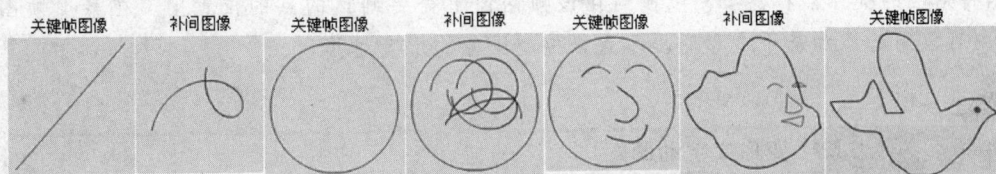

图 9-17　时间轴上各层帧的分布

操作步骤如下：

（1）创建新文档，按下"Ctrl"键，在【时间轴】面板上，同时选中第 15、30、45、60 帧，再按功能键"F7"，为各帧插入空白关键帧。

（2）依次在各空白关键帧中绘制图示中关键帧的图像。

（3）按下"Ctrl"键，同时选中各关键帧之间的任意一帧，然后选择【属性】面板中的【补间】|【形状】选项。

（4）按组合键"Ctrl＋Enter"，预览动画效果。

案例 9-7　会变形的吉祥物

如果各关键帧中的图像比较复杂，则 Flash 8 所生成的补间图像也相对复杂。如果关键帧中的图像是来自导入的位图图像，并且差别很大，那么，Flash 8 也有可能生成不了补间图像。本案例效果如图 9-18 所示。

图 9-18　会变形的吉祥物动画效果图

本案例操作步骤与上例基本相同，这里从略。如果在制作过程中，希望延长关键帧图像的播放时间，可以在完成关键帧图像制作后，在该关键帧的后若干帧处再插入一个关键帧，以延长该图像的播放时间。本案例时间轴上帧的分布如图 9-19 所示。

图 9-19　时间轴上帧的分布

如果对制作的形状渐变效果不满意，希望形状按指定的位置变化，可以使用 Flash 8 提供的"添加形状提示"的功能，为图形添加形变提示点以控制图像形变的方向。首先选中形状补间动画中的第 1 关键帧，然后，在菜单中执行【修改】|【形状】|【添加形状提示】命令，将出现在图像上的提示点标志"a"拖拽到图像上需要控制的点上，再选中下一个关键帧，将对应的提示点标志"a"拖拽到该帧图像上需要到达的点的位置上。在第 1 帧图像中可以同时添加若干个形变提示点以控制图像的形变过程。

案例 9-8　变形文字动画

Flash 8 中的文本对象属于元件类型。若用文本对象制作形状补间动画，必须要将文本对象执行两次【分离】命令，才能将文本对象完全打散成形状。在本案例中，采用先创建影片剪辑，在影片剪辑中完成文字形状补间动画制作。切换回场景后，再从【库】面板中将该影片剪辑拖拽到舞台上。这样做可以在舞台上同时有多个变形文字，本案例效果如图

9-20 所示。

各椭圆中的文字依次变形显示

图 9-20　变形文字动画效果图

操作步骤如下：

(1)创建新文档,打开【创建新元件】对话框,命名元件为"上海",选择元件类型为影片剪辑,单击【确定】按钮,进入元件编辑器。

(2)选择【文本】工具,在舞台中央输入文字"上",设置文本相关属性。

(3)同时选中元件时间轴上的第 10、20、30、40、50 帧,并插入关键帧。分别选中各关键帧,将其中文字依次修改为"海、世、博、会"。

🐛注意:这样做可以保证各关键帧中的文字具有相同位置和相同属性。

(4)分别选中各关键帧,执行【分离】命令,将其打散成形状(单个文字只需执行一次【分离】命令即可将其打散)。

(5)为各关键帧间创建形状补间动画。

(6)用同样方法再创建"南、非、世、界、杯"影片剪辑。然后,切换回场景。

(7)为动画导入背景图像,编辑并调整图像尺寸。

(8)创建新图层,选中该层第 1 帧。打开【库】面板,分别将两个影片剪辑拖拽到舞台上,用【椭圆】工具为实例绘制椭圆图形,调整位置后,将实例移至椭圆中。完成本案例制作。

(9)按组合键"Ctrl＋Enter",预览动画效果。影片剪辑中元件时间轴上各帧的分布如图 9-21 所示。

各关键帧中的文字分别为上、海、世、博、会、上

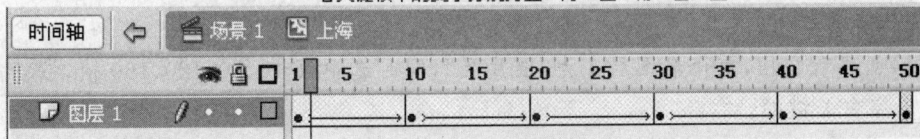

图 9-21　影片剪辑时间轴上各帧的分布

9.4　遮罩动画制作及背景音乐

在 Flash 中使用遮罩效果往往可以制作出许多有特殊效果的动画,如探照灯、滚动字幕、放大镜、百叶窗等特效动画。Flash 8 遮罩原理同 Fireworks 8 中的遮罩原理基本相同,但 Flash 8 中的遮罩动画更具表现力。

9.4.1 创建遮罩动画

遮罩就其本质而言,只是确定了一个显示对象的范围。在 Flash 中,遮罩动画的制作是用两个图层来完成的,上面的图层称作遮罩层,下面的图层称作被遮罩层。在遮罩层中的对象将成为透明区域,而对象以外的区域将不透明。这样,被遮罩层中对象只能透过遮罩层中的对象显示出来。

遮罩效果不能直接嵌套使用,就是说,在【时间轴】面板中的一个遮罩层不能套着另一个遮罩层。要实现嵌套使用,必须先在元件中完成一个遮罩效果,然后在另一个元件中引用这个元件后再进行遮罩处理。

常见的遮罩动画可以分为上层遮罩动画、下层动画展示、鼠标跟随运动遮罩区、图形的特殊处理等四种类型。虽然它们的遮罩原理相同,但动画制作的方法都有所区别。下面就通过几则案例来予以说明。

案例 9-9　图片切换特效

上层遮罩动画就是通过遮罩层中对象的运动来显示下层的对象。在本案例中,先在底层中插入几帧图像(图像在切换过程中并不运动),然后在新建图层中对应各帧的图像创建形状补间动画。最后,再将上层设置成遮罩层即可。本案例效果如图 9-22 所示。

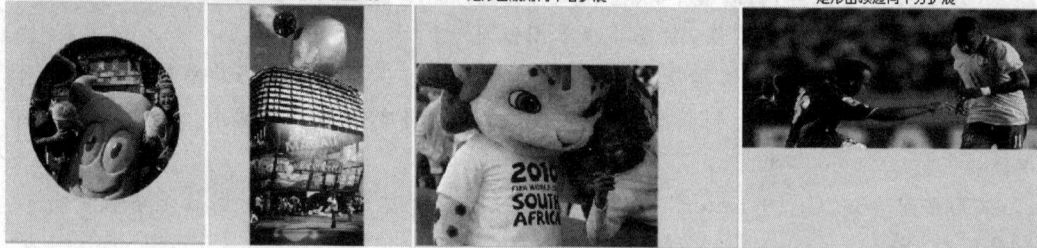

圆由小向大渐变显示底部图像　　矩形由中心向两边扩展　　矩形由底角向中心扩展　　矩形由顶边向下方扩展

图 9-22　图片切换效果图

操作步骤如下:

(1)创建新文档,重命名图层 1 为"图片层",同时选中第 40、80、120、160 帧,按功能键 F7 插入空白关键帧。

(2)分别为各空白帧中导入图像,并调整图像大小与舞台尺寸相同。

(3)创建新图层,重命名图层为"遮罩层"。在这一层中,开始创建一组形状渐变动画(也可以创建动作补间动画)。

(4)选中遮罩层第 1 帧,用【椭圆】工具在舞台中央绘制一个圆形,设置笔触颜色为"无色"。用【选择】工具选中椭圆对象,在【属性】面板上将其宽度和高度都设置为"1",为保证椭圆对象在舞台正中央,可以将该对象"剪切"后,再"粘贴"。

(5)选中遮罩层第 20 帧,插入一个空白关键帧,在舞台中央再绘制一个宽度和高度均为"400"的圆形。

(6)复制遮罩层第 1 帧,粘贴帧到第 40 帧。为第 1 帧和第 20 帧、第 20 帧和第 40 帧创建形状补间动画,完成遮罩层上第一段动画的制作。

(7)用同样方法在遮罩层上创建其他三段的动画。注意每一段动画都是 40 帧,动画内容都是矩形由小变大再由大变小。矩形变化的起点分别是舞台中央、舞台左下角、舞台顶部。要注意每一段动画中,起始帧和最后一帧是完全相同的,中间那一帧中的矩形图像的尺寸应和舞台的尺寸相同。

(8)完成遮罩层中各段动画的制作后,在【时间轴】面板上右击遮罩层,在下拉菜单中,执行【遮罩层】命令,将该层设置为遮罩层(遮罩层其实是由普通图层转化的)。

(9)预览动画效果(遮罩层中的图形对象在播放时是看不到的)。将图层设置成遮罩层后,遮罩层和被遮罩层均被加锁锁定。如果要改图层中的内容,需要先解除锁定后,再修改图层中的内容,完成修改后,再重新锁定图层。也可以右击遮罩层,取消遮罩层。完成修改后,再重新设置。但这样做也需要解锁。本案例时间轴上 1 至 80 帧的分布如图9-23所示。

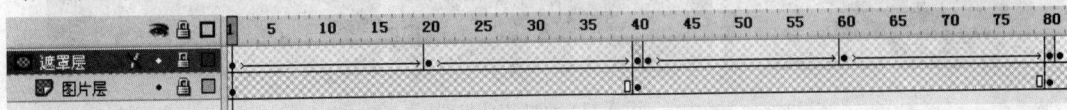

图 9-23　时间轴上各帧的分布

案例 9-10　文字遮罩动画

文字遮罩动画展示就是遮罩层中的对象不设置动画,在被遮罩层中设置动画,而动画对象只能透过遮罩层中的对象才能观察到的动画效果。本案例效果如图 9-24 所示。

图 9-24　文字遮罩动画效果图

操作步骤如下:

(1)创建新文档,重命名图层 1 为"动画层"。

(2)在舞台中导入图像,调整图像大小与舞台尺寸相同,将图像转换成"图像元件"。

(3)在动画层第 40 帧插入关键帧,创建补间动画。在【属性】面板中设置其旋转属性为"顺时针"。完成动画层中动画的制作。

(4)创建新图层,重命名图层为"遮罩层"。用【文本】工具在舞台中央插入文字,设置字体为"华文琥珀"(琥珀字线条较粗),字体大小为"80"。

(5)在【时间轴】面板上右击遮罩层,在下拉菜单中,执行【遮罩层】命令,将该层设置为遮罩层。完成本案例制作。

第三类遮罩动画中使用了 Flash 8 脚本语言,这里暂不赘述。

案例 9-11　百叶窗效果

百叶窗效果主要是在元件中使用了遮罩技术,舞台上的图像在百叶窗被打开时,显示出另一幅图像。在本案例中,一组遮罩效果是由一个遮罩层和两个图片层组成,若完成四组遮罩效果,共需要 12 个图层。本案例效果如图 9-25 所示。

图 9-25　百叶窗效果图

操作步骤如下:

(1)创建新文档,在菜单中执行【文件】|【导入】|【导入到库】命令,将预选准备好的 4幅图像素材导入到库中。在【库】面板中将 4 幅图像分别重命名为 pic1、pic2、pic3、pic4。

(2)在【时间轴】面板上,新建 11 个图层。从上至下分别将图层重命名为"遮罩层 1"、"pic1"、"pic2"、"遮罩层 2"、"pic3"、"pic4"、"遮罩层 3"、"pic5"、"pic6"、"遮罩层 4"、"pic7"、"pic8"。

(3)首先要制作出三种不同形状的影片剪辑作为遮罩层上的遮罩对象。打开【元件】对话框,命名元件名称为"m1",设置元件类型为"影片剪辑",单击【确定】按钮,打开元件编辑器。

(4)选择【矩形】工具,在编辑区中央绘制一个 30×420 的矩形,笔触颜色为"无",填充色可以任选某一种颜色。这里需要说明的是矩形的宽度就是百叶窗的叶宽,而矩形高度要超过舞台的高度。

(5)在元件时间轴上的第 20、40 帧处插入关键帧。选中第 40 帧,单击该帧的矩形,在【属性】面板上,将矩形的宽度修改为"1"。

(6)在第 20 帧和第 40 帧之间创建形状补间动画。

(7)按"Ctrl+F8"重新打开【元件】对话框,命名元件名称为"ms1",设置元件类型为"影片剪辑",单击【确定】按钮,编辑"ms1"。

(8)在【库】面板中将元件"m1"拖拽到舞台中央,选中元件 m1 的实例,按下"Alt"键沿水平方向拖拽"m1"的实例(复制了一个实例),调整两个实例等高并紧密相连。选中两个实例,再按下"Alt"键沿水平方向拖拽"m1"的两个实例(复制了二个实例)。依次复制实例,直至总宽度大于舞台宽度。

(9)选中所有实例,在菜单中执行【窗口】|【对齐】命令,打开【对齐】面板。单击【垂直中齐】按钮,使所有实例高度相同,如图 9-26 所示。

(10)接着制作一个变化的正方形的影片剪辑。打开【元件】对话框,命名元件名称为"m2",设置元件类型为"影片剪辑",单击【确定】按钮,编辑"m2"。

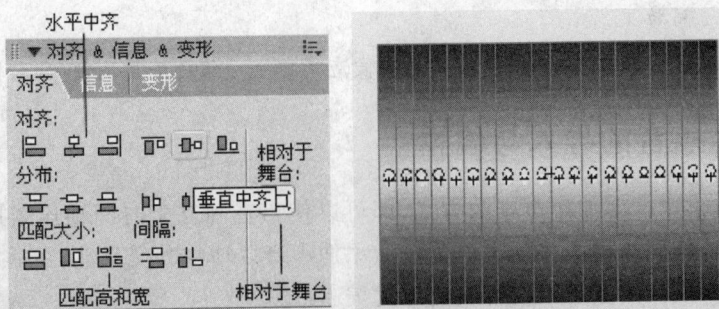

图 9-26　使用【对齐】面板对齐对象

（11）使用矩形工具，在编辑区中央绘制一个 50×50 的正方形。笔触颜色为"无"，填充色可以任选某一种颜色。

（12）在元件时间轴上的第 20、40 帧处插入关键帧。选中第 40 帧，单击该帧的正方形，在【属性】面板上，将矩形的宽度和高度都修改为"1"。

（13）在第 20 帧和第 40 帧之间创建形状补间动画。

（14）按"Ctrl＋F8"重新打开【元件】对话框，命名元件名称为"ms2"，设置元件类型为"影片剪辑"，单击【确定】按钮，编辑"ms2"。

（15）在【库】面板中将元件"m2"拖拽到编辑区中央，依次复制实例，直至总宽度和高度大于舞台宽度。复制时可选择复制出一列，然后，再沿水平方向复制。

（16）用同样方法再创建一个水平变化的矩形的影片剪辑"ms3"。

（17）返回到场景。在【时间轴】面板上，选中"pic1"层第 1 帧，将【库】面板中的"pic1"图像拖拽到舞台。选中图像，在【对齐】面板上，单击"匹配高和宽"、"垂直中齐"、"水平中齐"按钮，使得图像与舞台等大并对齐。隐藏"pic"1 层。

（18）选中"pic2"层第 1 帧，将【库】面板中的"pic2"图像拖拽到舞台，完成相同操作。然后，显示"pic1"层。

（19）选中"遮罩层 1"第 1 帧，将【库】面板中的"ms1"元件拖拽到舞台中央。

（20）在【时间轴】面板上，同时选中"遮罩层 1"、"pic1"、"pic2"的第 40 帧，按"F5"插入普通帧。右击"遮罩层 1"，执行"遮罩层"命令，将该层设置成"遮罩层"。

（21）在【时间轴】面板上，同时选中"遮罩层 2"、"pic3"、"pic4"的第 41 帧和第 80 帧，按 F7 插入空白关键帧。

（22）选中"pic3"层第 41 帧，将【库】面板中的"pic2"图像拖拽到舞台，设置图像与舞台等大并对齐。隐藏"pic3"层。

（23）选中"pic4"层第 41 帧，将【库】面板中的"pic3"图像拖拽到舞台，完成相同操作。然后，显示"pic1"层。

（24）选中"遮罩层 2"第 41 帧，将【库】面板中的"ms2"元件拖拽到舞台中央。右击"遮罩层 2"，执行"遮罩层"命令，将该层设置成"遮罩层"。

（25）按照相同方法完成其余层的编辑，即可完成本案例的制作。其中，在遮罩层中的遮罩对象，可以使用【任意变形】工具将其旋转 45 度并放大到将舞台遮盖上，可以得到倾斜的百叶窗效果。

（26）预览动画效果。

🐾**注意**：本案例中，下一组中的第一层图像应衔接上一组的底层图像（即是同一幅图像）。

9.4.2　声音的导入与编辑

Flash 8 提供了许多使用声音的方式，即可以使声音独立于时间轴连续播放，又可以使动画和一个音轨同步播放。还可以为按钮添加声音以增加其交互性，在播放动画时，通过设置声音的淡入淡出还可以使音轨更加优美。

1.Flash 8 中的声音

在 Flash 8 中有两种类型的声音：事件声音和数据流。若将声音属性设置成"事件"，则必须在文件完全下载后才能开始播放，除非明确停止，它将一直连续播放。若将声音属性设置成"数据流"，则在前几帧下载了足够的数据后就开始播放；数据流和时间轴同步，就是说，当动画停止播放时，声音也一同停止。

在 Flash 8 中可以加入"WAV"、"MP3"等格式的声音，在【属性】面板中可以改变声音开始播放和停止播放的位置。这对于通过删除声音文件的无用部分来减小文件的大小是非常有用的。

2.声音的导入与应用

在 Flash 8 中声音作为一个元件保存在【库】面板中，并且导入声音文件和导入其他类型的文件方法是基本相同的，其操作步骤如下：

（1）在菜单中执行【文件】|【导入】|【导入到库】命令，打开导入文件对话框。

（2）在对话框中选择要导入的声音文件，单击【打开】按钮，即可将声音文件导入到【库】面板中。

声音文件导入到库中后，即可单击【库】面板预览框中的【播放】按钮试听声音效果。动画的背景声音可以在动画内容制作完成后，为声音单独新建一个图层。在该层为声音插入一个空白关键帧，选中该帧后，将声音文件从【库】面板中拖拽到舞台上。这时在【时间轴】面板上，可以看到声音层中出现缩小了的声音波形。为保证声音播放时与动画同步，在插入声音后，应同时设置相应【属性】面板上的"同步"为"数据流"。如图 9-27 所示。

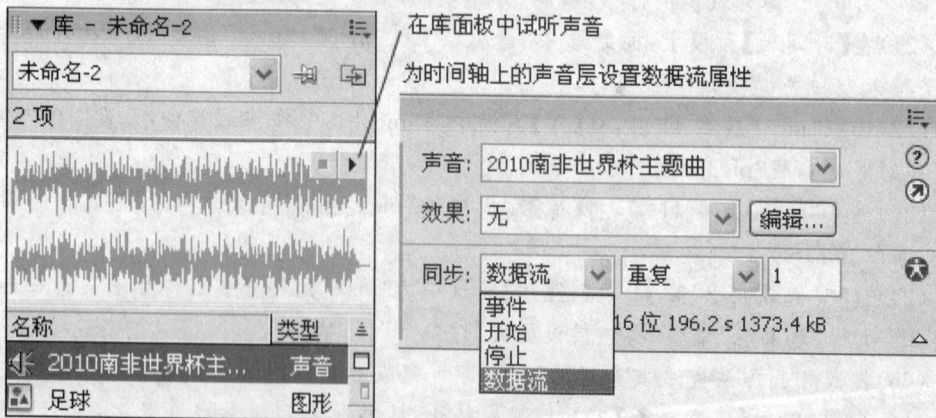

图 9-27　使用【库】面板和【属性】面板应用声音

案例 9-12　MTV 制作

本案例由两部分组成,一是随时间轴播放的歌词,文字颜色变化的效果(遮罩动画);二是随时间轴播放的声音。在制作过程中,若要保证歌词颜色递进的速度与声音同步,则应按声音播放的速度来设置歌词的帧数,逐段编辑完成。本案例效果如图 9-28 所示。

图 9-28　播放 MTV 效果图

操作步骤如下:

(1)新建文档,重命名图层 1 为"背景层"。导入两幅背景图像。并调整大小和位置。在菜单中执行【文件】|【导入】|【导入到库】命令,打开导入文件对话框。选择声音文件后,单击【打开】按钮,将声音文件导入到【库】面板中。

注意:如果导入文件失败,说明文件格式有问题,应重新导入另一个声音文件。

(2)在【时间轴】面板上,再新建四个图层。从上至下分别将图层重命名为"声音层"、"遮罩层"、"歌词 2"、"歌词 1"。

(3)选中"歌词 1"层第 1 帧,用【文本】工具在舞台上输入两句歌词。在【属性】面板上,设置文字相关属性。

(4)将"歌词 1"层第 1 帧复制到"歌词 2"层第 1 帧。并改变该帧文字的颜色。

(5)选中遮罩层第 1 帧,用【矩形】工具在第 1 句歌词上绘制矩形(笔触颜色为"无",填充色随意),将第 1 句歌词全部遮上。如图 9-29 所示。

(6)如果播放两句歌词所对应的声音需要 10 秒钟,则应将背景层和歌词层的图像扩展到 120 帧(F5)。并将图层锁定。

(7)选中遮罩层第 60 帧,插入关键帧(F6)。再选中第 1 帧所对应的矩形,在【属性】

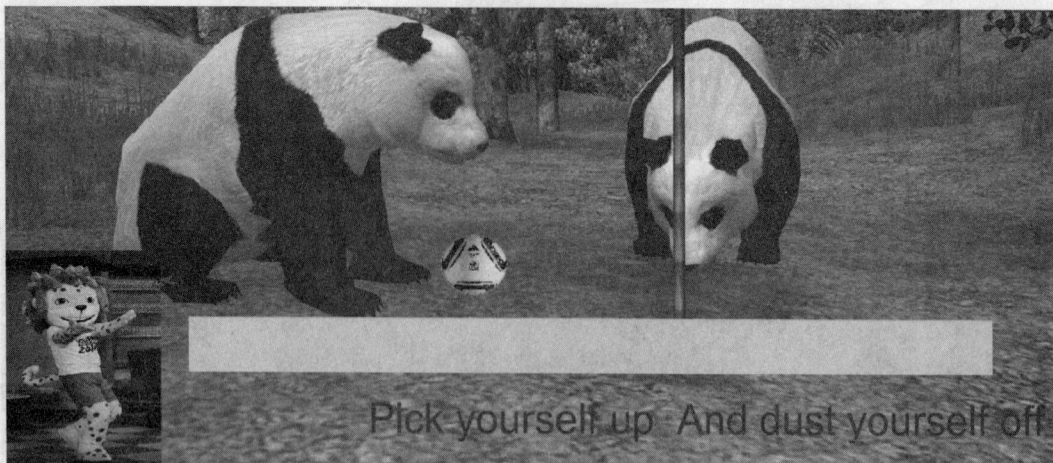

图 9-29 为第 1 句歌词绘制遮罩图形

面板上设置矩形宽度为"1"。在第 1 帧和第 60 帧之间设置形状补间动画。

(8)选中遮罩层第 61 帧,插入关键帧。在空白处单击鼠标,取消对所有对象的选择。用【矩形】工具在第 2 句歌词上绘制矩形,将第 2 句歌词全部遮上。在第 120 帧处插入关键帧。

(9)选中第 61 帧,在空白处单击鼠标,取消对所有对象的选择。再选中第 2 个矩形,在【属性】面板上设置矩形宽度为"1"。在第 61 帧和第 120 帧之间设置形状补间动画。

(10)完成两句歌词的遮罩对象的制作后,在【时间轴】面板上,右击遮罩层,在下拉菜单中,执行【遮罩层】命令,将该层转换成遮罩层。这时可以预览动画效果。

(11)选中声音层第 1 帧,在【库】面板中将声音文件拖拽到舞台上。并在【属性】面板上设置"同步"为"数据流"。完成本案例制作。

(12)预览动画效果。

如果要继续将 MTV 全部制作完成,可以在原图层上按同样方法将剩余歌词制作完。也可以使用【场景】面板,添加场景,在新场景中制作后面的内容。本案例时间轴上部分帧的分布如图 9-30 所示。

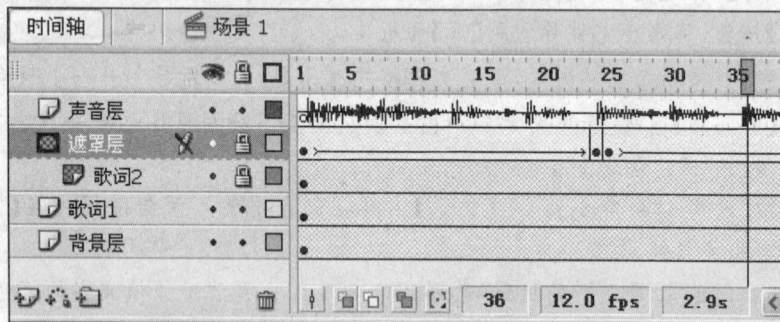

图 9-30 时间轴上帧的分布

要定义声音的起始点或控制播放时的音量,可以单击【属性】面板中相应的 编辑... 按钮,打开【编辑封套】对话框,从中编辑左、右声道的播放效果,如图 9-31 所示。

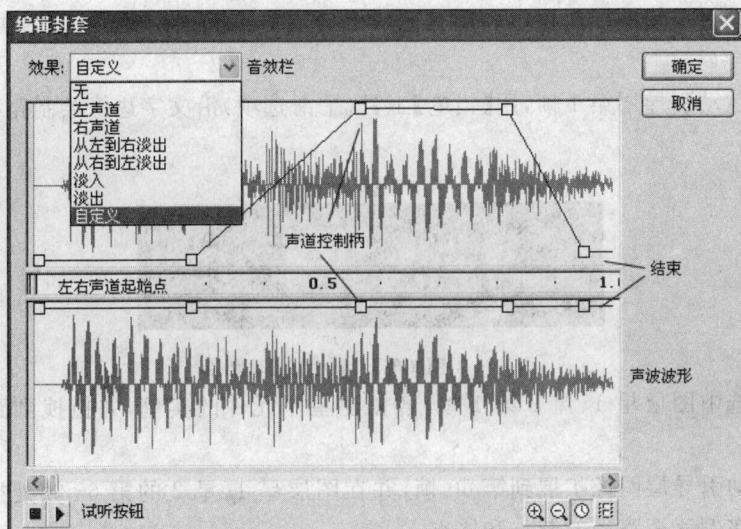

图 9-31　使用编辑封套控制声音

本章实训

制作网页标题动画

本实训利用多个运动引导层控制不同层中的动画对象的运动轨迹,制作出动画效果,在制作过程中,应注意正确选择图层和相应帧。本案例效果图如图 9-32 所示。

图 9-32　星星沿文字边缘移动效果图

操作步骤如下:

1. 新建文档,重命名图层 1 为"背景层"。使用【文本】工具在舞台上输入文本。在【属性】面板上设置文本的字体和字号。

2. 执行【分离】命令,将文本对象完全打散。使用【混色器】为文字对象设置线性渐变颜色。锁定背景层。

3. 创建星星图形元件。制作星星图形的方法有很多,这里用两个四边形或四个三角形组合而成,填充类型为放射状,渐变色的分布如图 9-33 所示。

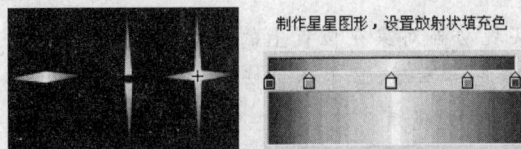

图 9-33　制作星星图形

4. 在【时间轴】面板上创建两个图层,分别命名图层为星 1、星 2。选中图层星 2,单击添加运动引导层,为图层星 2 添加一个运动引导层。将图层星 1 拖拽到运动引导层下方后,再拖拽回原位,使图层星 1 也和现有运动引导层链接起来,与图层星 2 共用一个运动路径。

5.选中运动引导层第 1 帧,用【铅笔】工具(平滑选项)沿文字边缘绘制路径,如图 9-34 所示。

图 9-34　用【铅笔】工具绘制运动路径

6.分别选中图层星 1、星 2 第 1 帧,各创建星星元件的实例,并拖拽到路径上,见上图。

7.将运动引导层图像扩展到第 60 帧,并在图层星 1、星 2 的第 60 帧处插入关键帧。分别将该帧实例移至路径的起点和终点。

8.为两层的实例创建动作补间动画(设置旋转),完成两个星星第一阶段的动画制作。

9.继续创建图层和运动引导层,制作两个星星汇合后的动画。如变成 4 个或 6 个星星并向不同方向运动,最后逐渐消失(可以通过改变最后一帧的 Alpha 透明度来实现)。

10.预览动画。

思考与练习

一、选择题

1.对于矢量图像和位图图像,执行放大操作,则:　　　　　　　　　　　　　(　)

A.对于矢量图像和位图图像的质量都没有影响。

B.矢量图像无影响,位图图像出现马赛克。

C.矢量图像出现马赛克,位图图像无影响。

D.矢量图像和位图图像都将受到影响。

2.以下关于 Flash 中运动动画的叙述不正确的是:　　　　　　　　　　　　(　)

A.两关键帧的内容应该是一样的,就是说,动画从开始到结束都没有新对象出现。

B.动画对象必须是组合对象,而没有被分离。

C.运动动画可以实现对象在位置、方向、比例、大小、颜色、不透明度、亮度等属性的改变。

D.运动动画只能实现动画对象在位置上的改变。

3.Flash 中的元件有三种类型,其中不包括:　　　　　　　　　　　　　　(　)

A.图形　　　　　　　B.视频　　　　　　　C.按钮　　　　　　　D.影片剪辑

4.以下关于关键帧的叙述,不正确的是:　　　　　　　　　　　　　　　　(　)

A.关键帧是一个包含内容,或对内容的改变起决定性作用的帧。

B.在时间轴上,包含内容的关键帧显示为有黑色实心圆点的方格。

C.在时间轴上,空白关键帧显示为有白色空心圆的方格。

D.在时间轴上,空白关键帧显示为有黑色实心圆点的方格。

5.以下关于运动引导层的叙述,错误的是：　　　　　　　　　　　　　　　　（　　）

A.运动引导层分两种,运动引导层和普通引导层。

B.引导层是一个特殊的图层,在其中绘制的内容完全是辅助性质,在最后输出的文件中是不会显示的。

C.运动引导层在影片中起辅助静态定位的作用。

D.运动引导层在影片中起引导运动路径作用。

二、填空题

1.按_____键可创建关键帧,按_____键可创建空白关键帧,按_____键可创建普通帧。

2.图层包括_____层、_____层和_____层。

3.如果想让一个图形实例从看见到不可见,应将其 Alpha 值从_____调节到_____。

三、简答题

1.简述制作 Flash 动画的三种方法各有何特点。

2.什么是遮罩动画？遮罩动画分哪几种类型？

四、操作题

1.练习使用不同的编辑方法创建、编辑动画。

2.参照本章案例自行设计编辑动画。

第 10 章

Flash 8 使用进阶

教学目标

通过本章学习,应掌握在制作动画过程中 Flash 8【场景】面板的使用方法;能够使用 ActionScript脚本语言编辑动画;掌握测试和发布影片等技能。

内容提要

1.掌握制作和编辑多场景动画的基本方法,通过案例制作进一步加强对动画的设计能力。

2.了解 ActionScript 的基本语法及应用对象,掌握基本语句的使用方法。

3.掌握优化与导出影片的基本方法。

4.通过实训练习进一步掌握 ActionScript 脚本对影片剪辑的控制方法。

10.1 制作多场景动画

一个影片可以由多个场景组成,每个场景都可以有一个完整的动画内容。在播放有多个场景的动画时,其播放顺序将按照【场景】面板中列出的顺序进行播放。在【场景】面板中各场景的位置可以通过拖拽来改变其相对位置。

通常,在对于多动画对象、动画内容复杂、动画背景很多的动画,要采用多场景来制作完成。各场景中的内容可以根据动画内容、动画背景或动画对象的区别来划分。在【场景】面板中可以完成添加、删除、复制场景等操作。在制作各场景的动画内容时,和制作单场景动画过程相同。下面就通过制作一个多场景的动画来予以说明。

案例 10-1　缤纷的世界

创建多场景动画首先要创建所需要的场景,然后,根据需要重命名场景【面板】中各场景的名称,如果有必要,还应该先编辑各场景的背景颜色或图像。完成基本的准备工作后,依次编辑各场景的动画内容。本案例分三个场景,其内容分别是:"上海世博会"、"南非世界杯"、"谢幕"。本案例效果如图10-1 所示。

图 10-1　各场景中动画效果

操作步骤如下：

1.创建新文档，按组合键 Shift＋F2,打开【场景】面板。添加两个场景，双击各场景名称,分别重命名,如图 10-2 所示。下面分别简要介绍各场景中动画的编辑过程。

2.制作"上海世博会"场景中的动画

该场景动画主要由三部分组成:标题部分是文字遮罩动画、中间部分是滚动影片效果、最后是依次出场的世博会吉祥物。

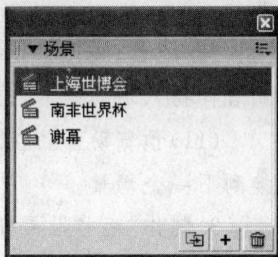

图 10-2　添加场景并重命名

(1)切换到"上海世博会"场景中,设置舞台背景色为"＃FFCC66"(橙色)。将图层 1 重命名为"图片"。再新建一层并重命名为"遮罩文字"。

(2)选中"图片"层第 1 帧,导入一幅图像,在【属性】面板上设置图像尺寸为400px×400px,使图像水平居中。将图像转换为图形元件。

(3)在"图片"层第 420 帧处插入关键帧,在两关键帧之间设置动作补间动画,并在【属性】面板中设置旋转属性为"顺时针"。

(4)选中"遮罩文字"层第 1 帧,在图示位置处插入文字"2010 上海世博会"。设置文字属性为:琥珀字体、53 号、红色。

(5)在【时间轴】面板上设置"图片"层为"遮罩层"。完成标题部分的动画。

制作滚动的影片效果要先创建一个影片图形元件,然后,在场景中制作其由右向左移动的补间动画。

(6)按组合键 Ctrl＋F8,打开【新建元件】对话框,命名元件为"影片"、元件类型为"图形",单击【确定】按钮,打开元件编辑器。

(7)在【工具】面板中,选择【矩形】工具,设置笔触颜色为无色、填充色为黑色。在编辑区绘制一个 10px×10px 的矩形,选中矩形复制并粘贴。设置新复制的矩形的填充色为白色,再调整两个矩形水平对齐。重新复制两个矩形并粘贴,调整位置水平对齐。逐次操作完成影片顶部图形的制作,最后选中所有矩形并组合(Ctrl＋G)。

(8)在影片顶部图形下方绘制一个与其等宽,且高为 77 的矩形,设置笔触颜色为"无",填充色为白色。再复制一个影片顶部图形并移到影片下方。完成空白影片图形的制作。依次导入图像素材,调整大小后移入空白影片中,如图 10-3 所示。

(9)切换到场景,新建图层"影片"。制作"图片"元件由右向左移动的动画效果。需要注意的是,影片移动动画的帧数与标题动画的帧数相同,即为 420 帧。

(10)新建图层"吉 1"。吉祥物入场的动画可以在时间轴的 421 帧开始制作,各

图 10-3　制作影片元件

吉祥物在不同图层依次延后 30 帧进入场景。入场方式可以采用不同的方式,如沿运动引导层进入场景、平移入场等。这里不再赘述。完成"上海世博会"场景中动画的制作。

注意:制作吉祥物入场动画过程中,应将前面所完成的动画的图像向后扩展(F5)到吉祥物入场动画的最后一帧。

(11)预览动画。在【时间轴】面板右侧单击【编辑场景】按钮 ，选择"南非世界杯"切换到下一个场景。

3.制作"南非世界杯"场景中的动画

该场景动画的核心内容是在一个彩色矩形框内播放南非世界杯的视频。在播放视频前先制作一个动画效果。彩色矩形框的边框是由上、下、右、左边框依次入场形成;世界杯吉祥物进入场景再移至舞台右侧;"2010 南非世界杯"文字进入场景再移至彩色矩形框的上边框中;最后是播放南非世界杯的视频。

(1)在【时间轴】面板上,重命名图层 1 为"上边框",再新建 3 个图层,依次重命名为"下边框"、"右边框"、"左边框"。在菜单中执行【视图】|【标尺】命令,调出标尺。

(2)在【时间轴】面板上,选中"上边框"层,用【选择】工具从标尺上拖拽出四条辅助线,分别移至舞台的对称位置,如图 10-4 所示,用于作右边框动画时的位置参考线。

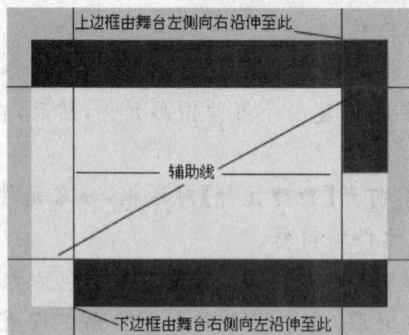

图 10-4　彩色矩形框入场效果图

(3)选择【矩形】工具,在舞台上顶部向右绘制一个矩形至右侧辅助线,设置笔触颜色为无。然后在第 10 帧处插入关键帧,再将第 1 帧的矩形的宽度设置为"1"。设置第 1 帧至第 10 帧之间的形状补间动画。完成上边框动画的制作。

(4)选中"下边框"层,在第 10 帧处插入空白关键帧。用相同方法完成下边框的动画。依次完成右边框、左边框的动画制作。时间轴上图层和帧的分布如图 10-5 所示。

(5)再新建三个图层,按图示分别重命名。选择"吉祥物"图层,吉祥物入场动画可以在第 50 帧处开始制作。然后在"文字"层完成"2010 南非世界杯"文字入场动画的制作。

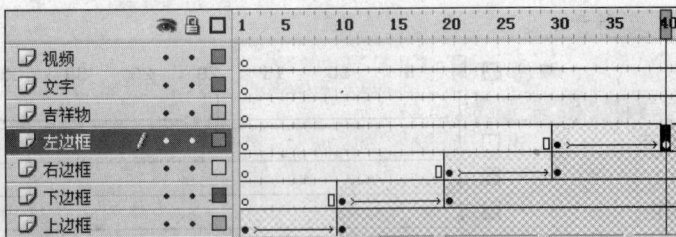

图 10-5　矩形各边框动画的层和帧的分布图

各动画对象的入场方式可以自行设计。

注意：在时间轴上制作后面动画的过程中，应及时将前面所完成的动画的图像向后扩展，保持动画图像的连续性。再者，为了节省预览动画的时间，可以在【场景】面板中暂时将"南非世界杯"场景移到"上海世博会"场景之上。这样可以在预览动画时，先预览到当前正在编辑的动画。完成该场景的动画制作后，再将该场景移回原位。

（6）完成各动画效果后，在菜单中执行【文件】|【导入】|【导入到库】命令，选择视频文件后，将视频文件导入到库。

注意：在 Flash 8 中可以嵌入的视频文件的类型包括：.AVI、.MOV、.FLV、.DV 等类型，如果某些电脑中的 Windows 操作系统的版本很低，则需要在机器中安装 QuikTime 软件后，才可以在 Flash 8 中嵌入视频。

（7）在时间轴上文字动画的最后一帧处，选中视频层所对应的帧，并插入空白关键帧。打开【库】面板，将视频文件拖拽到舞台中，并用【任意变形】工具调整对象大小到与矩形内框相同，如图 10-6 所示。

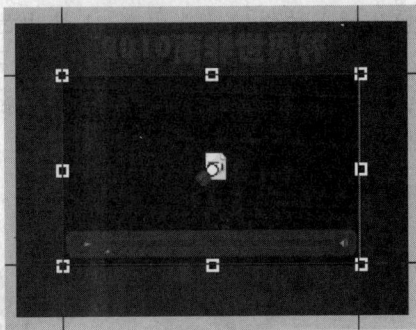

图 10-6　调整舞台上视频对象的大小

（8）在时间轴上，将各图层的图像扩展至播放视频所需要的帧数。最后用【选择】工具将各辅助线移回到标尺，完成本场景的动画制作。

（9）按组合键 Ctrl＋Enter 预览动画效果。在【时间轴】面板右侧单击【编辑场景】按钮，选择"谢幕"切换到下一个场景。

4.制作"谢幕"场景中的动画

该场景动画是在世博会吉祥物和南非世界杯吉祥物背景图像上，用遮罩动画的方法制作的显示 MTV 的文字效果。

（1）在【时间轴】面板上新建四个图层，分别重命名为"吉祥物"、"歌词 1"、"歌词 2"、

"遮罩层",如图 10-7 所示。

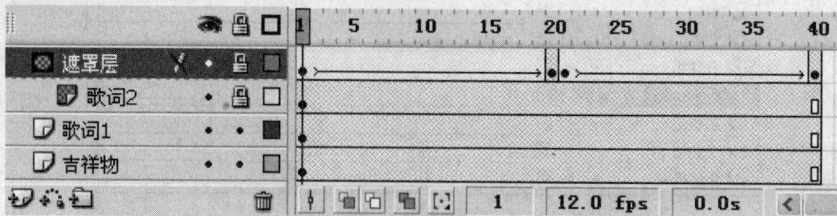

图 10-7　MTV 歌词文字效果时间轴图示

（2）选中"吉祥物"图层第 1 帧,导入吉祥物图像并编辑。

（3）选中"歌词 1"图层第 1 帧,在舞台下方输入两行歌词并编辑。复制该帧,并粘贴到"歌词 2"图层第 1 帧。再改变"歌词 2"图层第 1 帧中文字的颜色。根据播放歌词所需要的时间,以每秒 12 帧算出所需要的帧数,将各层图像均扩展到相应帧（如 40 帧）。

（4）选中"遮罩"层第 1 帧,用【矩形】工具在第一行文字上方绘制矩形,将文字遮盖上。如图 10-8 所示。

图 10-8　在遮罩层上绘制遮罩图像

（5）在时间轴"遮罩层"第 20 帧处插入关键帧（F6）,再重新选中第 1 帧中的矩形图像,在【属性】面板中,将矩形宽度设置为"1"。为第 1 帧、第 20 帧设置形状补间动画。

（6）在"遮罩层"第 21 帧处插入关键帧,用【矩形】工具在第二行文字上方绘制矩形,将文字遮盖上,然后,在第 40 帧处插入关键帧。选中第 21 帧中的矩形图像,在【属性】面板中,将矩形宽度设置为"1"。为第 21 帧、第 40 帧设置形状补间动画。

（7）在【时间轴】面板上,右击遮罩层,在下拉菜单中选择【遮罩层】命令,将该层设置成遮罩层。完成本场景动画制作。

（8）按组合键 Ctrl＋Enter 预览动画效果。如图 10-9 所示。

图 10-9　MTV 歌词文字效果

5. 在【场景】面板中重新调整各场景动画的播放顺序。完成本案例制作。

10.2　用 ActionScript 脚本控制 Flash 8 动画

ActionScript 是 Flash 的脚本语言,用来向 Flash 对象添加交互性的语言,这些对象包括 Flash 动画中的关键帧、按钮或影片剪辑。使用 ActionScript 不仅可以动态控制动画播放,而且还能够完成各种运算,甚至以各种方式获取用户的动作,并能及时做出反应,这样就可以有效地响应用户事件,大大增强了 Flash 8 动画的交互性。

10.2.1　Flash 脚本语言和【动作】面板

1. 如何使用 Flash 脚本

在 Flash 8 动画中添加脚本可以分为两种:一是把脚本编写在时间轴上面的关键帧上。二是把脚本编写在动画对象上,比如把脚本直接写在影片剪辑元件的实例上或按钮上面。

如果把脚本编写在时间轴的某个关键帧上,那么当 Flash 播放到该帧时,首先执行这个关键帧上的脚本程序,然后再显示这个关键帧的对象。

如果把脚本程序直接写在影片剪辑元件或按钮元件的实例上,则在某种事件发生时(如拖拽影片剪辑实例或单击按钮实例),执行所编写的程序。

2.【动作】面板

【动作】面板是为使用 Flash 脚本语言而专门提供的一种简易方便的操作界面。使用【动作】面板可以创建和编辑对象或帧的 ActionScript 代码。极大地方便了不熟悉 Flash 脚本语言的初学者。在文档中选择关键帧、按钮或影片剪辑实例可以激活【动作】面板。根据选择的内容,【动作】面板标题也会变为按钮动作、影片剪辑动作或帧动作。

在菜单中执行【窗口】|【动作】命令(或按 F9),打开【动作】面板,如图 10-10 所示。

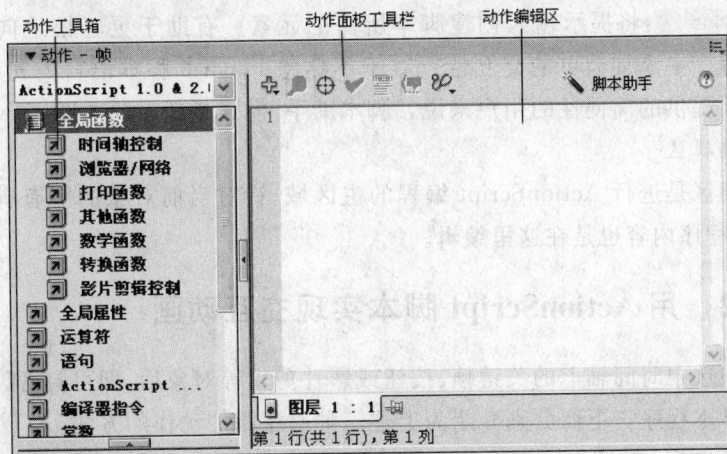

图 10-10　【动作】面板

在【动作】工具面板中包括了 ActionScript 的所有命令和语法。在左侧【动作】工具箱中列举了 Flash 8 脚本语言中的全部函数、相关属性及运算符等内容,右侧是【动作】面板

工具栏和对象窗口。其中,工具栏中的各个按钮功能分别是:

(1)⊕将新项目添加到脚本中:单击此按钮,可以展开包含所有脚本命令的多级菜单,选择菜单项中的命令则可以将相应的脚本语句添加到动作编辑区中。

(2)✎查找:单击此按钮,弹出【查找和替换】对话框,在对话框中输入要查找和替换的脚本内容。

(3)⊕插入目标路径:单击此按钮,弹出【插入目标路径】对话框,在对话框中可以选择对象的相对路径或绝对路径,快速插入到程序中而不必手动输入,如图 10-11 所示。

图 10-11 【查找和替换】和【插入目标路径】对话框

(4)✔语法检查:单击此按钮,可以检查当前所编辑的脚本中的语法错误。语法错误将列在【输出】面板中。

(5)☰自动套用格式:单击此按钮,编写好的语句将自动排列,以实现正确的编码语法和更好的可读性。

(6)⊡显示代码提示:在动作的参数位置(即圆括号)中单击,将输入光标移到此处,然后单击此按钮,就可以显示要填写的参数内容。

(7)⊗调试选项:对于较长的程序,在进行调试时,可能需要在某个关键帧的地方设置断点,使程序执行到此暂停下来,进行进一步的调试,在弹出的菜单中可以切换断点,也可以一次性删除所有的断点。

(8)✎脚本助手:将提示输入创建脚本所需的元素。有助于更轻松地向 Flash SWF文件或应用程序中添加简单的交互性。对于不熟悉 Flash 8 脚本语言的初学者,或者那些喜欢工具所提供的简便性的用户来说,"脚本助手"模式是理想的选择。

3.动作编辑区

动作编辑区是进行 ActionScript 编程的主区域,针对当前对象的所有脚本程序都在该区域显示,程序内容也是在这里编辑。

10.2.2 用 ActionScript 脚本实现交互动画

在场景中选中时间轴上的关键帧、按钮或影片剪辑等对象后,即可打开【动作】面板为该对象添加脚本程序。下面分别介绍为上述三种对象添加动作的方法。

1.给关键帧添加动作

在关键帧添加 ActionScript 脚本程序可以方便地对动画进行控制,以便设定动画的时间和播放内容,这是 ActionScript 在实际应用的重要方面。当动画播放到添加 ActionScript脚本的那一帧时,相应的 ActionScript 程序就会被执行。

案例 10-2　**为关键帧添加停止命令**

在预览前面各章节中所制作的动画案例时,动画总是循环播放。如果希望在动画播放到某一关键帧时,停止播放动画,则可以在时间轴上选中该关键帧(选中哪一层的关键帧都可以),然后打开【动作】面板,在动作编辑区添加停止命令即可。下面结合一个动画案例予以说明。

操作步骤如下:

(1)创建新文档,在场景中制作一个沿圆形路径运动的小球动画(制作过程从略)。如图 10-12 所示。

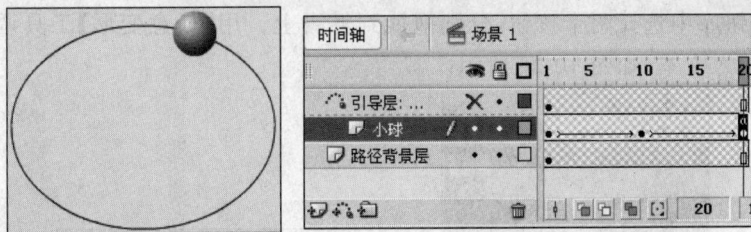

图 10-12　运动的小球效果图

(2)在【时间轴】面板中选择"小球"层的第 20 帧,按功能键 F9 打开【动作】面板。在【动作】面板工具栏中,单击【将新项目添加到脚本中】按钮 ⊕,在下拉菜单中执行【全局函数】|【时间轴控制】|【stop】命令,如图 10-13 所示。

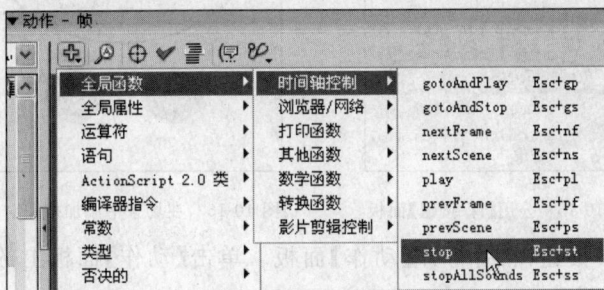

图 10-13　为关键帧添加 stop 命令

(3)这时在【时间轴】面板中,小球图层的第 20 帧上出现一个小写字母"a",见图 10-12。表示该关键帧上增加了一个动作。在【动作】面板的动作编辑区也显示出刚添加的脚本,如图 10-14 所示。当然也可以手动直接输入"stop();"。

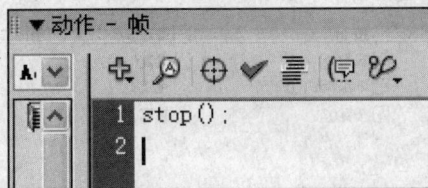

图 10-14　在动作编辑区中显示的 stop 命令

(4)此时如果再次播放动画,当播放到该帧时会自动停止。如果要继续播放动画,还需要在舞台上添加按钮,并为按钮按照语法格式添加"play();"命令。

2.为按钮添加动作

用按钮控制动画是动画制作中最常见的一种交互方式,单击一个按钮让动画开始播放或停止,这实际上是在该按钮上添加了 ActionScript 脚本。这就使得整个动画作品的交互性得到增强。下面还是结合上一个案例予以说明。

操作步骤如下:

(1)在【时间轴】面板上,选中路径背景层中的第 1 帧,也可以为按钮新建一个图层。在菜单中执行【窗口】|【公用库】|【按钮】命令,打开【库-按钮】面板,其中包含若干个文件夹,在每个文件夹中都包含许多按钮。选定其中一个按钮,便可以在预览窗口中预览。如图 10-15 所示。

(2)在按钮库中选择两个按钮,分别拖拽到舞台上。用【任意变形】工具调整大小后,在按钮下方输入文本,如图 10-16 所示。

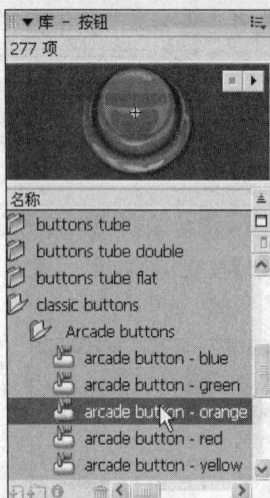

图 10-15　公用【库-按钮】面板　　　图 10-16　在场景中添加按钮对象

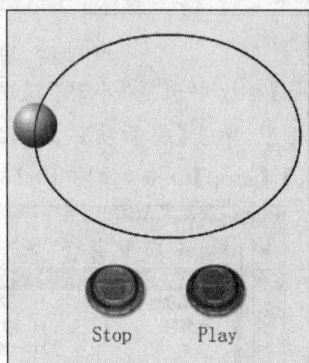

(3)选中"Stop"按钮,然后打开【动作】面板。单击【动作】面板上的 ＼脚本助手 按钮,进入脚本助手模式。

(4)在【动作】面板工具栏中,单击【将新项目添加到脚本中】按钮，在下拉菜单中执行【全局函数】|【影片剪辑控制】|【on】命令,如图 10-17 所示。

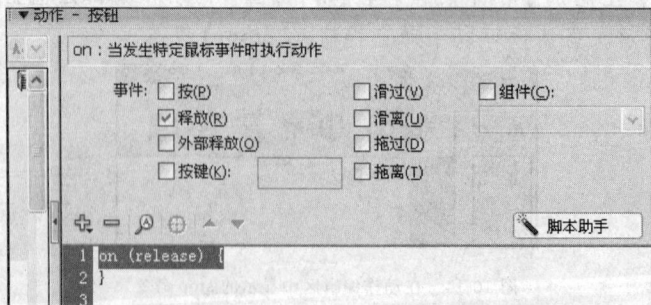

图 10-17　在动作编辑区添加按钮动作语句

（5）继续单击【将新项目添加到脚本中】按钮，在下拉菜单中执行【全局函数】|【时间轴控制】|【stop】命令，如图 10-18 所示。

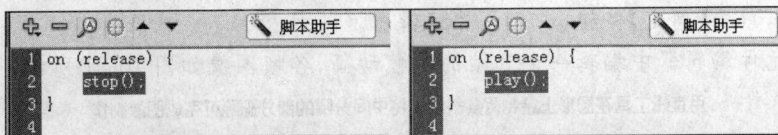

图 10-18　在动作编辑区为按钮添加 stop、play 动作语句

（6）在舞台上选中"Play"按钮，用同样方法为按钮添加"play( );"语句，如图 10-18 所示。

（7）在【时间轴】面板上，选中小球图层第 20 帧。在【动作】面板的动作编辑区删除"stop( );"语句，再单击【将新项目添加到脚本中】按钮，在下拉菜单中执行【全局函数】|【时间轴控制】|【goto】命令，如图 10-19 所示。

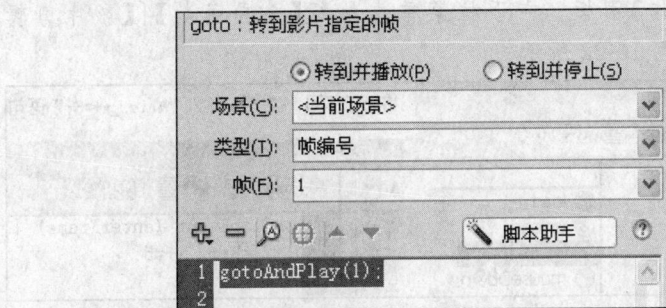

图 10-19　为第 20 帧添加跳转并播放动作语句

（8）预览动画，测试按钮效果。

3. 为影片剪辑添加动作

影片剪辑在动画制作中是使用较多的一种元件，相应的脚本程序也比较多。对于影片剪辑脚本程序的编写方式可以分为两种：一种是写在影片剪辑本身上，另一种是写在时间轴上。下面就通过案例来说明为影片剪辑添加动作的方法。

案例 10-3　觅食的机器猫

本案例通过两种编写方式为影片剪辑添加相同动作，来实现对影片剪辑相同的控制效果，如图 10-20 所示。

图 10-20　由左向右运动的影片剪辑

操作步骤如下：

1. 在影片剪辑本身上编写脚本

(1)创建一个新文档,打开【创建新元件】对话框,设置元件名称为"cat"、元件类型为"影片剪辑",单击【确定】按钮,进入元件编辑器。

(2)在元件编辑器中编辑一个 3 帧的帧帧动画,各帧图像如图 10-21 所示。

用直线工具在圆形上绘制两条斜线,将中间分隔的部分删除可完成图像制作

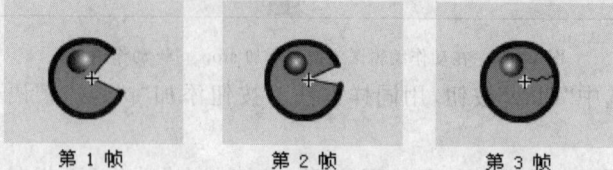

第 1 帧　　　　第 2 帧　　　　第 3 帧

图 10-21　制作机器猫影片剪辑

(3)切换到场景。打开【库】面板,将元件"cat"拖拽到舞台左侧。选中这个影片剪辑,按功能键 F9,打开【动作】面板。在下拉菜单中执行【全局函数】|【影片剪辑控制】|【onClipEvent】命令,如图 10-22 所示。

图 10-22　为影片剪辑添加脚本 onClipEvent

双击"enterFrame"选项,在动作编辑区的"{ }"中编写如下脚本:

```
this._x+=5;
```

其中,enterFrame 的含意是以影片帧频不断地触发此动作。this 代表这个影片剪辑自身。_x 表示影片剪辑的 X 轴坐标。

(4)预览动画效果。

注意:如果把脚本直接写在影片剪辑本身上,语法格式如下:

```
onClipEvent (事件) {
    file://需要执行的脚本程序
}
```

其中,括号里的"事件"是个触发器,当事件发生时,执行该事件后面大括号中的语句。以下是常用的四种事件:

enterFrame　以影片帧频不断地触发此动作。

mouseMove　每次移动鼠标时启动此动作。

mouseDown　当按下鼠标左键时启动此动作。

mouseUp　当释放鼠标左键时启动此动作。

2. 在时间轴上编写脚本

在时间轴上编写脚本需要在【属性】面板上为影片剪辑实例命名,然后选中关键帧,在动作编辑区输入脚本。

(1)在动作编辑区将前面已经输入的脚本删除。

(2)在舞台上选中影片剪辑对象,在【属性】面板上命名影片剪辑实例名称为"mc",在【时间轴】面板上选中关键帧,打开【动作】面板,输入脚本(注意语句中的大小写字母)。如图10-23所示。

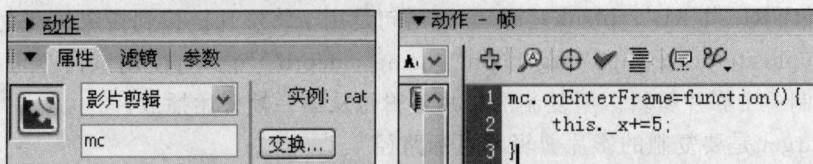

图 10-23　在时间轴上为影片剪辑添加脚本

(3)预览动画效果。

注意: 如果把脚本写在时间轴上,语法格式如下:

```
实例名.事件名称=function(){
    file://脚本程序
}
```

图示中的"this._x+=5;"还可以改为"mc._x+=5"。如果把脚本写在时间轴上,在事件名称前要加上个"on",例如:事件如果是"EnterFrame",则应该写成"onEnterFrame"。

在本案例中如果要为影片剪辑添加随机变化的透明度效果,可以将脚本改写为:

```
mc.onEnterFrame = function() {
    mc._x += 5;
    mc._alpha = random(100);
}
```

其中,_alpha 语句是设置影片剪辑的透明度的,后面的 random(100)是随机选取一个100 以内的数字作为它的透明度。

在上述各语句中都使用了"点"语法,其使用方法就是:实例名.属性();。实例名后面的"点"可以理解为"的"。例如,"mc._alpha"可以理解为影片剪辑 mc 的透明度。

上面的脚本 mc._alpha = random(100)还可以改为_root.mc._alpha = random(100),那么,就可以理解为:舞台上的影片剪辑 mc 的透明度是随机选择 100 内的值("_root"代表舞台)。

10.2.3　常用的 ActionScript 语句

1.大括号{}:是动作脚本事件处理函数、类定义以及函数用大括号"{}"组合在一起形成块。

2.小括号():是表达式中的一个符号,具有运算符的最优先级别。在定义函数时,要将所有参数都放在括号中。ActionScript 语句以";"结束。语句后面的"//"表明其后面的内容为注释内容,不会影响命令的执行,只是便于阅读和理解脚本内容。

3.控制动画播放语句:

(1)"play();":它的作用是使动画开始播放。

(2)"stop();":它的作用是停止当前播放的动画。

4.“gotoAndPlay("场景名",帧)”语句:该语句的作用是将播放指针跳转到指定的场景和帧并播放,如果没有指定场景,则将指向当前场景的帧。

5.“gotoAndStop("场景名",帧)”语句:该语句的作用是将播放指针跳转到指定的场景和帧后停止动画播放。

6.“getURL("URL",_blank)”语句:此语句是用于将影片链接到指定的网页或文件。

7.“duplicateMovieClip("target","newname","depth")”语句:使用该命令可以在播放动画时复制一个影片剪辑。所复制的影片剪辑将从第一帧开始播放。

(1)target 是要复制的影片剪辑的目标路径。

(2)newname 是已复制的影片剪辑的唯一标识符。

(3)depth 是已复制的影片剪辑的唯一深度级别。

8.“removeMovieClip(target)”语句:该语句是删除指定的影片剪辑。

target 是指用 duplicateMovieClip()创建的影片剪辑实例的名称。

9.“startDrag”和“stopDrag”语句:使用 startDrag 命令可以在播放动画时,在指定范围内拖动影片剪辑。使用 stopDrag 命令可以停止当前的拖动操作。startDrag 命令语法格式为:

startDrag(target,[lock,left,top,right,bottom])

(1)target 是要拖动的影片剪辑实例的名称。

(2)lock 是一个布尔值,指定可以拖动的影片剪辑是锁定到鼠标位置中央(true),还是锁定到首次单击该影片剪辑的位置上(false)。例如:

```
on (press){
    startDrag(this,true);}
on(release){
    stopDrag();}
```

10.“setProperty”和“getProperty()”:setProperty 命令用于设置影片剪辑实例的属性值,getProperty 命令用于获取影片剪辑实例的属性。命令的语法格式为:

setProperty(目标,属性,值)

getProperty(目标,属性)

(1)目标:要设置其属性的影片剪辑实例的名称。

(2)属性:要设置的属性。

(3)值:属性的设置值。

案例 10-4   文字跟随鼠标特效

脚本语言 ActionScript 使 Flash 可以最大限度地应用于网页动画、互动游戏、多媒体展示等各个领域。Flash 中的 ActionScript 功能非常强大,灵活地使用它们可以轻松地制作出交互性极强的动画。鼠标跟随特效就是比较典型的应用之一,本案例选取了比较简单的“文字跟随鼠标特效”,其效果如图 10-24 所示。

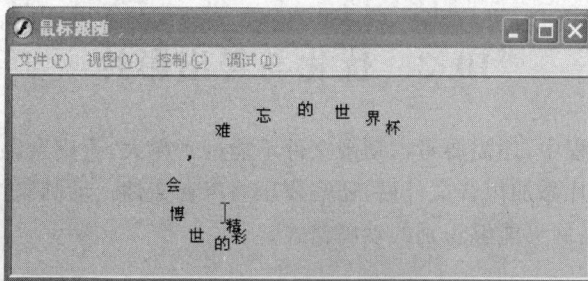

图 10-24 文字跟随鼠标效果图

操作步骤如下：

(1)创建新文档，在【属性】面板上为舞台设置背景颜色。在【时间轴】面板上选中第 1 帧，按功能键 F9 打开【动作】面板。

(2)在【动作】面板中输入以下代码：

```
i_text ＝ "精彩的世博会，难忘的世界杯"；// 定义文字变量，也就是要跟鼠标走的字
i_len = i_text. length；// 取字符串长度的函数
n ＝ 0；
while (n＜i_len) {// 循环控制语句
 _root. createEmptyMovieClip ("iT"＋n, n)；
 t = i_text. substr (n, 1)；
 with (_root ["iT"＋n]) {
 createTextField("i_t", 2, 0, 0, 20, 20)；// 在当前新建的 mc 中创建一个文本
 i_t. text ＝ t；// 为此文字赋值，也就是上面的 t 值
 }
 n＋＋；
}
startDrag(iT0, true)；// 拖拽第一个字所在的 mc
_root. onLoad = function() {// 当此 mc 被调入时，里面的 as 只执行一次
 speed ＝ 3；
 }；
_root. onEnterFrame = function() {// 每播放一帧，就执行一次里面的 as
 i ＝ 1；// 设置初使变量
 while (i＜＝_root. i_len) {
 _root["iT"＋i]. _x ＋＝ 5＋(_root["iT"＋(i−1)]. _x−_root["iT"＋i]. _x)/speed；// 设置速度
 _root["iT"＋i]. _y ＋＝ (_root["iT"＋(i−1)]. _y−_root["iT"＋i]. _y)/speed；
//上面的两条语句用来控制所有"[  ]"中对象的 x 轴与 y 轴方向上的位置
 i＋＋；
 }
 }
_root. Mouse. hide()；// 隐藏鼠标
```

(3)按组合键预览动画效果。

🐭注意：在各语句"//"后面的文字，是对该语句的注释，不会影响命令的执行，只是便于阅读和理解脚本内容。

10.3　优化与导出影片

在制作动画过程中,还需要考虑动画文件不能过于庞大,否则会影响到影片的下载速度。特别是在为影片添加声音文件后,还需要压缩声音文件。动画制作完成后,将其输出为网页动画,也就是网页能够识别的动画格式。

10.3.1　导出 Flash 影片

当预览影片能够正常播放后,即可将其导出为最终的 SWF 播放文件(如果将作品的源文件保存后预览影片,则系统会自动生成一个 SWF 播放文件)。导出影片的步骤如下:

(1)在菜单中执行【文件】|【导出】|【导出影片】命令,打开【导出影片】对话框,如图 10-25 所示。

图 10-25　【导出影片】对话框

(2)在对话框中设置保存位置、文件名和文件类型,默认的保存类型为"SWF"。单击【保存】按钮,弹出【导出 Flash Player】对话框,如图 10-26 所示。

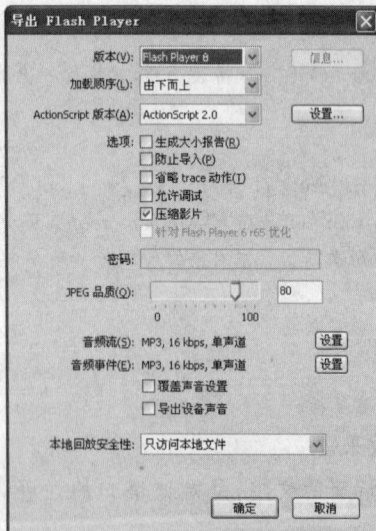

图 10-26　【导出 Flash Player】对话框

　　(3)在对话框中设置相关参数。通常选择默认设置,单击【确定】按钮,完成影片的导出。其中几项参数为:

　　加载顺序:设置第 1 帧动画的载入方式,以便于 Flash 决定第 1 帧动画首先出现的位置。该设置只适用于动画的第 1 帧。可以从下拉框中决定打开动画时的显示次序。选择"自下而上"会从下方的图层开始显示;而选择"自上而下"则会从顶部图层开始显示。

　　ActionScript 版本:设置 ActionScript 脚本的版本号,最新版本号为 ActionScript 2.0。

　　JPEG 品质:该选项设置将动画中的所有位图保存为一定压缩率的 JPEG 文件。

　　音频流和音频事件:用这两个选项分别设置输出的流式音频和事件音频的压缩格式和传输速度。

10.3.2　发布设置

　　在菜单中使用【发布设置】命令不仅可以创建 SWF 文件,还可以用其他文件格式发布 Flash 文件。如 HTML 格式、GIF 格式等。

　　1.发布 HTML 文件

　　在菜单中执行【文件】|【发布设置】命令,打开【发布设置】对话框,如图 10-27 所示。在对话框中切换到【HTML】选项卡,如图 10-28 所示。

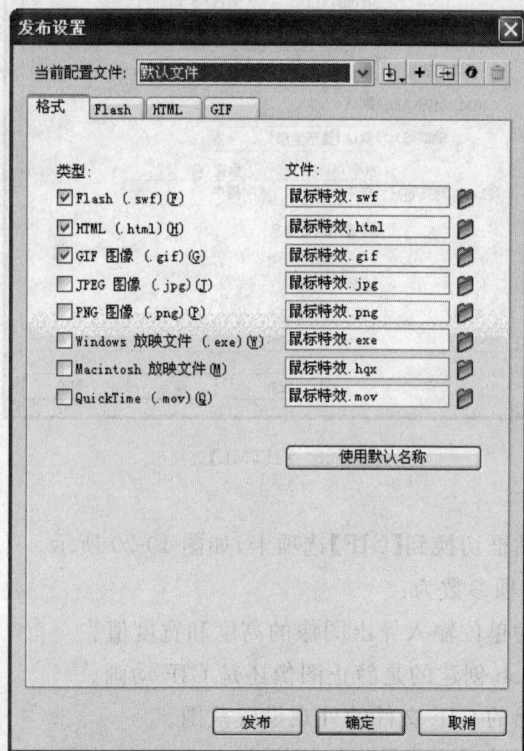

图 10-27　【发布设置】对话框

　　在【HTML】选项卡中的各项参数为:

　　(1)模板:生成 HTML 文件时所用的模板,单击【信息】按钮可以查看关于模板的介绍。

（2）尺寸：定义 HTML 文件中 Flash 动画的长和宽。

（3）回放：设置动画的播放方式。

（4）品质：选择动画的图像质量。

（5）窗口模式：选择影片的窗口模式。

（6）HTML 对齐：用于确定影片在浏览器窗口中的位置。

（7）缩放：设置动画的缩放方式。

（8）Flash 对齐：设置动画在页面中的排列位置。

（9）显示警告消息：选中该复选框后，如果影片出现错误，则会弹出警告消息。

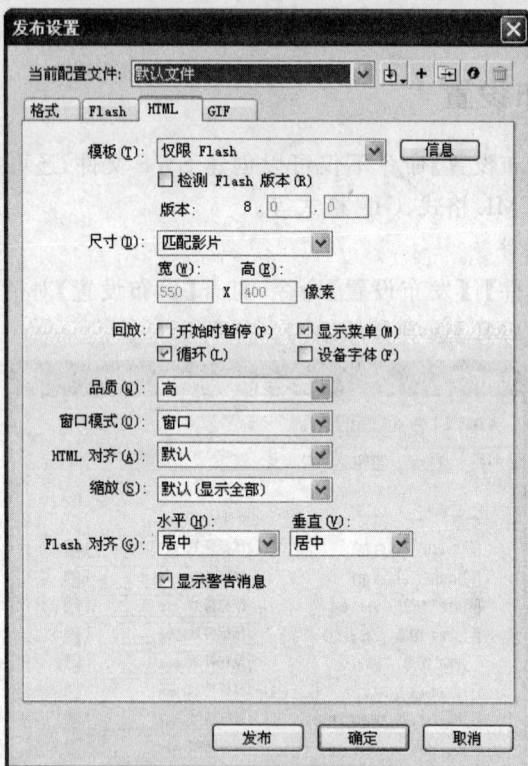

图 10-28 【HTML】选项卡

2.发布 GIF 文件

将【发布设置】对话框切换到【GIF】选项卡，如图 10-29 所示。

【GIF】选项卡中各项参数为：

（1）尺寸：以像素为单位输入导出图像的高度和宽度值。

（2）回放：确定 Flash 创建的是静止图像还是 GIF 动画。

（3）选项：指定导出的 GIF 文件的外观设置范围。

（4）透明：确定动画的透明背景如何转换为 GIF 图像。

（5）抖动：改变颜色的质量。

（6）调色板类型：定义用于图像的调色板。

（7）最多颜色：设定 GIF 图像中使用的最大颜色数。

（8）调色板：定义使用于图像的调色板。

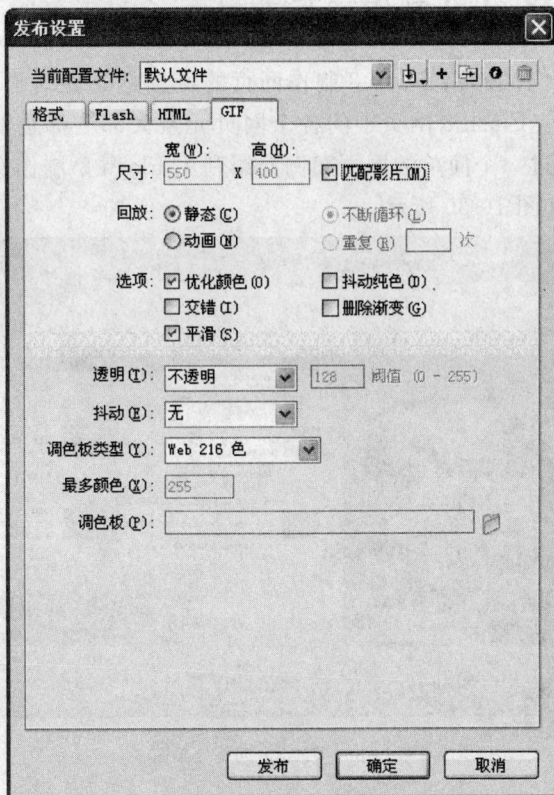

图 10-29　【GIF】选项卡

10.3.3　发布预览

【发布预览】命令会导出文件，并在默认浏览器上打开预览。如果预览 QuickTime 视频，则发布预览会启动 QuickTime Video Player；如果预览放映文件，Flash 会启动该放映文件。

要用发布预览功能预览文件，在菜单中执行【文件】|【发布预览】命令，在弹出的子菜单中选择发布预览的格式，Flash 就可以创建一个指定类型的文件，并将其放到 Flash 影片文件所在文件夹中，并且在覆盖或删除该文件之前，此文件会一直保留在文件夹中。

10.4　Flash 8 综合应用

Flash 8 作为一款动画制作软件，除具有强大的动画制作功能外，同时它也是一种非常优秀的网页设计制作工具，用它制作出的后缀名为.swf 的文件既可以作为动画插入网页中，也可以单独成为网页，在互联网上可以边下载边播放。因此，受到很多网页制作者的喜爱。

10.4.1　用 Flash 8 制作交互式网页

同 Fireworks 8 相比较,用 Flash 8 制作网页的特点是处理动画的能力较强,但处理图形的功能要少一些。Flash 8 网页中的各个网页元素大部分都是以元件的实例形式添加到网页上。下面通过一个简单的网页案例介绍利用 Flash 8 制作交互式网页的过程和方法,网页最终效果如图 10-30 所示。

图 10-30　Flash 8 网页效果图

案例 10-5　用 Flash 编辑网页

操作步骤如下:

1. 新建文档,在【属性】面板上设置文档大小 1024px×600px,重命名图层 1 为"背景层"。导入一幅图像作为背景图像,调整图像大小,移至舞台左侧。使用【矩形】工具在网页上、下两端绘制矩形背景,设置填充效果为线性。导入素材图像,移至顶部矩形两侧,使用【文本】工具输入文本,见网页效果图。

2. 在【时间轴】面板上新建图层,重命名为"阴影"。在该层上使用【矩形】工具绘制矩形,再使用【任意变形】工具旋转矩形使其沿图像对角线方向倾斜,调整矩形大小,用【选择】工具将超出图像部分选中并删除,将矩形转换成图形元件,设置其 Alpha 透明度为50%。见网页效果图。

3. 在【时间轴】面板上新建图层,重命名为"导航"。打开公用库,在场景中创建不同的 Flash 按钮实例,将按钮对象在"阴影"中均匀排列。分别双击按钮实例,修改各按钮实例的文字,设置超链接。修改按钮实例时间轴如图 10-31 所示。

图 10-31　修改按钮文字时间轴

4. 在【时间轴】面板上新建图层,重命名为"动画 1",按下组合键"Ctrl＋F8",打开【创建新元件】对话框,设置元件类型为"影片剪辑",元件名称为动画 1。在元件编辑窗口中编辑遮罩文字动画。如图 10-32 所示。

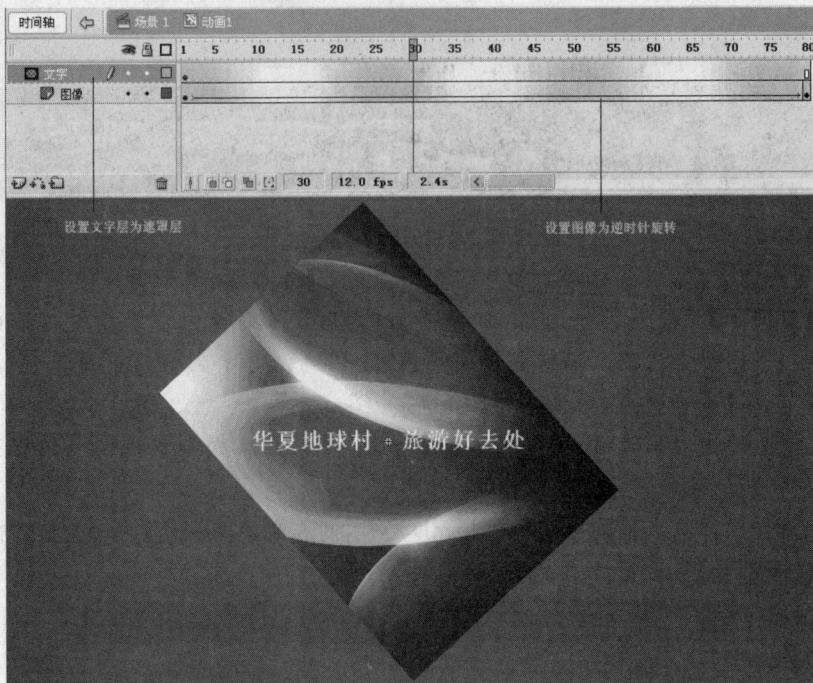

图 10-32　编辑影片剪辑文字动画

5. 返回场景窗口,打开【库】面板,在场景中创建影片剪辑动画 1 的实例。并将实例移至网页顶部,见网页效果图。

6. 在【时间轴】面板上新建图层,重命名为"动画 2",打开【创建新元件】对话框,设置元件类型为"影片剪辑",元件名称为"动画 2"。在元件编辑窗口中编辑文字动画。

7. 将编辑好的影片剪辑拖拽到场景中,并将实例移至网页底部,见网页效果图。

8. 在【时间轴】面板上新建图层,重命名为"滚动图片",将该层移至背影层之下,打开【创建新元件】对话框,设置元件类型为"影片剪辑",元件名称为动画 3。在元件编辑窗口中编辑流动图片动画。

(1)编辑图形元件"滚动图片",将预先准备好的图片素材依次导入,逐一重新设置图片尺寸为 120px×70px,并按水平方向排列。

(2)打开"动画 3"影片剪辑元件,将库中的"滚动图片"图形元件拖拽到窗口中。设置沿水平方向由右向左运动的补间动画,如图 10-33 所示。

(3)在场景中选择"滚动图片"实例,打开【动作】面板,输入如下代码:

```
On (rollover){
Stop();
}
On (rollout){
Play();
}
```

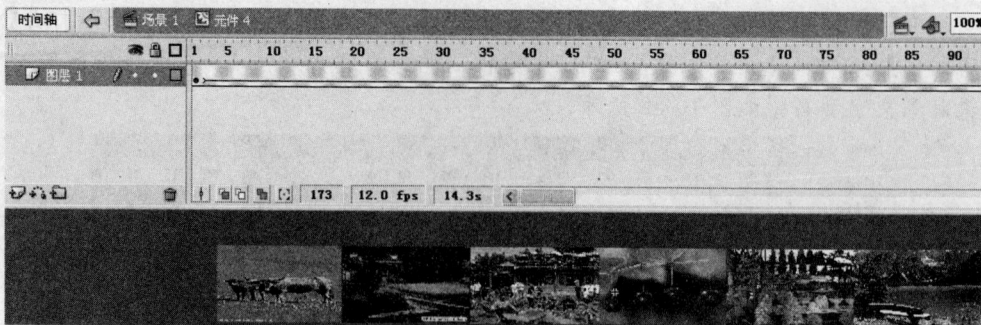

图 10-33　编辑影片剪辑滚动图片

上述代码的含意为：鼠标指向影片剪辑对象时，停止播放；离开时继续播放。

9.在【时间轴】面板上新建图层，重命名为"内容 1"，编辑内容 1 相关内容（图片、文字、动画等），按同样方法依次编辑其他网页内容。

10.按组合键预览网页，保存文档。

11.完成上述内容编辑后，可以将文档按 * . swf 动画格式导出，然后，链接到其他网页中或直接上传到互联网上。

12.如果要以网页文件的格式(* . html)发布，则在菜单中执行【文件】|【发布设置】命令，打开【发布设置】对话框。如图 10-34 所示。

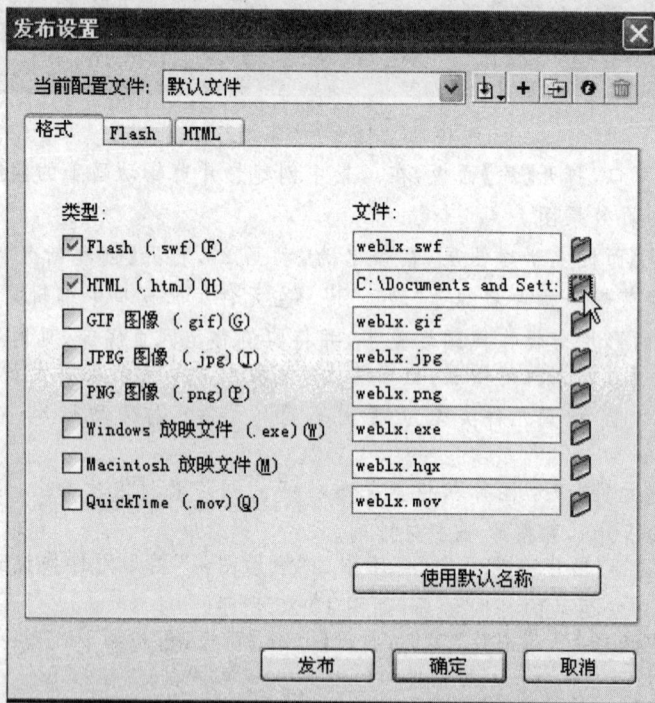

图 10-34　【发布设置】对话框

13.单击"HTML"类型对应的文件夹，打开【选择发布目标】对话框，设置保存发布文件的文件夹和文件名，然后，执行【保存】命令，如图 10-35 所示。

14.在【发布设置】对话框中，执行【发布】命令，完成网页文件的设置。在设置的文件

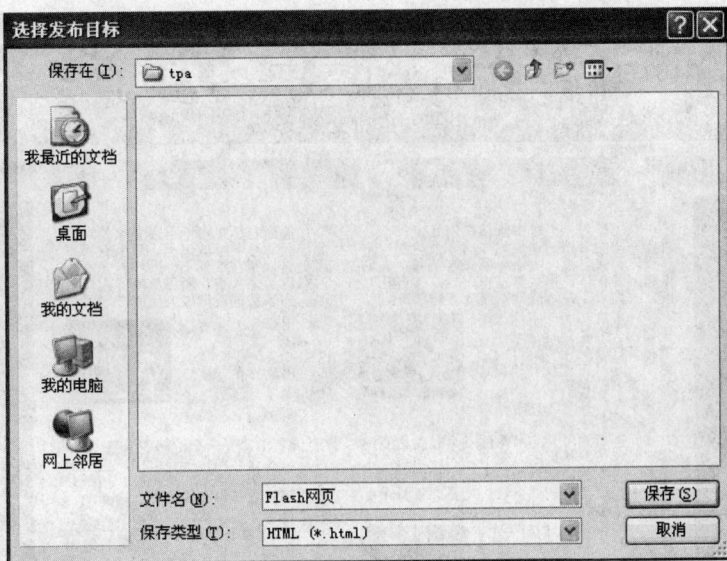

图 10-35　【选择发布文件】对话框

夹中，即可生成相应的网页文件。如图 10-36 所示。

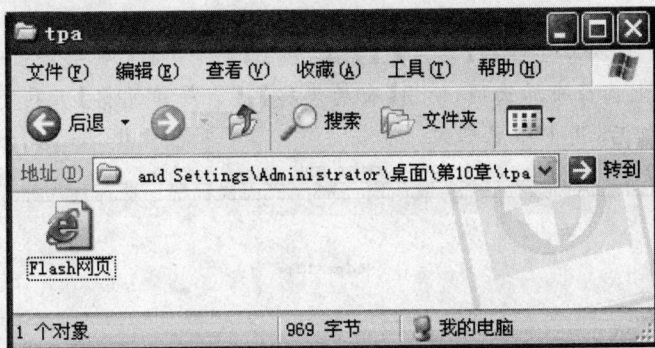

图 10-36　Flash 8 编辑的网页文件

10.4.2　网页三剑客综合使用

在前面的学习内容中，介绍了网页"三剑客"三款软件的使用方法以及分别独立制作网页的过程，从中可以看出三款软件各自的功能特点。下面通过一个案例来说明网页"三剑客"的综合使用方法。

案例 10-6　网页三剑客的综合使用

本案例使用 Dreamweaver 8 制作网页的主体部分，使用 Fireworks 8 处理网页中的图像，使用 Flash 8 处理网页中的动画。本案例效果图如图 10-37 所示。

操作步骤如下：

1. 打开 Dreamweaver 8，创建网页文档，在网页状态栏上设置文档大小为

图 10-37　综合案例效果图

1010px×600px。在菜单上执行【站点】|【新建站点】命令，创建站点文件夹结构。

2.在工具栏上选择布局选项，使用【布局表格】、【布局单元格】工具完成网页布局，如图 10-38 所示。然后，退出布局模式。

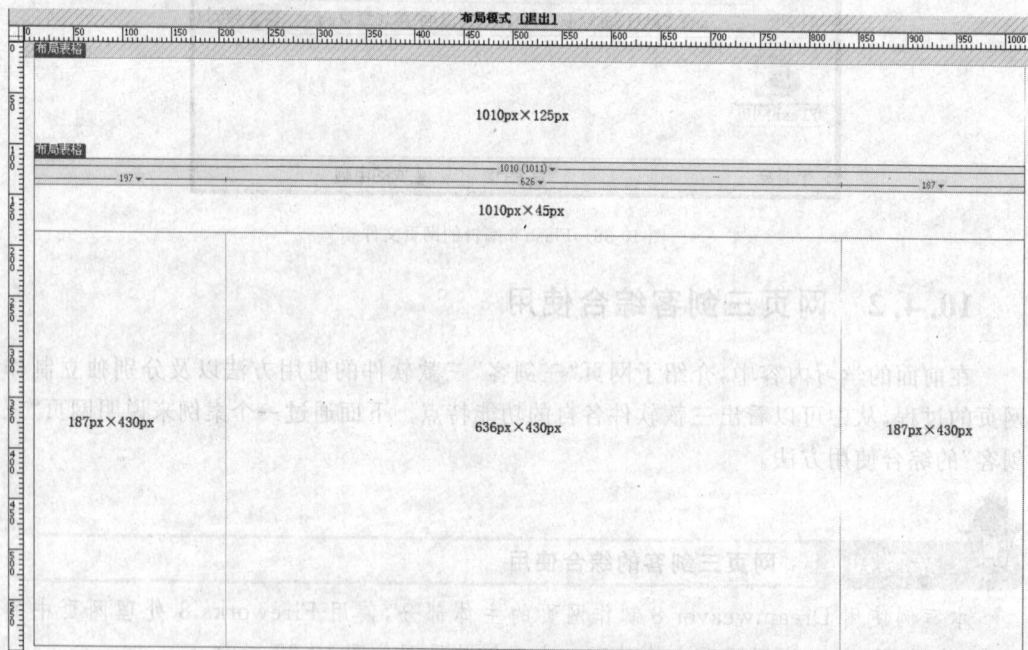

图 10-38　网页布局效果图

3.用 Fireworks 8 编辑网页顶部图像。打开 Fireworks 8，新建文档。设置文档尺寸为 1010px×125px,打开三个图像素材文件。

(1)使用【选取框】工具分别在素材图像中选取图像区域,然后复制粘贴到新建文档上。

(2)在新建文档中调整各个图像的尺寸,删除溢出部分。

(3)选择【涂抹】工具,在各图像连接处进行涂抹,使其模糊。

(4)在菜单中执行【文件】|【导出预览】命令,将文件导出。

4.用编辑好的图像在 Flash 8 中作为动画背景。打开 Flash 8,新建文档。设置文档尺寸为 1010px×125px,重命名图层 1 为"背景层"。

(1)在菜单中执行【文件】|【导入】|【导入到舞台】命令,将在 Fireworks 8 中编辑好的图像导入到场景中。

(2)新建图层,命名图层为"文字动画",使用【文本】工具输入文字并设置文字相关属性。然后,将文字对象转换成图形元件,创建补间动画。

(3)在菜单中执行【文件】|【导出】|【导出影片】命令,将文件导出。

4.在网页顶部插入动画,选择 Dreamweaver 8,将光标点入网页顶部单元格。在工具栏上选择常用选项,使用【媒体】工具,插入在 Flash 8 中编辑好的动画,如图 10-39 所示。

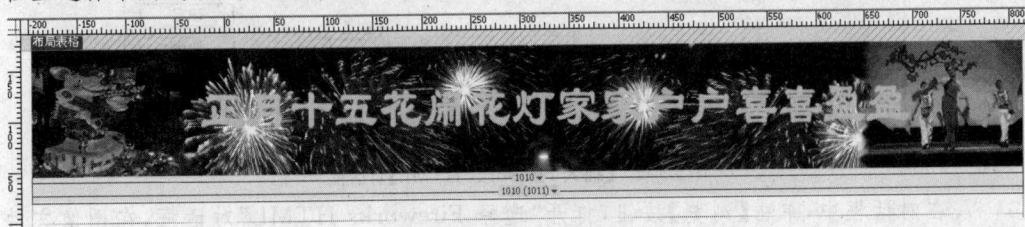

图 10-39　网页顶部效果图

5.用 Fireworks 8 编辑网页导航栏。打开 Fireworks 8,新建文档。设置文档尺寸为 1010px×45px,画布颜色为透明,分辨率为 96。

(1)在菜单中执行【编辑】|【插入】|【新建按钮】命令,打开编辑按钮窗口。编辑按钮的三种状态图像。

(2)完成按钮元件编辑后,切换回导航栏编辑窗口,打开【库】面板,再拖拽出 7 个按钮,依次排列,然后在【属性】面板中修改各个按钮实例上的文字。如图 10-40 所示。

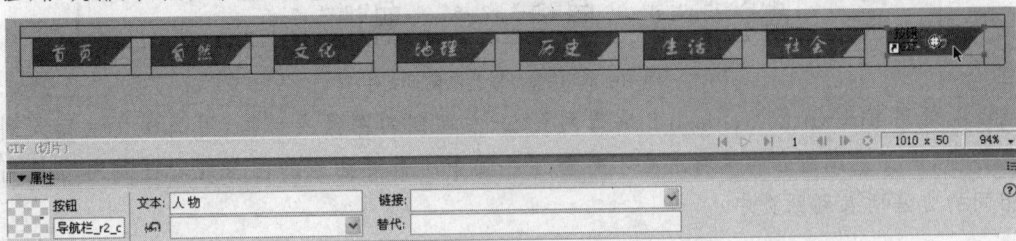

图 10-40　编辑网页导航栏

(3)在菜单中选择【文件】|【导出】命令,将编辑好的导航栏存入站点指定的图像文件文件夹内。

🐭注意:导出文件时,文件的类型应选择"HTML 和图像"选项,软件会自动生成图像的切片文件和HTML文件。

6. 在网页表格第二行插入导航栏,选择 Dreamweaver 8,将光标点入网页第二行单元格。在工具栏上选择【Fireworks HTML】工具,如图 10-41 所示。打开【插入 Fireworks HTML】对话框,如图 10-42 所示。

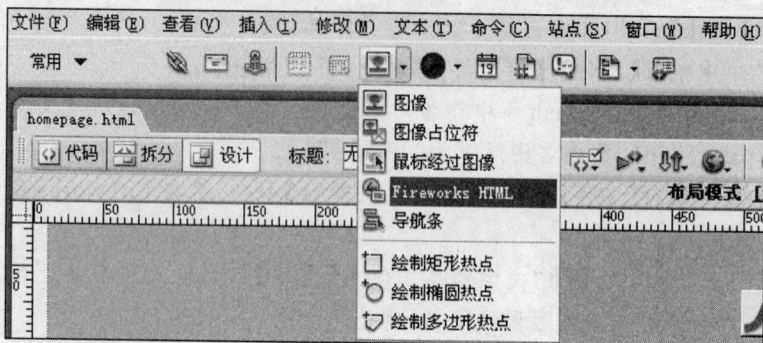

图 10-41　选择插入 Fireworks HTML 工具

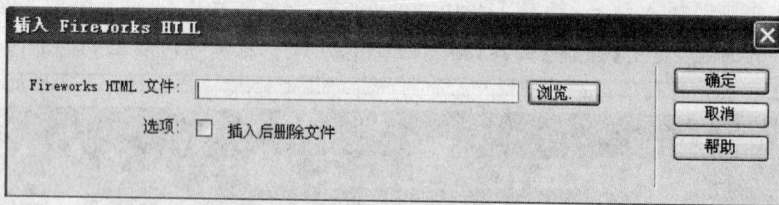

图 10-42　【插入 Fireworks HTML】对话框

7. 在对话框中,单击【浏览】按钮,打开"选择 Fireworks HTML"对话框,在图像文件夹中选择导航栏的网页文件,如图 10-43 所示。插入导航栏后的网页见图 6-37。

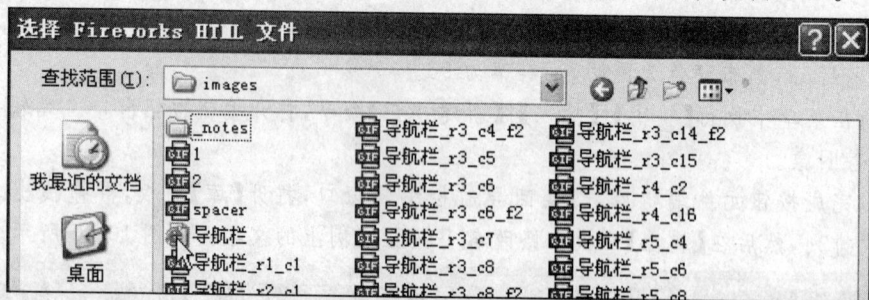

图 10-43　选择导航栏的网页文件

8. 使用 Fireworks 8、Flash 8 编辑网页左、右两侧的图像或动画,用同样文法插入到网页中,网页主体部分的编辑这里不再赘述。其中所需要插入的图像或动画均可以使用相同的方法插入到网页中。

本章实训

制作百叶窗

本实训通过脚本来实现按钮对影片剪辑播放的控制,从而得到百叶窗的动画效果。本案例效果图如图 10-44 所示。

图 10-44　手动百叶窗效果图

操作步骤如下：

1.新建文档，重命名图层 1 为"背景层"。导入一幅图像作为背景图像，调整图像大小，在舞台右侧为按钮预留出位置。

2.打开【创建新元件】对话框，创建图形元件"窗叶"。用【矩形】工具绘制一个矩形，使其宽度与背景图例的宽度相同，笔触颜色为"无"。如图 10-45 所示。

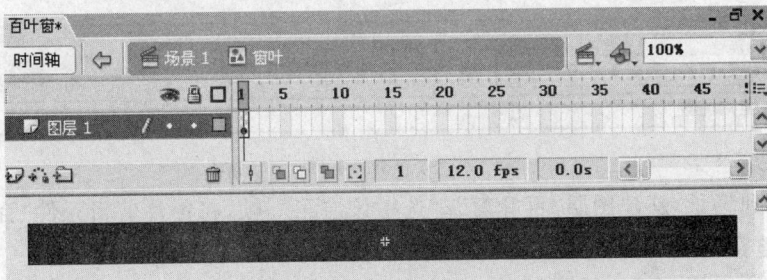

图 10-45　创建百叶窗的窗叶元件

3.重新打开【创建新元件】对话框，创建图形元件"转叶"。

(1)打开【库】面板，将图形元件"窗叶"拖拽到编辑区，调整位置居中。

(2)选中【时间轴】面板第 10 帧，按 F6 插入关键帧，在编号区中选中该帧图像，在菜单中执行【修改】|【变形】|【垂直翻转】命令，将实例垂直翻转。

(3)为第 1 帧、第 10 帧创建"动作补间动画"，如图 10-46 所示。

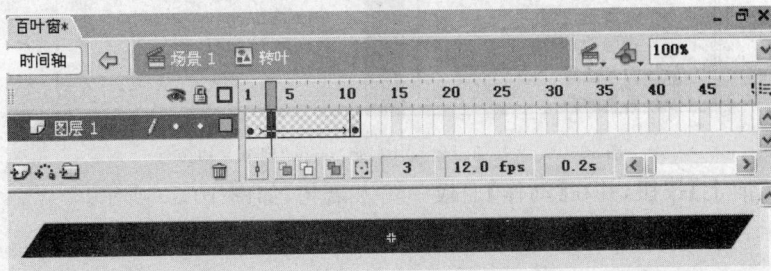

图 10-46　创建百叶窗的转叶元件

4.打开【创建新元件】对话框,创建影片剪辑元件"百叶"。重命名图层1为"百叶窗"。

(1)将【库】面板中的影片图形元件"转叶"拖拽到编辑区,调整位置居中。复制该实例若干个,并按上下依次紧密排列,使得其高度与场景中的背景图像的高度相同。

(2)在元件时间轴上将图像扩展到第10帧,如图10-47所示。

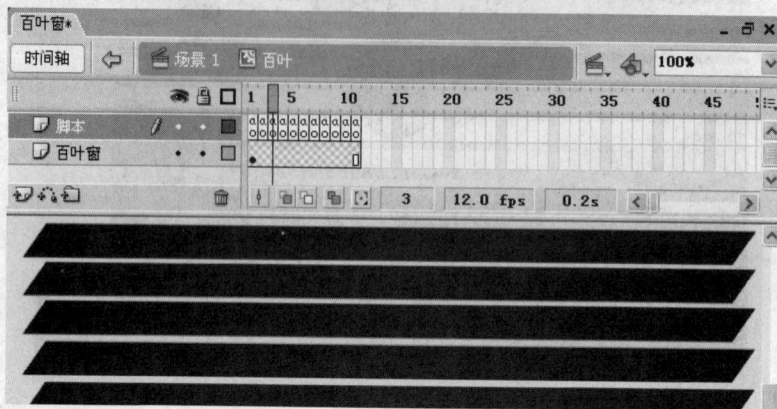

图 10-47　创建影片剪辑元件"百叶"

(3)新建图层,重命名图层为"脚本"。按功能键"F7",在元件时间轴上插入空白关键帧到第10帧。

(4)分别选中各空白关键帧,在【动作】面板上为各关键帧输入脚本命令"stop();",如图10-48所示。

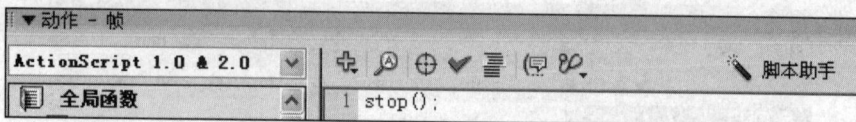

图 10-48　为各关键帧设置停止播放命令

5.切换到场景,新建图层"百叶窗"。选中该层第一帧,将影片剪辑元件"百叶"拖拽到舞台上,调整实例大小和位置如效果图所示。

6.选中该实例,在【属性】面板上为影片剪辑命名为"www"。

7.打开公用按钮库,选择两个按钮,并拖拽到舞台上,调整按钮实例大小和位置如效果图所示。

8.选中【向下】按钮,并在【动作】面板中输入语句,如图10-49所示。

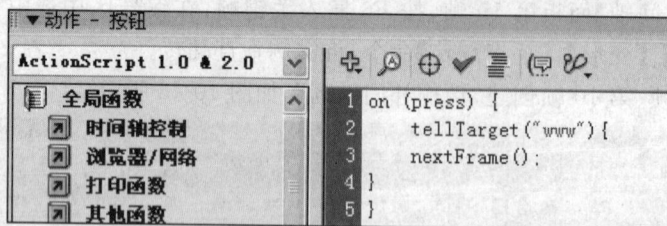

图 10-49　为按钮设置影片剪辑"www"到下一帧命令

9.选中【向上】按钮,并在【动作】面板中输入语句,如图10-50所示。

10.按组合键预览影片。

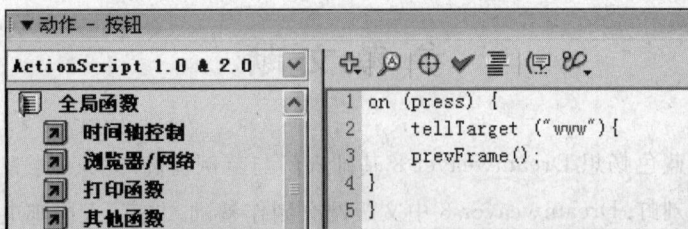

图 10-50　为按钮设置影片剪辑"www"到前一帧命令

思考与练习

一、选择题

1. 在 ActionScript 中引入图形元素的数据类型是　　　　　　　　　　　　（　　）

A. 影片剪辑　　　　　　B. 对象　　　　　　　C. 按钮　　　　　　D. 图形元件

2. 下列说法中,正确的是　　　　　　　　　　　　　　　　　　　　　　（　　）

A. 制作影片时,背景图像应位于时间轴的最顶层。

B. 一般来说帧—帧动画是用来制作较复杂的动画。

C. 一般来说帧—帧动画文件量比补间动画小。

D. 在制作影片时,背景层可以位于时间轴的任何层。

3. Flash 播放影片时,默认的帧频率是:　　　　　　　　　　　　　　　（　　）

A. 12　　　　　　　　B. 15　　　　　　　C. 10　　　　　　D. 25

4. 按钮可以响应多种事件,如果希望让按钮响应"鼠标释放"事件,那么应该使用的语句是　　　　　　　　　　　　　　　　　　　　　　　　　　　　　　　　（　　）

A. on(release)　　　B. on(rollOver)　　　C. on(dragOut)　　　D. on(rollOut)

二、填空题

1. 在 Flash 中,一个影片可以由_____组成,每个_____中可以有完整的动画内容。

2. 在 Flash 动画中,添加脚本程序的方式有两种:一是_____,二是_____。

3. 在 Flash 中可以为_____、_____、_____等对象添加脚本程序。

三、简答题

1. 哪些对象可以添加动作脚本?怎样利用【动作】面板为关键帧及按钮添加动作?

2. 如何为动画配置声音?如何导入视频对象?

3. 怎样优化与发布 Flash 动画?文件后缀".fla"与".swf"是什么意思?

四、操作题

1. 练习制作一个蒙版动画、电子贺卡、MTV。

参 考 文 献

1.王彦茹.蓝色畅想 Dreamweaver 8 基础入门与范例提高.北京:科学出版社,2007.

2.王君学,刘虹.Dreamweaver 8 中文版网页制作基础.北京:人民邮电出版社,2008.

3.马宪敏.Dreamweaver 8 基础与实例教程.北京:中国水利水电出版社,2009.

4.孙连军.Flash 8 动画设计与制作案例教程.北京:机械工业出版社,2008.

5.梦赵永,张晓蕾.中文 Flash 8 动画设计案例教程.北京:人民邮电出版社,2008.

6.张世波.Flash 8 动画技能实训.北京:中国水利水电出版社,2009.

7.王太冲,李巍,马淑燕.Flash 8 中文版入门与提高.北京:清华大学出版社,2007.

8.前沿电脑图像工作室.精通 Fireworks 8.北京:人民邮电出版社,2007.

9.希望图书创作室.Fireworks 8 标准教程(中文版).北京:兵器工业出版社,2007.

10.丛书编委会.网页设计制作――网页三剑客 8 中文版.北京:清华大学出版社,2006.

11.韩勇.网页制作三剑客.北京:清华大学出版社,2010.